Hungry for Profit

THE AGRIBUSINESS THREAT TO FARMERS, FOOD, AND THE ENVIRONMENT

울력해선문고 01

이윤에 굶주린 자들

프레드 맥도프, 존 포스터, 프레드릭 버텔 엮음
윤병선, 박민선, 류수연 옮김

울력

이윤에 굶주린 자들(울력해선문고 01)

엮은이 │ 프레드 맥도프, 존 포스터, 프레드릭 버텔

옮긴이 │ 윤병선, 박민선, 류수연

펴낸이 │ 강동호

펴낸곳 │ 도서출판 울력

1판 1쇄 │ 2006년 3월 15일

1판 2쇄 │ 2011년 9월 1일

등록번호 │ 제10-1949호(2000. 4. 10)

주소 │ 152-889 서울시 구로구 오류1동 11-30

전화 │ (02) 2614-4054

FAX │ (02) 2614-4055

E-mail │ ulyuck@hanmail.net

값 │ 15,000원

ISBN │ 89-89485-40-1   03520

· 잘못된 책은 바꾸어 드립니다.

· 옮긴이와 협의하여 인지는 생략합니다

옮긴이 서문

옮긴이 서문을 쓰고 있는 지금, 제6차 세계무역기구WTO 각료 회의가 홍콩에서 열리고 있고, 세계 각국의 반세계화/반WTO 투쟁단이 같은 장소로 집결하고 있다. 특히 홍콩에 모인 각국의 농민 단체들은 농산물 무역 규정이 모든 WTO 회원국에게 공정하고 공평해야 한다는 인식을 공유하고, 소수의 농산물 수출국이 DDA 농업 협상을 주도하는 것을 저지하기 위한 연대 활동도 강화할 것이라고 한다. 왜 각국의 농민들이 이국땅에 모여서 전 세계 농민들의 연대 활동의 필요를 강조하면서, 식량 주권과 농민의 권리 확대를 한목소리로 외치게 되었을까?

　이 책의 여러 곳에서 지적되고 있듯이, 현대의 농업–식품 체계에서는 대다수 농민들조차 농식품의 구매자가 되어 세계 어디에서 어떻게 농식품의 원료가 만들어지고 가공되는지 거의 알지 못한다. 이러한 현상은 지구적 규모의 자유화가 1980

년대 이후 급속하게 진행되면서 나타나게 되었다. 이 과정을 주도하는 실체인 카길Cargill 같은 초국적 농업 관련 기업 transnational agribusiness들은 국경을 초월하여 식용 곡물, 동물 사료, 육류, 낙농 제품, 과일 통조림, 음료 농축액 등 음식료 부문의 거의 전 부분에서 사업을 전개하고 있을 뿐만 아니라, 종자 및 비료, 농약 같은 농업 생산 자재 산업에도 진출하여 농업 생산과 관련된 사업 전반에 걸쳐 활동하는 복합 기업의 형태를 취하고 있다. 이 때문에 이들 초국적 농업 관련 기업을 초국적 농식품 복합체transnational agrifood complex라고도 한다.

이들은 풍부한 자금력을 바탕으로 해외에 다양한 원료 공급원을 확보하고 있으며, 고도로 발달한 정보 기술을 다양하게 활용한다. 전 세계를 대상으로 투입 자재의 구매와 생산물의 판매에 관한 다양한 정보를 이용하여 이윤을 창출한다는 점에서 한 나라를 거점으로 활동했던 과거의 대기업과는 질적 차별성을 갖는다. 대표적 초국적 농식품 복합체인 카길의 경우, 스스로의 언급처럼 미국 플로리다 주의 탬파에서 인산 비료를 생산하고, 이 비료로 미국과 아르헨티나에서 대두를 생산한 뒤, 가공된 대두는 태국으로 수출하여 닭의 사료로 쓴다. 이 사료를 먹은 닭은 다시 카길의 시설에서 가공 처리되어 일본과 유럽의 슈퍼마켓으로 출하된다. 초국적 농식품 복합체는 지구상에서 가장 싸게 원료 농산물을 구매할 수 있는 곳을 찾아서 구매하고, 가공 후에는 이를 가장 비싼 값으로 판매할 곳을 지구 전체를 대상으로 물색한다. 아울러 서로 다른 생산 공정을 각 나라의 여건에 맞추어서 분담시키는 작업을 통하여 이윤 창출을 극대화하기도 한다. 예를 들면, 노동 집약적인 부분은 임금이 낮은 나라로, 환경 부하가 큰 부문은 환경 규제가 느슨한 나라로, 기술 집약적인 부분은 본국에 배치하는 전략을 구사한다. 나아가서 국가 간의 상이한 경제 제도를 악용하여 조세 회피 등을 통해 각종 부당 이득을 획득한다. 또한 농식품의 경우, 공산품과는 달리 생산 공정을 국제적으로 표준화하는 것이 어렵고 또 원료 생산과 식품 소비 단계에서 지역색을 띠지 않을 수 없다는 사정 때문에 현지 생산 · 현지 소비형의 기업 전략도 병행해서 이루어지고 있다.

이들 초국적 농식품 복합체들이 세계화가 진전되기 오래 전부터 농업 정책의 결정 과정에 영향력을 행사해 왔다는 사실은 현대의 농업 문제를 파악하는 데 있어서 고려해야 할 중요한 변수이다. 농식품 복합체의 검은 전략은 1980년대 중반부터 시작된 우루과이 라운드UR 농업 협상에서 노골적으로 드러났다. 당시 미국 측이 UR 협정에서 제안한 내용의 대부분은 대표적인 초국적 농식품 복합체인 카길 사의 전직 부사장인 암스튜츠Daniel Amstutz에 의해서 작성되었고, 이 제안서는 다른 농업 관련 초국적 기업들에 의하여 검토되었다. 이 제안서는 곡물 무역 회사와 농화학 회사의 요구에 맞추어 만들어졌기 때문에, 그 주요 내용은 농가에 대한 보조를 줄이고 생산 제한을 없애는 것이었다. 이와 더불어, 초국적 농업 관련 기업들은 여러 가지 형태로 정부 정책에 영향력을 발휘하기 위한 구체적인 작업도 병행했다. 예를 들면, 카길 사의 최고경영자 미섹크Ernest Micek는 클린턴 정부 하에서 미국의 수출 확대를 꾀하고 수출 정책을 대통령에게 자문하는 대통령 수출 자문단의 멤버로 임명되기도 했다. 이외에도 거대 농업 관련 기업체와 정부의 밀착은 다른 여러 가지 사례에서도 확인되는데, 1986년에 카길, 몬산토, 나비스코 등은 로비 활동을 담당하기 위해 농업정책개발그룹APWG을 결성하기도 했다.

또한, 농업 관련 산업체의 임원과 미국 행정부 공무원 사이의 자리바꿈('회전문revolving door')에서 알 수 있는 바와 같이, 규제 기관과 규제를 받는 업체 사이의 밀착의 고리가 깊다는 사실도 고려해야 할 사항 중 하나이다. 농업 관련 산업과 미국 정부의 유착은 미국 정부가 생명 공학을 전략적으로 육성하는 정책을 취하게 만든 배경이기도 하다. 영국의 경우에도 유기 농산물에 대한 대중의 요구가 강하게 분출되고 있음에도 불구하고, 영국 정부는 5,400만 파운드를 생명 공학의 연구에 사용한 반면, 유기 농업의 연구에 대해서는 불과 180만 파운드를 사용했다.

국제기구도 초국적 농식품 복합체의 영향으로부터 자유롭다고 보기 어렵다. 농업에 관한 경제적 연구도 후원하고 있는 OECD(경제협력개발기구)에 의해서 1993년에 도입된 '실질적 동등성'이라는 개념을 하나의 예로 들 수 있다. '실질적 동등성'이란 오랫동안 안전하게 소비되어 온 유사한 작물이나 식품과 비교 대조한 성분 분석을 통해서 유전자 조작 농산물의 안정성을 평가한다는 것인데, 의약품이나 식품 첨가물에 요구되는 수준과 같은 안전성 평가를 의무화하지 않았기 때문에 소비자 단체나 환경 보호 단체로부터 강한 비판을 받았다. 이는 유전자 조작 농산물에 대한 규제 완화와 상품화 추진을 주장하는 미국 등의 주장을 반영한 것이었다.

이와 같이, 초국적 농식품 복합체들은 자신들의 이해에 따라 국가 및 국제기구까지 동원할 정도로 강력한 조직으로 된 지 오래이다. 이들 농식품 복합체의 농업 및 농식품에 대한 지배가 세계적 규모로 강화되어, 농식품의 원료 생산에서 가공 · 유통 · 소비에 이르는 모든 과정이 전 지구적 규모로 통합되면서 각국 정부가 실시해 온 농산물 가격 지지 정책을 비롯한 여러 농업 정책들도 제 힘을 발휘할 수 없는 지경에 이르렀다고 할 수 있다. 이런 점에서 반다나 시바Vandana Shiva가 "WTO 협상은 카길 협상이라고 불러야 한다"라고 일침을 놓은 것은 사태의 본말을 정확히 파악한 지적이라고 할 수 있고, 세계 곳곳의 농민들이 홍콩에 집결한 이유도 바로 이 때문이라고 할 수 있다.

초국적 농식품 복합체의 농업 지배 강화가 가져온 결과는 비참하다. 초국적 농식품 복합체에 의해서 주도되고 있는 공장식 농업은 생태적 문제를 야기하고, 살충제와 비료의 대량 투하를 촉진하고, 작물의 다양성을 크게 훼손하였다. 에너지 다소비형 기술 이용을 촉진하여 농촌 사회의 불평등을 조장함으로써 결국은 가족농을 몰아내고 농촌 사회를 근저에서부터 파괴하고 있는 것이 현실이다. 표준화된 생산물의 공급이 확대되어 농업 생산의 획일화를 강제함으로써 장기적으로는 농업의 지속 가능성을 감소시키고 있으며, 자연 순환을 파괴하

는 영농 형태가 국제 경쟁력이라는 이름 아래 강요당하고 있
다. 지역성이 풍부한 인간다운 식생활·식문화의 발달이라는
방향과는 반대로 획일적인 왜곡된 방향으로 나아간다는 심각
한 문제를 안고 있다. 초국적 농식품 복합체의 주장과는 달리,
풍부한 식량은 부유한 지역이나 사회만의 현상에 불과하다.
선진국에서는 값싼 식료품이 풍부하게 생산되고 있지만, 기아
와 식량 문제를 해결해야 하는 후진국에서는 국민 식량의 자
립을 이끄는 방향과는 반대로 종속 체제가 강화되고 있다.
1950년대에는 전체 밀 수입량의 10%에 불과했던 후진국의 비
중이 1980년에는 57%로 증가했다. 생산되는 농식품도 지역 경
제의 확대나 지역의 식품 필요성과는 더욱 괴리되고 있다. 후
진국의 식품 자급은 감퇴하고, 선진국의 농민들의 경제적 곤
란도 가중되고 있다.

　물론, 현재의 농식품 체계가 갖고 있는 기본적 모순이 모
든 선·후진국에 대하여 동일한 형태로 무차별적으로 나타나
는 것이 아니라, 국가 개입의 형태에 따라 그 위기의 양태가
차이를 보이고 있다. 일례로, 미국의 농민과 곡물 판매업자 등
이 미국 정부로부터 받는 평균 보조금은 민다나오 섬의 옥수
수 생산자가 취득하는 소득의 약 100여배에 달한다. 이와 같
이 선진국에서는 자국 농업을 보호하기 위해서 농업에 대하여
각종 보조금을 지불해 왔고, 이로 인해 값싼 식료품이 풍부하
게 생산되고 있지만, 기아와 식량 문제를 해결해야 하는 후진
국에서는 국민 식량의 자립을 이끄는 방향과는 반대로 나아가
고 있다. 한국의 경우도 예외가 아니어서, 사료 곡물을 포함한

곡물 자급도는 26.9%에 불과한데, 이는 OECD 회원 국가 가운데 가장 낮은 수준이다. 그나마 쌀 때문에 이만한 수치를 기록할 수 있었는데, 쌀을 제외한 곡물의 자급도는 4%에도 미치지 못한다. 식량의 안정적인 확보라는 말조차 꺼내기 힘든 상황이 되어 버렸다. 대표적인 농식품 수출국인 미국의 경우도 농식품 복합체의 사업 영역 확대 과정과 맞물려서 기존의 가족농의 궤멸과 대규모 기업농의 급성장으로 생산의 특화가 심화되는 양상을 보이고 있다. 상위 2%의 농가가 전체 판매액의 50%를 생산하고 있으며, 하위 73%의 영세농 및 가족농은 단지 9%의 농산물을 생산하고 있다.

편집자들이 서장에서 밝히고 있듯이, 이 책은 그동안 정치경제학이 현대 농업이 처한 곤경을 소홀히 다뤄 왔던 것에 대한 반성에서 출발하고 있다. 이러한 반성을 기초로 제기되고 있는 내용들이 농업 진영의 운동에 도움이 되기를 바라는 마음은 옮긴이들도 마찬가지이다.

이 책은 먼슬리 리뷰Monthly Review 출판사에서 2000년에 발간한 *Hungry for Profit: The Agribusiness Threat to Farmers, Food, and the Environment*를 번역한 것이다. 원래 이 책은 먼슬리 리뷰 출판사가 발간하는 월간지인 『먼슬리 리뷰』의 1998년 7 · 8월 합병호에 "Hungry for Profit: Agriculture, Food, and Ecology"라는 제목으로 출간된 특집을 바탕으로 하고 있다. 이 특집호는 초국적 농업 관련 기업이 현재의 농업, 농민, 식품, 환경에 미치는 많은 심각한 영향을 역사적 · 이론적으로 다루었을 뿐만 아니라, 현상 분석을 통하여 구체적인 실체를 밝히고자 했다. 특집호에 실렸던 11편의 논문에 2편의 논문을 추가하여 2000년에 발간한 것이 바로 이 책이다.

이 책의 번역에 대한 논의는 2002년도 한국농어촌사회연구소의 연구 모임에서 시작되었다. 연구소에서 월례회로 진행되던 연구 세미나에서 부분적으로 번역한 내용이 소개되기도 했다. 이 과정에서 이 책이 한국 농업 위기의 근원에 대해서도 많은 시사점을 제공하고 있다는 데 연구자들이 인식을 같이했고, 번역의 필요성에 대하여 공감했다. 그러나 실질적인 번역 작업은 2004년 봄부터 진행되었다.

원서에 소개되어 있는 구체적 사례들이 다소 진부한 경우에는 원서의 내용은 그대로 살리면서, 옮긴이가 보충 설명을 첨가하였다. 원서에 실려 있는 논문 중 "New Agricultural Biotechnologies"와 "The Importance of Land Reform in the Reconstruction of China"는 번역에서 제외하였는데, 사용된 데이터가 현 시점에서 다소 진부하다는 판단 때문이다. 다만, 생명 공학과 관련한 최근의 논의는 공동 번역자인 박민선 교수의 「기업의 유전자 지배와 농업 지배」라는 논문을 보론으로 첨가하여 이해를 돕도록 하였다.

모든 번역서가 그러해야 하듯이, 이 책의 번역도 원서의 내용을 그대로 전달하려고 노력했다. 원서가 여러 편의 논문들로 구성되어 있었기 때문에 번역 작업은 각 장을 분담하는 형태로 이루어졌다. 각 논문이 서로 다른 필자에 의해서 쓰였기 때문에 분담 번역이 갖는 부담은 적었다고 할 수 있다. 그렇지만, 동일한 용어가 원서에서조차 집필자에 따라 달리 쓰이는 경우도 많았기 때문에 번역에 어려움은 여전했다. 가능하면 번역서에서는 이를 통일하려고 노력하였으나, 이것이 번역 과정에서 완전히 극복되었다고 할 수는 없을 것 같다. 또한 옮긴이마다 달리 번역한 용어를 통일하는 작업에도 많은 노력을 기울였으나, 여전히 아쉬움이 남는다. 독자 여러분의 아량과 질책을 부탁드린다. 끝으로 사회과학 출판계의 전반적인 어려움에도 불구하고 이 책의 출판을 흔쾌히 받아준 도서출판 울력의 강동호 사장께 감사의 인사를 전한다.

2005년 12월

옮긴이를 대표해서 윤병선

Hungry for Profit

차례

이윤에 굶주린 자들

일러두기

1. 이 책은 *Hungry for Profit: The Agribusiness Threat to Farmers, Food, and the Environment* (Monthly Review Press, 2000)를 텍스트로 하였다. 옮긴이 서문에서 언급하였듯, 이 책은 원서의 13편의 글 중 두 편을 제외한 11편의 글을 번역하였고, 박민선 교수의 글을 보론으로 추가하였다.

2. 이 책은 원서의 체제를 따랐으며, 원서에서 이탤릭으로 표시된 부분을 이 책에서는 중고딕으로 표시하였다.

3. 본문 중에 표시된 주는 모두 원서의 주이며, 옮긴이 주는 본문 안에 괄호로 묶어 표시하였고, 옮긴이라고 표시하였다.

4. 책과 신문, 잡지는 『 』, 논문과 기사, 단편의 글은 「 」으로 표시하였다. 그리고 영문을 병기할 때는 책과 신문, 잡지는 이탤릭체로 표시하였다. 영문으로만 표시할 때 책과 신문, 잡지는 이탤릭체로 구분하였다.

서 장

프레드 맥도프, 존 포스터, 프레드릭 버텔

Fred Magdoff
John Bellamy Foster
Frederick H. Buttel

19세기 후반의 산업 혁명과 20세기 중반의 농업 관련 산업agribusiness 시스템의 대두라는 두 단계를 계기로 농업은 공업의 지배를 받게 되었다는 것이 일반적 견해이다. 이 두 시기를 문제시하고 있는 많은 학자들은 현재의 농업 문제를 논의함에 있어 현대의 정치경제학보다는 오히려 정치경제사에 집중해야 한다는 생각을 기본적으로 갖고 있다. 어떠한 것도 진실보다 앞서는 것은 없다. 이 책은 정치경제학이 곤경에 처해 있는 현대 농업을 그동안 소홀히 다루었던 것을 반성하고, 농업 진영에서 보다 신속하고 강력한 저항 운동이 일어날 수 있도록 도움을 주기 위해 만들어졌다.

역사적으로, 자본주의의 기원과 발전 과정에서 농업의 중요성은 아무리 강조해도 지나치지 않다. 영국 자본주의의 발전은 중요한 기술 혁신이나 사회 개혁의 진통 가운데서도 농업 부문이 만들어 낸 잉여의 증대와 관련되어 있다. 또한 영국의 특징적인 토지 소유로 인해 농업 생산은 새로운 형태의 시장에 의존하게 되었다. 이는 자본주의적 관계를 형성시키는 기폭제로서 매우 중요한 역할을 수행했으며, 이를 바탕으로 생산성의 지속적 증대가 가능했다(우드Wood의 제1장 참조). 그 후의 자본주의 발전 과정에서 공업의 성장은 농업과 함께 이루어졌으며, 각 단계마다 농업의 변화가 공업에 반영(어떤 경우에는 변화를 암시하기도 하면서)되었다.

미국에서는 지난 수십 년 동안 거대 농업 관련 산업의 농업 지배가 심화되기 시작했고, 다른 지역에서는 이보다 늦게 나타나기 시작했다. 그러나 최근에는 전에 없던 급격한 변화에 휩싸이고 있다. 자본의 집적과 집중, 소농이나 농민이 토지로부터 이탈하는 현상이 새로운 것은 아니지만, 현재 나타나고 있는 현상들은 몇 가지 점에서 독특하다. 새로운 기술 혁신, 특히 생명 공학 부문의 기술 혁신으로 농업 부문에서의 집적과 집중 및 농촌 해체, 농민의 무산 계급화가 더욱 가속적으로 일어나고 있으며, 아울러 제3세계 국가들의 국민들이 소유하고 있던 토종 동식물의 소유권 및 지배권마저 농업 관련 기업들이 전유專有하기에 이르렀다. 또한, 농업의 '전 지구적 상품화global commodification'의 진전과 함께 전 세계 농민과 소규모 농가는 파멸의 위험에 처해 있다. 제3세계에서는 생계형 농업이 쇠퇴하고, 부유한 나라로 수출하기 위한 환금 작물의 생산이 이전과는 비교할 수 없을 정도로 확대되고 있다. 그 결과 세계적 규모에서 식품 공급의 확대와 기아의 확대가 병존하는 사태에 이르고 말았다. 이러한 대립의 격화는 세계 식품 체계의 중심에 있는 미국에서조차 호경기에도 불구하고 급식소 앞에 길게 줄지어 서 있는 대기자들의 모습에서도 확인된다. 농업 관련 산업의 성장으로 과거의 복합적 농업 경영은 특화 생산으로 대체되었고, 토양 영양분의 순환은 파괴되었으며, 화학제품에 의한 토양 · 수질의 오염(나아가서 식품의 오염), 여러 다른 형태의 농업 생태계 붕괴 등으로 생태적 문제가 더욱 빈번하게 발생하고 있다. 그러다 보니, 이러한 농업의 전개는 반격을 받지 않을 수 없다. 지속 가능한 농업을 발전시키고, 기아를 퇴치하고, 소규모 가족농업 경영을 지원하고, 생태계의 파괴를 종식시키려는 운동이 세계 곳곳의 농촌과 도시에서 풀뿌리에서부터 싹트고 있다. 세계 농업의 전개 상황을 시종 일관되게 고찰할 수 있는 기초를 제공하는 것이 여러 논문들을 묶은 이 책의 편찬 목적이다.

『이윤에 굶주린 자들』이라는 제목의 이 책에 수록된 논문들은 농업, 식품, 생태의 정치경제학에 초점이 맞추어져 있다. 각각의 논문들은 역사적 분석 방법에 의거하고 있지만, 동시에 현대의 관심사나 미래의 중요한 사항에 대해서도 충분히 다루고 있다. 나아가서, 각각의 논문은 서로 모순되는 현실을 해명하면서 이를 극복하기 위한 방법을 제시하려는 노력도 병행하고 있다. 자본주의는 식품 생산의 급성장과 (시장과 소득 분배에 대하여 상대적인) 과잉 생산의 만성화와 함께, 다른 한편으로는 사회적 배제와 이에 따른 기아의 확대라는 하나의 모순된 현실을 우리에게 보여 주고 있다. 인구 증가로 인해서 기아가 확대되는 것으로 생각하지만, 인구 증가가 기아의 주된 원인은 아니다(왜냐하면 농업 생산성의 상승은 일반적으로 인구 증가를 압도해 왔기 때문이다). 그보다는 식품 생산의 직접적인 목적이 인류의 생명 유지나 복리의 향상보다는 이윤의 확대에 있는 현실에서 비롯된 결과에 불과하다. 창고에는 곡물이 넘쳐나는 상황에서, 굶주리는 사람이 존재한다는 것은 모순되게 보일 수 있다. 이는 우리의 분석이 모순된 것이어서

가 아니라, 자본주의적 농업 관련 산업 자체가 그러하기 때문
이다.

역사적 전환점

오늘날 세계 '농업-식품 체계agriculture-food system'의 거의
모든 측면에서 과거와는 다른 급격한 변화가 일어나고 있다는
것에 대하여 누구도 의심하지 않는다. 농업-식품 체계는 식량
을 생산하는 농민과 이들에게 종자나 비료, 트랙터, 연료 등의
자재를 공급하는 거대 기업, 그리고 식량을 처리 · 가공 · 유통
시키는 더 큰 산업으로 구성되어 있다. 또한, 농산물의 국제
무역은 수세기 동안 이루어져 왔지만, 무역을 통하여 세계는
빠르게 통합되고 있고, 제3세계 농업에 대한 거대 기업의 진출
도 빠르게 이루어지고 있다(맥마이클McMichael의 제6장 참조).
　전통적으로 농업-식품 체계 내의 여러 분야에 걸친 사업
활동은 다수의 행위자들 — 수많은 농자재업체, 수백만의 농
민, 다수의 농산물 구매업체, 식품 가공업체나 유통업체 등 —
을 포함하고 있기 때문에 자유 시장 경쟁의 교과서적인 사례
로 종종 묘사되어 왔다. 바란Paul Baran과 스위지Paul Sweezy
는 『독점 자본Monopoly Capital』(1966)에서 소수의 "협조적인"
기업이 산업의 대부분을 지배하는 성숙한 자본주의 하에서 생
산의 집적과 집중이 강화되는 과정을 논의하고 있다. 이러한
상황에서는 한줌의 거대 기업이 개개의 상품 시장의 대부분을
지배하고, 시장 점유율을 둘러싼 경쟁은 가격 경쟁보다는 광

고, 제품 차별화, 상표 식별brand identification 등을 통하여 더욱 치열하게 전개된다. 농업과 식품 부문의 집적과 집중의 과정은 비농업 부문보다는 다소 늦게 나타난다. 그러나 지난 수십 년 동안 농민들이 구매해 온(종자, 비료, 농약, 농기계 등) 농자재의 공급 부문에서 뿐만 아니라, 식품의 가공, 유통, 소매 부문까지도 집중 현상이 놀랄 정도로 빠르게 진행되어서 현재는 비교적 소수의 식품 복합 기업conglomerate이 지배적인 역할을 하기에 이르렀다(헤퍼난Heffernan의 제3장 참조).

어떤 방법으로 식량이 생산되고, 어떻게 농장에서 식탁으로 이동하는가(결국 식품 체계 전체 내용)에 대해서 모든 사람들이 많은 관심을 가지고 있다. 오늘날에는 공급되는 식품의 미생물학적 안전성뿐만 아니라 농약으로 인한 식품 오염에 대한 공포도 증대하고 있다. 최근의 돌발성 질병은 여러 가지 오염된 농산물(육류, 과즙, 과실, 야채 등)과 관련되어 있다. 전 세계적으로는 유전자 조작 농산물로 만들어진 식품의 안전성에 대한 관심도 높아지고 있다. 그러나 사람들이 우려하고 있는 식품의 안전성에 대한 의문은 사태의 일부분에 불과하다. 다른 여러 가지 중요한 문제들이 내재되어 있기 때문이다. 식품의 생산 · 가공 · 판매 단계에서 소유권과 지배권의 집중, 농약을 사용할 때 농민과 농업 노동자의 안전 대책, 재생 불가능한 자원에 대한 과도한 의존, 유전자 조작 농산물 · 동물 · 미생물의 광범한 이용이 환경에 미치는 영향, 농약이나 영양제에 의한 지표수와 지하수의 오염, 대다수 농민의 낮은 소득, 농업 노동자의 저임금과 열악한 노동 및 생활 조건, 가축에 대한 잔

인한 대우, 빈곤한 사람들의 식품 확보 기회의 불충분 등이 그 것이다. 국지적, 지역적, 전 지구적 차원에서 현대 농업 관행이 생태계에 미치는 부정적 영향은 우리 인간들뿐만 아니라 다른 생명체들에게도 미치고 있다(포스터Foster와 맥도프Magdoff의 제2장 및 알티에리Altieri의 제4장 참조). 환경 문제와 사회 문제, 경제 문제는 서로 관련되어 있고, 20세기 후반의 농업 구조의 전개도 이 세 가지 문제와 깊이 관련되어 있다.

극소수의 업체가 원료용 농산물의 대부분을 구매하는 것 이 지금의 현실이다. 따라서 농민들에게 있어 진정한 의미의 '자유로운 시장'은 사라져 버려서, 농산물 가격은 대부분의 경우 낮은 수준에 묶이게 된다. 물론 수요와 공급이 가격 형성 에 영향을 미치지만, 많은 농산물은 낮은 가격 수준에 머물러 있다. 농산물의 판매 가격에서 투입 비용을 뺀 후에 농민이 실 제로 수취하는 비율은 1910년 시점의 40퍼센트 전후에서 1990 년에는 10퍼센트 이하로 낮아졌다. 강력한 힘을 발휘하는 농 업 관련 기업 · 식품 기업은 농민으로부터 구매하는 원료용 농 산물의 원가는 억제하면서, 자신들은 더 많은 이윤을 확보하 기 위해서 가공 식품의 판매 가격은 높게 유지하고 있다. 미국 에서 식품 산업이 제약 산업의 뒤를 이어 두 번째로 수지맞는 산업이 된 것은 결코 우연이 아니다!

자본의 집적 · 집중이 진행되면 국민 경제나 국민 사회에 어떠한 영향을 미치게 되는가와 관련하여 바란과 스위지는 설 득력과 통찰력 있는 논문을 집필했는데, 이 책에 실린 몇 편의 논문에서도 농약이나 농업–식품 체계에 있어서 자본의 세계화에 의한 자본의 집적·집중 과정이 어떻게 형성되어 왔는가에 대해서 언급하고 있다. 헤퍼난의 논문은 농업 관련 산업의 자본 집적·집중이 전 지구적 규모에서 빠른 속도로 진전되고 있는 상황을 잘 묘사하고 있다. 맥마이클은 지난 25년 동안 부상해 온 새로운 전 지구적 교역 질서 — 세계무역기구WTO, 북미자유무역협정NAFTA, 기타 지역 무역 협정, 다자간 투자 협정MAI을 정점으로 하는 새로운 질서 — 가 식품 교역의 전 지구적 확대를 가져왔을 뿐만 아니라, 제3세계에서는 수출 지향형 생산의 성장을 초래했다는 점에 주목하고 있다.

생산 및 유통과 관계된 농업 관련 산업의 세계화만큼이나 농업의 공업화나 계약에 의한 계열화integration가 미국은 물론 많은 나라에서 현저하게 나타나고 있다. 농업 경영 수지는 점점 악화되고 있으며, 가공 식품의 원재료에 들어가는 비용을 낮추는 것이 농업 관련 기업들의 이익을 높이는 열쇠라고 인식하게 되면서, 농업 관련 기업들은 "공업적" — 혹은 공장식 — 생산 체계와 '계약에 의한 계열화 협정contractual integration arrangements'을 체결하기 시작했다. 그 결과, 작물이나 가축을 생산하는 방법의 결정권이 대규모 농업 관련 기업으로 넘어가고 있다(르원틴Lewontin의 제5장). 이런 극단적인 상황에서, 타이슨이나 퍼듀와 계약을 맺고 있는 가금류 사육 농민이나 머피 패밀리 팜스와 계약을 맺고 있는 양돈 농민들은 독립적인 지위를 박탈당하고 단체 교섭권조차 갖지 못하는 노동자의 지위로 전락하고 있다.

육류(특히, 닭고기와 돼지고기) 부문의 계약에 의한 계열화는 공업화된 영농 혹은 "공장식" 영농과 긴밀하게 결합되어 있다. 공장식 농업 생산은 예측 가능한 균일한 상품을 대량으로 공급할 수 있기 때문에 육류 처리 가공업체는 이 방식을 선호하고 있다. "소비자의 선호"에 부응한다는 논리로 공장식 영농이나 계약에 의한 계열화가 정당화되기도 하지만, 소비자들은 오히려 공장식 영농에 반대하고 있다. 실제로 이러한 생산 시스템으로부터 소비자가 얻는 혜택은 거의 발견되지 않는다. 공장식 농장은 수직적으로 계열화된 생산 시스템 하의 매우 혹독한 조건에서 가축을 사육하기 때문에, 가축용 사료를 재배하는 토지로부터 가축을 분리시키고 있다(포스터와 맥도프의 제2장). 공업화에 따라 도심부로 인구가 이동하고 대규모 인구가 토지에서 분리되는 것과는 별도로 이러한 현상이 나타나고 있다(이러한 분리 과정은 공업화의 진전 여부와 관계없이 제3세계에서는 현재도 계속되고 있다). 그로 인해 초래되는 생태적 결과를 마르크스는 『자본론』에서 개관하였다.

기술과 끊임없는 규모 확대

자본주의하에서 비교적 소규모의 상품 생산자들에게서 나타나는 일반적인 경우처럼, 농민들은 농가 수취 가격 인하 압력과 투입재 가격 인상 압력에 노출되어 농업 경영을 존속시키려면 끊임없이 새로운 기술을 도입하고 생산 규모를 확대해야 하는 상황에 놓여 있다(농업은 소매가격으로 생산 자재를 구입하고, 도매가격으로 생산물을 판매하는 몇 안 되는 사업 부문 중의 하나이다). 생산물 한 단위당 농민의 화폐 수입이 축소되기 때문에 이전과 동일한 액수의 수익을 확보하려면 농민은 대규모화 하든지, 아니면 이농을 하지 않으면 안 된다. 뉴잉글랜드 지역의 오랜 속담은 쳇바퀴처럼 돌아가는 이런 과정을 다음과 같이 표현하고 있다: "우리는 옥수수를 더 많이 심어서 젖소를 더 많이 키우고, 더 많은 우유를 만들고, 더 많은 땅을 사서 더 많은 옥수수를 키운다." 그러나 미국 뉴욕 주의 낙농업자에 관한 최근의 연구에 의하면, 젖소의 사육 두수와 마리당 착유량 모두 증가하였지만, 젖소 한 마리당 이익은 축소되었다고 한다. 단지 현 상태의 낙농을 유지하기 위해서라도 생산을 확대하지 않으면 안 된다!

생산 규모의 확대로 발생하는 물적 측면의 유리함(주로 노동력과 기계의 효율적 사용)은 농업에서는 매우 빠르게 한계에 도달한다. 거의 모든 농산물 부문에서 중규모의 가족 농장의 효율성은 대규모의 공업적 농장들과 거의 같거나 이를 상회하고 있다. 그러나 이것이 자본주의 경제하에서 대규모 농장이 수익 면에서 유리할 것이 없다는 것을 의미하는 것은 아니다 ― 대규모 농장은 상품을 대량으로 판매하기 때문에 프리미엄을 받기도 하고, 생산자재도 싸게 구입하며, 차입금도 저리로 이용할 수 있고, 고용 노동력을 이용하여 이윤을 확보할 수 있는 기회를 더 많이 갖는다.

양계 부문처럼 공업화되고 "계열화된" 부문에서 "공개 시장"은 사라지고 있다. 가공업체나 기타 농업 관련 기업 내 "계열화 기업"과 생산 계약을 맺고 있는 생산자들만이 자신의 생산물을 이들에게 판매할 수 있을 뿐이다. 공적 자금의 지원을 받고 있는 농업 시험장의 대부분은 수적으로 다수를 차지하는 가족농보다는 자신들의 고객 중에서 아주 극소수에 불과한 공장식 영농에 더 많은 관심을 기울이는 경향이 있다.

생산 규모를 끊임없이 확대해야 하는 현실을 쫓아가지 못하는 사람들은 농업에서 퇴출되고, 그들의 자녀들도 영농 의욕을 잃게 된다. 많은 나라에서 농장 수가 격감하고 있는 원인은 이 때문이다. 미국에서는 1930년대에 700만에 가까웠던 농장 수가 1990년대 중엽에는 약 180만으로 감소했다. 또한 많은 농민들이 자신이 농사짓던 땅을 떠났고, 특히 소수 인종의 경우는 더욱 심각했다. 미국 전체 농장에서 흑인 소유 농장이 차지하는 비율은 1930년대에 14퍼센트에 이르렀지만, 현재는 1퍼센트 수준에 머물러 있다. 농장 수의 감소는 그 대부분이 제2차 세계대전 후부터 1970년대 초엽까지 집중적으로 발생했다. 1970년대 초반에는 약 200만으로 안정되었고, 그 후의 연간 감소율은 1980년대 초반까지 0.2퍼센트 정도에 머물렀다(근래에는 멕시코계나 아시아계 같은 소수 인종이 소유하는 농장 수가 증가하고 있지만, 전체 농장에서 차지하는 비율은 미미하다). 1980년대의 심각한 "농업 위기farm crisis" 시기에 미국의 농장 수는 다시 급감했지만(10년간 약 17퍼센트 감소), 현재는 완만하게 감소하고 있다. 농장 수의 감소율은 빠르게 공장식 영농으로 바뀌고 있는 축산 부문에서 가장 뚜렷하게 나타나고 있다. 1980년대 초부터 양계 · 양돈 · 낙농 부문의 농민 수는 매년 4.0-4.5퍼센트씩 감소하고 있다.

맥마이클(제6장)이 강조하고 있는 바와 같이, WTO의 창
설로 귀결된 GATT의 우루과이 라운드에서 합의된 중요한 조
항 가운데 하나는 농산물 프로그램을 폐지했다는 점이다. 농
산물 프로그램은 제2차 세계대전 이후로 불충분한 형태로나
마 농산물의 국내 최저 가격 설정에 기여해 왔었다. 이를 통해
서 미국 정부는 우루과이 라운드 협정에 쉽게 도달했는데, 이
는 1996년 농업법Federal Agricultural Improvement and Re-
form Act (FAIR)을 통해서 미국이 받아들인 여러 조항에 대해
충분히 대응할 수 있도록 했기 때문이다. 농산물 프로그램이
라는 안전망의 단계적 철폐와 밀·옥수수·대두 같은 기본 농
산물의 농가 수취 가격 하락으로 농민은 빈곤과 파산이라는
새로운 국면에 직면하고 있다. 1999년에는 농산물 가격의 하
락에 대처하기 위한 "긴급" 농업 지원법이 미국 의회에서 가
결되었다.

지난 반세기 동안 미국의 농장 수는 감소했지만, 평균 농장
규모는 확대되었으며, 대규모 농장들이 총생산량에서 상당 부
분을 담당하게 되었다. 현재 미국에서는 불과 6퍼센트에 해당
하는 상위 122,000농가가 농산물 판매액의 60퍼센트 가까이를
생산하고 있다. 이러한 대규모 농장들은 정부로부터 고액의
보조금을 지급받고 있는데, 농산물 프로그램을 통해서 상위
농장들에게 정부 보조금의 30퍼센트 이상이 지급되고 있다.

제3세계에서는 내부의 압박뿐만 아니라, 선진국에서 수입
되는 상품의 확대라는 외부의 압박으로 인해서 농민들의 광범
한 이농이 촉진되고 있으며, 이들은 농촌을 떠나 도시로 몰려

들고 있다(아라기Araghi의 제7장). 그 결과 시장을 통하지 않고 식품을 확보할 수 있는 기회가 줄어들었고, 특히 가정의 텃밭을 이용하여 식량을 자급할 수 있는 기회도 줄어들었기 때문에 기아가 한층 광범하게 되었다. 더욱 강력해진 초국적 기업들이 세계 농산물 무역에서 자행하는 불공정 행위로 인해 "탈농민화" 추세는 더욱 가속화되고 있다.

더욱더 많은 제3세계의 농민들이 땅을 등지고 떠나는 것과 마찬가지로 미국의 농민들도 이러한 사태가 진행되는 과정에서 궁지에 몰려 있고, 미국의 농업 노동자도 비참한 상태에 놓여 있다(마즈카Majka 등의 제8장). 1970년대부터 80년대 초에 걸쳐 노동조합 운동이 고양되어 많은 성과를 얻기도 했지만, 지금은 상황이 반전되고 있다. 멕시코나 중앙 아메리카로부터 오는 이민 농업 노동자가 많아지고, 노동자의 이직률이 높아지면서 조합의 조직력도 위기를 맞고 있다.

위기 탈출을 위한 기술?

농업과 식품 등과 관련된 환경적 문제를 기술적으로 해결하고자 하는 많은 제안이 나오고 있다. 육류의 세균 오염을 방지하기 위해서 방사선을 쬐는 것도 하나의 예이다. 그러나 이러한 방식은 생산지와 소비지의 거리를 줄임으로써 안전한 식품을 확보하거나, 가축을 안락하고 청결한 환경에서 스트레스를 주지 않고 소규모로 사육하는 방식은 아니다.

"정밀 농업precision farming"은 다루어야 할 순서를 잘못

배치한 적절한 사례이다. 지난 몇 년 동안 화학 및 농기계 회
사는 정밀(혹은 "처방") 농업에 열을 올리고 있다. 이 정밀 농
업은 (레이건Reagan 대통령의 "스타워즈Star Wars"를 시작으로
군수업체에 의해 개발된) 전 지구적 위치 파악 기술GPS, 수확
량의 감시나 광범한 샘플 추출과 지도 작성, 투입량 조절기기
등을 사용하여 경작지의 서로 다른 부분마다 추정 필요량에
따라 화학 비료나 농약을 투입하는 것을 가능하게 만들었다.
수십 년 동안 경제적으로 볼 때 적정 수준을 훨씬 상회하는 대
량의 비료와 농약이 살포된 것은 분명하다. 정밀 농업 제창자
들은 이 신기술이 경지 내 각 지점의 토질 상태에 맞춰서 화학
비료의 투입량을 조절하기 때문에 화학 비료를 더 사용하더라
도 수확량이 거의 증가하지 않는 토지에 비료를 과도하게 사
용하는 것을 막을 것으로 믿고 있다. 그러나 종래의 농법에 따
르면서 화학 비료나 농약을 상식적인 선에서 감량하는 경우와
비교해 볼 때, 정밀 농업 기술이 환경 면에서 더 유리한 결과
를 가져온다는 증거는 거의 없다. 많은 경우, 정밀 농업 기술
을 도입하고 있는 대부분의 농민들은 이전보다도 화학 비료를
더 많이 사용하고 있는 것으로 판명되고 있다.

　생명 공학은 더 많은 이윤을 얻을 수 있는 가능성을 확보
하기 위한 방법을 모색하는 기업들에 의해서 추진되고 있다
(르원틴의 제5장 참조). 이윤 추구가 생명 공학 산업에서만 나
타나는 특이한 행동은 아니지만, 생명 공학 산업이 개발한 방
법은 역사적으로 보아도 광적인 것이었다. 농업 생명 공학 산
업의 기원은 1980년대 초로 거슬러 올라간다. 80년대 초 이후

작물이나 가축의 생명 공학 연구에 수십 억 달러가 투입되었
지만, 아주 소수의 경우를 제외하면 상업적 성과는 1990년대
중반까지 거의 없었다. 따라서 수입은 불확실하고 투자도 주
춤하던 1990년대에 농업 생명 공학 기업은 연구 결과를 가능
하면 빨리 시장에 내놓으려 했다. 이들 기업은 중대한 결함이
있는 제품들조차 서둘러 시장에서 판매하면서, 개발된 특정
제품을 농민들에게 필요한 것으로 확신시키고자 했다. 예를
들면, 성장 호르몬제 사용으로 젖소 한 마리당 원유 생산량을
10퍼센트 이상 증가시킬 수 있었지만, 이러한 장점도 미심쩍
다. 왜냐하면 농민이 받는 원유 가격은 1980년대 초 이래 절반
이하로 하락(실질 가격 기준)하였고, 낙농업자의 수도 10년마
다 거의 40퍼센트씩 감소했기 때문이다. 르원틴의 언급대로,
Bt 품종이나 제초제 내성 품종 같은 생명 공학 제1세대 품종들
에서도 중대한 결함이 발견되고 있다. 보다 환경 친화적인 '이
력 관리identity-preserved' 하에 있는 생명 공학 생산물은 식
품의 품질 향상에 필요한 가능성을 지니고 있지만, 이 경우에
도 자본이 농업으로부터 이윤을 획득하도록 만드는 또 하나의
최첨단 품종으로 유력시되고 있을 뿐이다. 또한 "계열화"로
인해 자신의 토지를 명목상으로만 "소유"하고 있을 뿐 자신의
토지에 대한 지배권을 이미 상실해 버린 농민들을 무산 계급
으로 전환시키는 일에 일조할 것이다(르원틴의 제5장 참조).

맹공격에 대한 대항

농업-식품 체계에 대한 독점 자본의 지배가 강화됨으로써 나타나고 있는 부정적 영향에 대한 대응들이 전 세계에서 일어나고 있다. 제3세계 국가들에서는 (실질적으로는 전 인류의 공동 유산이고, 그 대부분이 수많은 세대에 걸쳐 만들어진 현지인들의 문화적 산물인) 식물의 유전 정보에 특허권을 설정하려는 것에 대항하는 노력도 진행되고 있다. 또한 여러 나라를 하나로 더욱 가깝게 연결함으로써 힘 있는 나라는 이득을 보고, 힘 없는 나라는 손해를 보는 시장의 힘에 완전히 노출시키는 WTO나 NAFTA 같은 무역 협정에 반대하는 투쟁도 벌어지고 있다. 유럽의 농민이나 일반 대중은 ("라운드업 레디" 대두 같은) 유전자 조작 농산물이나 호르몬 촉진제를 사용한 쇠고기의 수입을 반대하는 저항 운동을 펼치고 있다.

미국에서는 여러 문제들에 대응하는 투쟁을 위해 수백 개의 조직이 만들어져 있다(헨더슨Henderson의 제9장 참조). 이러한 조직이나 단체는 주법이나 연방법의 개정을 위해 투쟁을 전개하고 있다. 또한 이들은 환경 친화적인 중소 규모의 농업 경영에 적합한 농법의 개발을 추진하고 있으며, 특히 유기 농업을 장려하기도 하고, 매우 열악한 조건에 처해 있는 농민들이 살아남을 수 있도록 직접적인 지원을 하고 있다.

1999년에 유전자 조작 종자를 공급하는 기업이 수세에 몰린 사태가 발생했다. 매년 농민들이 종자를 구입해야 하는 불임 종자를 만드는 기술의 도입 가능성에 대하여 제3세계와 유

럽에서 강한 반발이 있었다("터미네이터terminator" 유전자에
대한 논의는 르원틴의 제5장 참조). 이러한 반발로 인해 몬산토
는 우선 신기술의 도입을 연기하고, 아울러 터미네이터 기술
을 갖고 있는 기업의 매수를 단념하지 않을 수 없었다. 세계적
으로 환경과 식품의 안전성 등에 대한 관심이 높아짐에 따라
서 유전자 조작 농산물이 낮은 가격에 거래되도록 하려는 계
획이 추진되고 있다. 가격 차이가 없더라도 불충분한 수확량
때문에 많은 농민들은 유전자 조작 작물의 경제성에 대하여
의문을 갖게 되었다. 2000년도에는 유전자 조작 농산물이 도
입된 이후 처음으로 그것의 재배 면적이 큰 폭으로 감소하는
모습을 보였다(『월스트리트 저널 *Wall Street Journal*』, 1999. 11.
19). 운동가들은 유전자 조작 농산물의 표시 의무화에 대해 설
득력 있는 주장을 대대적으로 펼치고 있다. 수년 동안 생명 공
학 기업은 미국 정부와 함께 "시장"에 신기술의 도입을 맡겨
야 한다는 태도를 꾸준히 취해 왔다. 현재 생명 공학 기업이나
정부는 생명 공학 식품의 표시 의무 — 사람들이 실제로 선택
권을 가질 수 있는 유일한 방법 — 에 대하여 반대하고 있다.
몬산토나 듀폰, 노바티스를 포함하는 생명 공학 기업들은 유
전자 조작 농산물을 비판하는 사람들에 대한 반격을 준비하고
있다(『뉴욕 타임즈 *New York Times*』, 1999. 11. 12). 유전자 조작
식품에 대한 싸움은 기업에 의한 식품 체계 지배를 반대하는
농민과 일반 대중이 최전선에서 수행하는 투쟁이다.

농산물의 직접 생산자인 농민과 농업 관련 기업들 사이에
는 불평등한 힘의 관계가 존재하기 때문에 밀·옥수수·사

과 · 우유 · 육류처럼 차별화되지 않은 농산물을 생산하는 농민이 이를 대량으로 구매하는 가공업체에게 판매해서는 거의 살아남을 수 없다는 점이 종종 제기되고 있다. 거대 농업 관련 기업들이 지배하는 시대에 농민이 살아남기 위해서는 다음의 몇 가지 방법을 선택해야 한다. 즉, 소수의 사람이 재배하는 틈새 작물을 발견하고 (자신이 수확한 작물에 부가가치를 높이기 위해서) 스스로 가공하는 사업을 추진하거나, 농민 시장이나 '지역 사회 지원 농업Community Supported Agriculture' 농장 — 농장에서 수확할 농산물의 일부를 수확하기 전에 지역 사회 주민들이 구매한다 — 을 통하여 주민들에게 직접 판매하는 방법 등이 그것이다. 이러한 집단들 가운데 일부는 농업 관련 기업들이나 대규모 농장에 비하여 자신들이 농산물 생산에서 손실이 많다는 점을 인정한다. 제안된 각각의 방법들은 이들 개별 농민들에게 사업적 기술로 도움이 되거나, 주민들과 함께 일하기를 원하는 농민들에게 힘이 될 수 있다. 그러나 틈새 작물은 분명히 존재하더라도, 일단 이런 작물이 개발되어 다른 농민들도 동일한 사업에 뛰어들게 되면 틈새 작물로부터 얻는 수입은 감소하게 된다. 따라서 이것은 많은 농민들을 위한 구제책이 될 수는 없다. 더욱이 (오늘날의 유기농 식품 산업의 경우와 마찬가지로) 특정한 틈새 작물이 대규모로 경작되면, 돈이 되는 거대한 시장을 독점하려는 농업 관련 기업들로부터 새로운 압박에 시달리게 되는 것은 불가피할 것이다.

미국의 경우, 풍요 속에 기아가 존재하고, 정부의 식품 배급 지원 계획이 후퇴하고 있는 가운데 이를 개선하기 위한 다양한 사회 운동이 미국 전역에서 활발하게 일어나고 있다. 예를 들면, 무료 급식소soup kitchen를 포함하여 가난한 사람들에게 음식을 공급하는 식품 저장소food shelf pantry의 개설 및 확충, 나누어 줄 식품을 수집하는 활동도 이루어지고 있다. 그럼에도 불구하고, 기아가 발생하는 근본적 원인에 대한 규명은 도외시한 채 단순히 기아를 완화시키기 위해서 무엇을 할 수 있는지에 중점을 두고 있다(포펜딕Poppendieck의 제10장 참조).

쿠바 같은 비자본주의권과 중국처럼 이전에 비자본주의권이었던 나라는 변화의 바다에서 매우 다른 방향을 모색하고 있다. 쿠바는 소련의 붕괴로 인해 심각한 혼란에 직면해 있다. 쿠바는 소련을 그대로 모방해 온 고투입 대량 생산 시스템을 가동하는 데 필요한 자원이 심각하게 부족한 상태이다. 쿠바 정부와 농민들은 축력과 유기 농업 기술을 많이 사용하는 소규모 생산으로 전환하고 있다(로셋Rosset의 제11장 참조). 그들은 또한 이 위기 동안 식량 해결을 위해서 도시 농업urban gardening도 장려하고 있다.

중국은 이와는 매우 다른 방향으로 가고 있다. 자본주의적 방식을 도입함으로써 고도성장을 달성, 유지하려는 프로그램의 일환으로 중국 정부는 농업협동조합 조직을 거의 다 해체해 버렸다. 농토는 좁게 나뉘었다. 생산에 이용할 가축은 거의 없고, 개별 농지들은 너무 작아서 트랙터의 이용이 불가능하기 때문에 대부분의 농민들은 자신들의 농토를 원활하게 관리하는 것이 불가능하다. 농민들은 수확하고 남은 부산물을 토

양에 되돌려줌으로써 토양을 비옥하게 하고 토양의 구조를 개
선하여 보다 건강하게 만들기보다는 주기적으로 이것을 태워
없애 버린다. 쿠바에서와 같이 소규모의 자원 효율적인 농업
을 지원하는 대신, 정부의 지도하에 개발되고 있는 농업 기반
시설(비료와 기타 농화학 공장)은 고투입 시스템을 목적으로
하고 있다. 이러한 조건하에서 더 나은 토양 및 작물 관리가
이루어지기 위해서는 생산 단위를 대규모화하는 것이 필요해
보인다. 아이러니하게도 현재까지 중국 농업의 성공에 결정적
인 부분이었던 1947년의 전면적 토지 개혁의 효과가, 중국 정
부가 사유화를 추진하는 과정에서 발생하는 중국 인민의 식량
공급 문제를 완화시켜 주는 중요한 역할을 수행하고 있다.

무엇이 가능한가?

세분화되고 있는 현대의 식품 체계는 대부분의 농민들에게 환
경적으로 혜택을 가져다주지 못하며, 모든 사람들에게 식품을
충분하게 공급한다는 보장도 없는 것이 확실하다. 그러나 이
시스템은 대규모 경작 농민과 농자재 판매업체, 식품 가공·
유통·판매업체 등과 같은 한정된 집단의 요구에는 부응하고
있다. 현재의 자본주의 체제를 개혁하면서 환경적으로 더욱 건
전하고 친인간적인 식품 체계를 구축하는 데 필요한 변화를
현실적으로 기대할 수 있는가? 더욱 건전하고 친인간적인 이
러한 체계는 최소한 다음의 조건을 충족해야 할 것이다.

(1) 사람들은 농지와 더 가까운 곳에서 생활하고, 가축과 그것이 먹는 사료의 경작지가 다시 결합되어 가축은 좀 더 윤리적으로 사육된다(이렇게 되면, 환경 문제는 거의 발생하지 않으면서 영양소는 보다 쉽게 재활용될 수 있다).

(2) 식품의 생산 · 가공 · 판매의 대부분을 장악하고 있는 소수의 기업의 힘을 축소시킨다(식량을 생산하는 농민들에게 더 나은 대우를 해줌으로써 환경적으로 더욱 건전한 영농을 장려할 수 있다).

(3) 모든 사람들에게 안전한 식품을 충분하게 공급한다.

분명히, 이러한 체계를 만들기 위해서는 거대한 개혁 작업이 필요하며, 이러한 변화는 자본주의의 근본적 부분도 고려의 대상이 된다. 공정하고 환경적으로 건전한 식품 체계를 만들어 가는 작업은 공정하고 환경적으로 건전한 사회를 만드는 작업과 분리할 수 없다. 포펜딕이 지적하고 있는 바와 같이, 기아는 불평등과 빈곤이라는 중대한 문제가 표출된 하나의 증상에 불과하다(제10장 참조). 그리고 증상에 대해서 장황하게 늘어놓기보다는 그 문제점을 강조하는 것이 매우 중요하다. 식품의 안전성, 안전한 식품의 생산, 농민과 소비자 사이의 농산물 직거래 등을 꾀하는 풀뿌리 운동을 식품 체계를 전면적으로 개혁하는 운동의 지원군으로 활용할 수 있을까? 지속 가능한 농업과 식품의 안전성 등에 관심을 갖고 있는 활동가들의 대부분은 ― 이들 사이에서도 견해 차이는 존재하지만 ― 식품 체계의 근본적인 개혁을 위해 헌신하고 있는 것은 명확하다.

그러나 농업 개혁에 관여하는 집단이 다양한 것은 이러한 운동을 강화하는 측면도 있지만 약화시키는 측면도 있다. 가족농, 지속 가능한 농업의 제창자, 이주 농업 노동자, 환경 보호주의자, 건강과 환경에 관심을 갖고 있는 소비자, 그리고 제3세계의 농민들, 이들 모두는 식품 체계의 개혁에 관심을 가지고 있다. 그러나 간헐적인 유대 이상의 굳건한 동맹은 어려울 것이다. 예를 들면, 가족농은 소자산 소유자이기 때문에 이들의 정치적 성향은 재산상의 특권을 삭감하는 정책을 받아들이지 않을 것이다. 가족농들은 환경 규제나 굶주린 사람들을 부양하는 공적 프로그램보다는 ("성가신" 소송이나 토지 이용 규제, 환경 규제의 대상으로부터 생산자를 보호하는) "농장권right to farm"법이나 "식품부당비방food disparagement"법(텍사스 주 육우생산자협회가 윈프리Oprah Winfrey를 상대로 소송을 제기한 근거였던 텍사스 주법 같은 법률)을 선호하는 경향이 있다. 농업 노동자는 임금 인상과 노동 조건 개선을 위한 투쟁을 계속하고 있다. 환경 보호 단체는 자연 보호 문제나 지구 환경 문제가 가장 중요하다고 생각하고, 농업은 그다지 중요시하고 있지 않다. 소비자 운동은 단기간에 커다란 힘을 발휘하는 것이 가능하다. 예를 들면, 30년 전 캘리포니아의 농장 노동자 노동조합 운동이 성공할 수 있었던 것은 소비자들의 포도 불매 운동 때문이었다. 또 소의 성장 호르몬이나 제초제 내성 작물 품종 등 생명 공학 농산물에 반대하는 소비자의 운동도 근래 들어 매우 중요하게 되었다. 그러나 소비자 운동은 장기간에 걸쳐 하나의 문제를 표적으로 삼는 투쟁을 전개하기에는 어려운 측면이 있다. 미국에서 소 성장 호르몬 반대 운동이 지난 3년 사이에 쇠퇴하고 있는 것은 여기에 적합한 예이다. 농민과 농업 노동자, 환경 보호 단체, 지속 가능한 농업을 지향하는 단체, 소비자 사이의 협력을 방해하는 높은 장벽은 여전히 존재한다.

진정으로 공정하고 환경적으로 건전한 식품 체계를 구축하기 위해서는 사회의 완전한 개혁이 필요하다고 믿는 사람들로 인해서 이들 집단의 투쟁은 좌파적 활동을 전개할 수 있는 좋은 기회를 제공하고 있다. 그러나 그들의 서로 다른 이해관계는, 개별적이지만 서로 연관된 주제에 초점을 맞추고 있는 많은 집단들을 통일된 목표 아래 어떻게 결합할 것인가라는 어려운 문제를 제기한다.

이야기의 교훈

현재의 농업-식품 체계의 철저한 개혁을 바라는 사람들은 농업의 적정 규모 문제, 식품을 지역 사회에서 조달해야 하는가 아니면 전 지구적인 차원에서 조달해야 하는가의 문제, 적정한 기술의 채택 문제 등에 관심을 갖는다. 비록 이러한 질문들이 중요하지만 — 또한 주어진 일련의 사회적/역사적/생태적 조건에 적합한 기술을 사용하는 (현재의 수준에서) 상대적으로 소규모인 지역 농업 생산을 강조해야 하지만 — 현 상황 하에서 이러한 문제보다 이윤의 창출이라는 유일한 목적을 갖는 (그리고 본성 자체가 그러한) 자본주의 경제에 의해 농업의 상

품화가 진전되고 있다는 사실이 더욱 중요하다는 점을 기억해
야 한다. 마르크스는 『자본론』(제3권 제6장 제2절)에서 "이야
기의 교훈"에 대하여 다음과 같이 기록하고 있다.

> 자본주의 체제는 합리적인 농업을 방해하며, 합리적 농업은
> 자본주의 체제와 양립할 수 없다(비록 자본주의 체제가 농업
> 의 기술적 발전을 촉진하더라도). 합리적 농업은 자기 노동에
> 의존하는 소농민을 필요로 하거나 또는 제휴한 생산자들asso-
> ciated producers에 의한 통제를 필요로 한다.
>
> (번역: 윤병선)

1장

농업 자본주의의 발생

엘런 우드

Ellen Meiksins Wood

자본 주의를 도시와 연계해서 생각하는 것은 서구 문
명에서 가장 일반적으로 정착된 고찰 방법 중의
하나이다. 자본주의는 도시에서 발생해서 성장해 온 것으로
생각되고 있다. 그러나 그 이상으로, 교역이나 상업의 전통을
갖고 있는 모든 도시는 처음부터 본성상 자본주의적이며, 외
재적인 장애물만이 도시 사회가 자본주의로 발전하는 것을 방
해했다는 사실을 함의하고 있다. 유사 이래 어디에서나 도시
주민을 억압하는 잘못된 종교, 혹은 잘못된 국가, 아니면 사상
적, 정치적, 혹은 문화적 족쇄가 자본주의가 싹트는 것을 방해
해 왔다 ― 적어도 기술의 발전으로 잉여의 생산이 충분하게
된 이후에도 그러했다.

이러한 고찰 방식은 서구에서 자본주의가 발전한 원인을
도시 및 도시의 전형적인 계급인 시민 계급이나 부르주아 계
급의 독특한 자치로 설명하고 있다. 바꿔 말하면, 서구에서 자
본주의는 무엇인가가 존재했기 때문에 출현한 것이 아니라, 오
히려 무엇인가가 존재하지 않았기 때문에 출현할 수 있었다.
바로 도시의 경제 활동에 대한 속박이 없었기 때문에 자본주
의가 성립할 수 있었다. 이러한 조건하에서 교역이 어느 정도
자연적으로 확대됨으로써 자본주의는 완전한 성숙의 길로 들
어서게 되었다. 필요한 것은 시간의 경과와 함께 거의 불가피

하게 발생한 교역의 양적인 성장뿐이었다(프로테스탄트 윤리
가 처음부터 이러한 성장을 가져온 것은 아니고, 다만 일조했다
는 견해도 있다).

도시와 자본주의의 자연적 결합에 관한 가설에 대해서는
많은 반론이 제기되고 있다. 이 가설은 자본주의를 자연 발생
적으로 파악하기 때문에, 시작과 (의심할 바 없이) 끝을 가지고
있는 역사적으로 특수한 사회 형태인 자본주의의 독자성을 은
폐하게 된다. 자본주의를 도시와 도시 지역의 상업과 동일시
하는 경향은 자본주의가 인류의 역사만큼 오래된 관습으로부
터 자연스럽게 나타난 결과로 파악하게 되고, 심지어 스미스
Adam Smith의 말대로 "거래하고, 교역하고, 교환하는"인간의
"자연적" 성향으로부터 자동적으로 자본주의가 탄생한 것으
로 파악하게 된다.

그러나 자본주의는 축적과 이윤 극대화라는 특수한 추동
력 그 자체를 바탕으로, 도시가 아닌 농촌 지역이라는 극히 특
수한 장소에서, 더구나 인류사 중에서도 아주 근래에 발생했
다는 것을 이해하는 것이 매우 중요하다. 자본주의는 교역이
나 교환의 단순한 보급이나 확대뿐만 아니라, 가장 기본적인
인간관계와 인간 활동의 전면적인 변화, 결국 인간 생활에서
가장 기본적인 생활필수품의 생산이 예전의 자연과 인간 사이
의 상호 작용과는 전혀 다른 형태로 이루어지는 것을 필요로
한다. 만일 자본주의와 도시를 동일시하는 경향이 자본주의의
특수성을 파악하는 데 장애가 된다면, 자본주의의 농업적 기
원agrarian origins of capitalism에 대하여 알아보는 것이 자본

주의의 특수성을 이해하는 가장 좋은 방법 중의 하나이다.

"농업 자본주의" 란 무엇인가?

수천 년 동안 인류는 토지를 경작함으로써 자신들의 물질적
욕구를 충족해 왔다. 그리고 인류가 농업에 종사해 온 것과 거
의 같은 오랜 기간 동안 토지를 경작하는 사람들과 다른 사람
의 노동 성과를 전유專有하는 사람들로 계급이 분화되어 왔다.
생산자와 전유자로 분화되는 형태는 시대나 지역에 따라 서로
달랐지만, 공통된 일반적 특징은 직접적 생산자가 전형적으로
농민이었다는 점이다. 이들 농민들은 생산 수단, 특히 토지를
보유하고 있었다. 자본주의 이전의 사회가 모두 그러했던 것
처럼, 이들 생산자는 자신의 재생산을 위한 수단을 직접 입수
했다. 이는 지주나 국가가 군사적 · 사법적 · 정치적 권력에 접
근할 수 있는 자신들의 우월한 특권을 이용한 직접적 강제 수
단인 "경제외적extra-economic" 강제를 통해서 직접적 생산자
의 잉여 노동을 전유했다는 것을 의미한다.

   그리고 바로 이 점이 자본주의 이전의 모든 사회와 자본
주의 사회 사이의 가장 기본적인 차이이다. 생산자와 전유자
사이의 특별한 소유관계는 생산이 도시에서 이루어지든 아니
면 농촌에서 이루어지든 상관없이 나타났으며, 또한 공업이든
혹은 농업이든 관계없이 나타났다. 자본주의만이 직접 생산자
가 생산 수단으로부터 분리되는 것에 기초해 잉여 생산물을
전유하였고, 이 양식이 지배적인 사회에서는 직접 생산자의

잉여 노동은 순수하게 "경제적" 강제에 의해 전유되고 있다. 자본주의가 충분히 발전한 곳에서 직접 생산자는 무산자이고, 자신들의 재생산에 필수 불가결한 노동 수단이나 그들 자신의 재생산을 위해 필요한 필수품, 심지어 자신들의 노동 수단에 접근하기 위해서는 임금을 받고 자신의 노동력을 판매해야 하기 때문에 자본가는 직접적인 강제 없이 노동자의 잉여 노동을 전유하는 것이 가능하다.

생산자와 전유자라는 독특한 관계는 물론 "시장"에 의해서 매개되고 있다. 여러 가지 종류의 시장이 유사 이래로 존재해 왔고, 여기에서 사람들은 여러 가지 목적을 위해 다양한 방법으로 자신들의 잉여 생산물을 교환하기도 하고 판매하기도 했다. 그러나 자본주의하의 시장은 과거와는 다른 독자적인 기능을 가지고 있다. 실제로, 자본주의 사회에서 모든 것은 시장에 내다 팔기 위해서 만들어진 상품이다. 그리고 보다 더 근본적으로는 자본이나 노동 모두 자신의 재생산에 필요한 기초적인 조건을 전적으로 시장에 의존하고 있다. 노동자가 자신의 노동력을 상품으로 판매하기 위해서 시장에 의존하고 있는 것과 마찬가지로, 자본가는 생산 수단과 함께 노동력을 구매하기 위해서, 그리고 상품이나 서비스를 판매하여 이윤을 실현하기 위해서 시장에 의존하고 있다. 이러한 시장 의존으로 말미암아 자본주의 사회에서 시장은 유례없는 역할을 수행하게 되었다. 시장의 역할은 단순한 교환이나 분배 기구로서의 기능뿐만 아니라, 사회적 재생산에서 중요한 결정자이면서 규제자로서의 기능도 수행하게 되었다. 시장이 사회적 재생산의 결정자로 등장했다는 것은 인간 생활에서 가장 기본적인 생활 필수품인 식량의 생산에도 시장이 영향을 미친다는 것을 전제로 하고 있다.

　시장에 의존하는 독특한 이 시스템은 매우 독자적인 "운동 법칙"을 갖고 있는데, 다른 어떤 생산 양식에서도 볼 수 없는 독특한 체제적 요청과 강제 — 경쟁, 축적, 이윤 극대화라는 강제 법칙 — 를 수반한다. 또 이러한 원리는 자본주의가 다른 어떤 사회 형태와도 다른 방법과 규모로 새로운 시장을 개척하게 만들고 있다. 따라서 이 원리는 새로운 생활 영역이나 공간, 인류와 자연 환경을 찾도록 강요함으로써 끊임없이 축적할 수 있을 뿐만 아니라, 그렇게 해야만 한다는 것을 의미한다.

　일단 자본주의적 사회관계와 사회 과정들이 얼마나 특수하며, 지금까지 인류 역사의 대부분을 지배해 온 다른 사회 형태와 얼마나 다른가에 대하여 인식하게 되면, 자본주의라는 특수한 사회 형태의 탄생을 설명하기 위한 구체적 내용들에 대하여 살펴볼 필요가 있다. 즉, 부자연스러운 제약으로부터 해방되는 데 필요한 요소들은 어느 시대에나 항상 맹아적 형태로 존재해 왔다는 의심스러운 가정들에 집착하기보다는 자본주의의 기원에 대한 구체적 내용을 제시해야 한다. 그렇기 때문에, 자본주의의 기원에 대한 의문은 다음과 같이 정식화될 수 있다: 자본주의 이전의 수천 년 동안 생산자가 전유자에 의해서 비자본주의적인 방법으로 수탈당했다면, 또한 시장이 "태곳적"부터 거의 모든 곳에서 존재했다고 하면, 생산자와

전유자 및 양자의 관계가 어떻게 지금처럼 시장에 의존하게
될 수 있었을까?

지금은 명확하게 된 것처럼, 시장에 극단적으로 의존하는
이러한 상황에 이르게 된 길고 복잡한 역사적 과정은 무한히
추적할 수 있을 것이다. 그러나 우리는 주요 경제 주체들이 시
장에 의존함으로써 초래된 새로운 사회적 역동성을 분명하게
분리할 수 있는 최초의 시기나 장소를 확인함으로써 이 문제
를 쉽게 처리할 수 있을 것이다. 또한 그렇게 함으로써 독특한
사태를 둘러싸고 있는 특수한 조건을 탐구할 수 있다.

오늘날에는 전 지구적 규모로 확대된 광대한 교역 시스템
이 확고하게 자리 잡고 있다. 그러나 17세기 내지는 그 이후에
도 오랫동안 유럽을 포함한 세계의 거의 모든 지역은 시장 원
리의 강제 법칙이 미치지 않는 외곽에 있었다. 거대한 유럽의
교역 중심지나 광활한 이슬람 세계나 아시아 등의 통상권 어
디에도 경쟁이나 축적의 강제 법칙에 의해 움직이는 경제 활
동, 특히 생산 활동은 존재하지 않았다. 어디에서나 지배적인
교역 원칙은 "양도 이윤" 내지는 "한 시장에서 싸게 사서 다른
시장에서 비싸게 판매"하는 것이 전형적이었다.

국제 무역은 본질적으로 "운송"업이었고, 상인들은 한곳
에서 구입한 상품을 다른 곳에서 판매하여 이윤을 얻었다. 유
일하게 세력을 과시하며 통일되어 있던 프랑스 같은 유럽 왕
조에서도 기본적으로 동일한 원리의 비자본주의적 상업이 우
세했다. 즉, 싸게 사서 비싸게 판매한다거나, 혹은 한 시장에서
다른 시장으로 상품을 운송함으로써 이윤을 얻는 것에 그쳤

고, 동일한 시장에서 다른 사람과 직접 경쟁하면서 비용 면에
서 보다 효율적인 생산을 통해 이윤을 얻는 통일된 단일 시장
은 존재하지 않았다.

교역은 여전히 사치품에 한정된 경향이 있었고, 비교적 부
유한 가정에서 사용되는 상품이나 지배 계급의 필요나 소비
양식에 따른 상품을 대상으로 이루어졌다. 값싼 일용품을 위
한 대중적 시장은 전혀 존재하지 않았다. 농민들은 일반적으
로 자기 자신을 위한 식량뿐만 아니라, 의복같이 타인을 위한
일용품도 생산하고 있었다. 그들은 지역 시장에 잉여 생산물
을 가지고 가서, 여기에서 얻은 판매 대금으로 자신이 생산하
지 않은 상품과 교환하였다. 또한 농산물을 좀 먼 거리의 시장
에서 판매할 수 있었지만, 이 경우에도 교역의 원리는 기본적
으로 공업 제품의 경우와 같았다.

이러한 비자본주의적인 교역의 원리는 비자본주의적인
생산 양식과 공존했다. 예를 들면, 유럽에서는 봉건적인 농노
제가 사실상 이미 소멸해 버린 지역에서조차 다른 형태의 "경
제외적" 강제가 여전히 지배적이었다. 예를 들면, 프랑스에서
는 농민이 인구의 대다수를 차지하면서 대부분의 토지를 소유
하고 있었는데, 당시 프랑스 지배 계급을 구성하는 사람들을
위한 경제적 기반이기도 했던 중앙 정부의 관청은 동시에 농
민으로부터 잉여 노동을 조세의 형태로 수취하는 도구였다.
또한, 지대를 전유하는 지주들조차 자신들의 부를 증가시키기
위하여 여러 가지 경제외적 권력이나 특권에 전형적으로 의존
하였다.

이처럼 농민들은 시장에 노동력을 상품으로 제공하지 않고도 토지라는 생산 수단에 접근할 수 있었다. 지주와 관리인들은 다양한 "경제외적" 권력과 특권을 이용하여 농민들의 잉여 노동을 지대나 조세의 형태로 직접 수취했다. 바꿔 말하면, 모든 계층의 사람들이 모든 종류의 물건을 시장에서 매매할 수 있었지만, 생산자로서의 농민이든, 농민이 생산한 물건을 전유하는 지주나 관리인이든, 자신들의 재생산 조건을 시장에 직접 의존하지 않았다. 또한 이들 상호 간의 관계도 시장에 의해서 매개되지 않았다.

그러나 이러한 일반적 원칙에 하나의 커다란 예외가 있었다. 16세기까지 영국은 완전히 새로운 방향으로 발전되어 갔다. 당시 유럽에는 (스페인이나 프랑스처럼) 어느 정도 통일된 비교적 강력한 군주제 국가가 형성되어 있었지만, 영국처럼 실질적으로 통일된 국가는 없었다(여기서 강조점은 "브리티시 제도British Isles"의 다른 지역이 아닌 잉글랜드이다). 11세기에 노르만 족의 지배 계급이 상당히 응집력 있는 군사적 · 정치적 존재로 영국에 정주했을 당시에 이미 영국은 어느 나라보다도 통일되어 있었지만, 16세기 영국은 국가의 분열 상태, 즉 봉건제로부터 계승된 "분할된 주권"이라는 국가의 분열을 제거하는 긴 여정에 들어갔다. 유럽의 다른 나라에서는 영주제나 지방 자치체, 혹은 기타 단체에 의해서 자치권이 장악되었지만, 영국에서는 서서히 중앙 정부로 권력이 집중되고 있었다. 이 점이 유럽의 다른 나라들과 대조적이었다. 봉건 시대 말기의 군사력과 분열된 법체계로 인해서 이들 나라에서는 자신들의 자치권을 주장하는 특권 집단들이 장기간에 걸쳐 국가 권력의 집중에 대항하는 불안정한 상태가 병존했다.

영국에 특유한 정치적 중앙 집권은 물적 기초와 그 결과를 가지고 있었다. 이미 16세기에 영국은 당시로서는 이례적일 정도로 뛰어난 도로망과 수상 운송망을 가지고 있었고, 이를 바탕으로 국가 통합이 진전되었다. 런던은 영국 내의 다른 도시에 비해서 규모나 인구 면에서 불균형적으로 거대해져서 (결국 유럽 최대의 도시가 되고), 발전하는 국내 시장의 중심이 되었다.

이러한 국민 경제의 출현을 가져온 물적 기초는 농업이었는데, 영국의 농업은 몇 가지 점에서 특이하다. 영국의 지배 계급은 서로 관련된 두 가지 중요한 특징을 가지고 있었다.[1] 한편으로, 영국은 중앙 집권적인 군주제와 연합하면서 점차 중앙 집권 국가로 되었는데, 이로 인해 영국의 지배 계급은 직접 생산자로부터 잉여 노동을 수취하는 데 필요한 자치적인 "경제외적" 강제를 유럽 대륙의 지배 계급에 필적할 정도로는 갖고 있지 못했다. 다른 한편으로, 영국은 대지주가 상당히 거대한 토지를 보유할 수 있었고, 장기에 걸쳐 토지 집중이 급속하게 이루어졌다. 이러한 토지 소유의 집중은 영국의 지주가 새로운 독자적 방법으로 자신의 재산을 활용할 수 있다는 것을 의미했다. 그들은 잉여를 수취하는 데 사용되는 "경제외적" 강제를 갖지 못한 부분을 "경제적" 강제의 증대로 충분히 대신할 수 있었다.

이 뚜렷한 결합은 중요한 결과를 가져왔다. 한편에서 영국의 토지 소유 집중은 토지의 막대한 부분이 자작농peasant-proprietors이 아닌, 차지농tenant에 의해 경작되었던 것을 의미한다(원래 "농민farmer"이라는 용어는 문자 그대로 "차지농"이라는 의미이고, 이 어법은 오늘날에도 "임대farming out"라는 익숙한 문구로부터 연상할 수 있다). 16세기와 18세기에는 관행적으로 "인클로저enclosure"와 관련된 토지 강탈이 극에 달하는 사태가 발생했다. 이와는 대조적으로, 예를 들면 프랑스에서는 농지의 대부분이 농민의 손에 오랜 기간 남아 있었다.

한편, 영국에서는 지주의 "경제외적" 강제가 비교적 약했기 때문에 지주는 차지농으로부터 보다 많은 지대를 얻기 위하여 직접적인 강제적 수단을 동원하기보다는 차지농의 생산성에 의존하게 되었다. 따라서 지주들은 차지농들이 수확량을 증가시키는 방법을 모색하도록 장려하는 ─ 그리고 가능한 곳에서는 강요하는 ─ 유인을 강하게 가지고 있었다. 이 점에서 이들은 단지 강압적 수단을 통해 농민들로부터 잉여 생산물을 짜내서 부를 축적해 온 과거의 봉건 지주들rentier aristocrats과는 본질적으로 달랐다. 봉건 불로 소득자들은 직접 생산자의 생산성을 향상시키기보다는 자신들의 군사적, 사법적, 정치적 강제력을 강화함으로써 잉여 생산물을 수취하는 힘을 강화시켰다.

차지농은 지주의 직접적인 압력뿐만 아니라, 그들에게 생산성을 높이도록 강제하는 시장 원리에 더욱 종속되어 갔다. 영국의 토지 보유 형태는 다양했고, 또한 지역에 따라 달랐지만, 법률이나 관습에 따라 일정 수준으로 고정되지 않고 시장

조건에 영향 받는 지대, 즉 경제적 지대economic rent에 종속
되는 숫자가 더욱 증대하고 있었다. 근대 초기까지 많은 관습
적인 차지권조차 이런 종류의 경제적 차지권으로 사실상 전화
되었다.

이러한 소유관계의 제도적 변화는 (번성하던 "독립 자영농
yeoman"을 포함하여) 많은 농민이 단순히 시장에 농산물을 판
매하지 않으면 안 되었다는 의미에서라기보다는 생산 수단인
토지 자체를 입수하는 데에도 시장의 중개를 필요로 하게 되
었다는 보다 본질적인 의미에서 시장에 강하게 의존하게 만들
었다. 차지농은 토지를 빌리기 위해 경쟁해야만 했다. 지대를
지불할 수 있을 때 토지 보유권을 보장받는 경우에 경쟁력이
없는 생산은 토지의 무조건적인 상실을 의미할 수 있었다. 동
일 토지에 대한 차지권을 얻기 위해 다른 잠재적 차지농들과
경쟁하는 상황에서 경제적 지대를 충족하기 위해, 차지농들은
토지를 빼앗기지 않으려고 비용을 절약하는 생산을 강요당했
다.

그러나 좀 더 안전한 관습적 차지권을 가지고 있었던 차
지농들조차 자신들의 생산물을 동일 시장에서 팔았을 것이고,
시장의 압력에 보다 빠르게 직접적으로 반응하는 농민들의 생
산성이 기준으로 설정되는 상황에 놓였을 것이다. 자기 땅을
경작하는 지주들에게도 동일한 원칙이 적용되었을 것이다. 이
와 같은 경쟁적 환경에서 생산성이 높은 농민은 성공해서 자
신의 보유지를 넓힌 반면, 경쟁에서 뒤진 생산자들은 위기에
몰려서 무산 계급에 합류했을 것이다.

어떤 경우든, 시장의 강제 법칙은 생산성을 높이기 위한 착취 강화 — 타인 노동의 착취이든, 아니면 농민과 그 가족에 의한 자기 착취이든 — 라는 결과를 가져왔다. 이러한 양태는 식민지에서도 재현되었을 것이고, 실제로 독립한 미국에서도 나타났다. 미국 자유 공화제의 중추로 일컬어지는 가족농들은 독립 초부터 농업 자본주의의 혹독한 선택에 직면하였다. 그 것은 기껏해야 자기 착취의 강화였고, 최악의 경우에는 생산성이 높은 대규모 경영체에 의한 토지 수탈과 농업으로부터의 추방이었다.

자본주의적 소유제의 대두

이미 16세기에 영국 농업은 독특한 조건들이 서로 결합되는 특징을 보였다. 최소한 특정 지역에서 영국 농업은 경제 전체의 발전 방향을 서서히 결정지었다. 그 결과, 역사상 유례를 찾을 수 없을 정도로 생산성이 높은 농업 부문이 탄생했다. 지주와 차지농 모두 "개량improvement"이라고 불리는, 이윤을 얻기 위한 토지 생산성 향상에 몰두하게 되었다.

"개량"이라는 개념에 대해서는 잠깐 살펴볼 가치가 있다. 왜냐하면, 이 용어는 영국 농업과 자본주의 발전에 대해 많은 것을 시사하고 있기 때문이다. "개량하다improve"라는 용어 자체의 의미는 "보다 좋게 만든다make better"는 의미뿐만 아니라, 문자 그대로 금전적 이익을 위해 무언가를 한다(고대 프랑스어에서는 "으로into"는 en이고, "이윤profit"은 pros, 또는 그

사격인 preu)는 의미이고, 특히 이윤을 얻기 위해서 토지를 경작하는 것을 의미했다. 17세기까지 "개량하는 사람improver"이라는 용어는, 특히 토지를 인클로저하거나 황무지를 개간하여 그것을 생산적이고 이윤을 얻을 수 있도록 만드는 사람을 호칭하는 말로 확고하게 고정되었다. 당시까지 농업 "개량"은 잘 정착된 활동이었고, 농업 자본주의의 황금시대인 18세기에 실제로 "개량"은 활발하게 이루어졌다.

이 말은 동시에 오늘날 광범하게 사용되고 있는 것과 같은 의미를 갖게 되었다("보다 좋게 만든다"는 말이 금전적 이윤을 표현하는 말에 뿌리를 두고 있는 문화가 함의하는 것을 생각해 보고 싶다). 그리고 농업과 관련지어 보더라도 "개량"이라는 말은 결국 예전의 특수한 의미를 잃었다. 예를 들면, 19세기의 급진적 사상가 중에는 상업적 이윤이라는 의미는 포함시키지 않고 과학적 농업이라는 의미에서 "개량"이라는 용어를 사용한 사람도 있다. 그러나 근대 초기에는 생산성과 이윤은 불가피하게 "개량" 개념과 연결되었고, 그것은 새로 떠오르는 농업 자본주의의 이데올로기를 잘 표현하고 있다.

17세기가 되면 완전히 새로운 내용의 문헌이 나타나서 과거와는 비교가 안 될 만큼 상세하게 개량의 기법과 이득에 대하여 설명하게 된다. 개량은 또한 영국 왕립학회Royal Society의 중대한 관심사이기도 했다. 이 학회는 영국의 지배 계급 중에서도 비교적 진보적인 회원들 — 농업 개량에 강한 관심을 보였던 철학자 로크John Locke와 그의 유력한 후원자인 샤프테스베리Shaftesbury 백작 — 과 함께 영국의 몇몇 저명한 과학자(뉴턴Isacc Newton과 보일Robert Boyle도 회원이었다)들이 참여했다.

개량에는 비록 바퀴 모양 쟁기wheel plow 같은 새로운 도구가 사용되기도 했지만, 처음에는 중요한 기술 혁신에 의존했다. 일반적으로, 개량은 농업 기술의 발전을 넘어선 문제였다. 예를 들면, "전환 가능한" 혹은 "기복이 있는up and down" 농업, 결국 경작과 휴경을 서로 번갈아하는 농업, 작물의 윤작, 습지나 경작지의 배수 등이 그것이었다.

그러나 개량은 새로운 농법이나 농업 기술을 넘어선 그 무엇을 의미했다. 근본적으로 개량은 새로운 소유 형태나 소유 개념을 의미했다. 사업가적 지주나 부유한 자본주의적 차지농에게 있어서 "개량된" 농업 경영은 토지 소유의 확대와 토지 집중을 전형적으로 필요로 했다. 또한 토지의 생산적 이용을 방해하는 예전의 관습이나 관행의 철폐도 필요로 했다.

오랜 옛날부터 농민들은 촌락 공동체의 이익을 위해 사용되는 토지의 이용을 규제하는 다양한 방법을 사용해 왔다. 그들은 지주나 국가의 부를 증진시키기 위해서가 아니라, 공동체 자체를 유지하기 위해서 어떤 관행은 제한하고, 어떤 권리는 용인했다. 그럼으로써 토지를 보전하거나 수확물을 더욱 평등하게 분배할 수도 있었고, 공동체의 가난한 사람들을 위해서 제공할 수도 있었다. 이러한 관행에 의해 재산의 "사적" 소유권도 제약되어 왔고, 타인이 "소유하는" 재산에 대해서 어느 정도의 이용권을 비소유자에게도 부여했다. 이러한 관행이나 관습이 영국에서는 다수 존재했다. 공동체의 구성원은 방목하거나 땔감도 구할 수 있는 공유지도 있었고, 사유지에 대해서도 다양한 종류의 이용권 — 예를 들면, 1년 중 특정 기간에는 수확 후에 떨어진 알곡을 주어 가질 권리 — 이 존재했다.

개량을 하려는 지주나 자본주의적 차지농의 입장에서 보면, 자신의 토지를 보다 생산적이고 이윤을 만들어 내는 데 사용하는 것을 방해하는 모든 장애를 제거할 필요가 있었다. 16세기에서 18세기 사이에 자본주의적 축적을 방해하는 관행적 권리를 없애려는 압력이 더욱 강해졌다. 즉, 공유지에 대한 공동체적 권리에 대하여 배타적인 사적 소유권을 주장하기도 하고, 사유지에 대한 여러 가지 이용권을 배제하기도 하고, 명확한 법적 권리 없이 소토지 보유농에게 부여되었던 관습적인 토지 보유권에 이의를 제기하는 등 다양한 형태로 이루어졌다. 어떤 경우든 전통적인 소유 개념은 새로운 자본주의적 소유 — "사적"일 뿐만 아니라, 배타적인 소유 — 개념으로 바뀌어야만 했다. 토지 이용에 있어 촌락의 규제나 제한을 배제하고, 관행적인 이용권을 없앰으로써 문자 그대로 타인이나 공동체를 배제하는 소유 개념이 등장하게 되었다.[2]

소유의 본질을 전환시키려는 압력은 이론 면에서나 실천 면에서 여러 가지 형태로 나타났다. 그것은 판례 및 특정 소유권에 관한 분쟁, 그리고 이용권이 여러 사람들에 의해 중복되어 있는 일부 공유지나 사유지에서도 표면화되었다. 이러한 재판에서는 관습적인 행위나 요구가 종종 "개량"이라는 원칙과 직접적으로 충돌했다. 그리고 누구나 기억할 수 있을 정도

로 오래도록 존재했던 관습적 권리에 대응한 법적인 주장으로
서 개량의 합당성이 종종 받아들여지곤 했다.[3]

소유에 대한 새로운 개념은 더욱 체계적으로 이론화되었
는데, 그중 로크의 『통치론 제II논고 Second Treatise of Govern-
ment』가 가장 유명하다.[4] 이 책의 제5장에는 개량의 원리를
기초로 해서 소유 이론의 고전적 견해가 서술되어 있다. 여기
에서 "자연"권으로서의 소유권에 대하여 로크는 대지의 생산
성을 높여서 이윤을 낳도록 개량하는 것을 신성한 명령으로
간주하고 있다. 노동이 재산권을 형성한다는 것이 로크의 소
유 이론에 관한 전통적 해석이지만, 로크 논문의 소유권에 관
한 장을 세밀하게 읽으면, 그의 논점은 노동 자체가 아니라 생
산적이면서 이윤을 낳는 토지 이용인 토지 개량이 소유권을
형성한다는 것이 명확하다. 토지를 개량하는 적극적인 지주는
자기 자신의 직접적인 노동이 아닌, 자신의 토지와 다른 사람
의 노동을 생산적으로 이용함으로써 소유권을 확립한다. 개량
되지 않은 토지, (아메리카 원주민의 토지처럼) 임대되지 않아
서 이윤을 낳지 못하는 땅은 "황무지"였고, 이러한 토지를 전
유하는 것은 개량하는 사람들의 권리이고, 심지어 의무이기도
했다.

영국에서는 개량에 대한 이러한 가치관 때문에 식민지뿐
만 아니라 본국에서도 토지 강탈이 정당화되곤 했다. 이것이
인클로저라는 가장 유명한 소유권의 재정립을 가져왔다. 종종
인클로저는 예전의 공유지나 영국 농촌의 일정 지역을 특징지
었던 "개방 경지 open field"를 사유화하고 울타리 치는 것으로

단순하게 생각되고 있다. 그러나 인클로저는 (토지를 물리적으로 인클로저 하는가의 여부와 관계없이) 많은 사람들이 생활을 위해 의존해 왔던 공유적·관습적 이용권의 소멸이라는 더욱 특별한 의미를 가지고 있다.

인클로저가 가져온 최초의 커다란 파문은 16세기에 일어났다. 대규모 토지 소유자는 자신의 토지를 양을 키우는 방목지로 이용하면 이익을 볼 수 있었기 때문에 자신의 토지로부터 공유권 소유자들을 쫓아내려 했다. 토지를 강탈당한 사람들은 농촌을 배회하면서 사회 질서를 위협하기에 이르렀는데, 당시의 비평가들은 "방랑자"의 증가라는 재앙의 책임을 다른 어떤 요인보다도 인클로저에서 찾았다.[5] 가장 유명한 비평가였던 모어Thomas Moore는 스스로도 인클로저를 했지만, 당시의 그것을 "사람을 잡아먹는 양sheep devouring men"으로 묘사했다. 이러한 사회 비평가들은 그 후의 많은 역사가들과 마찬가지로, 영국에서 소유관계에 변화를 가져온 다른 요인들은 경시하면서 오직 인클로저가 미친 영향만을 과대평가했다고 할 수도 있다. 그러나 인클로저는 영국의 농촌뿐만 아니라 세계를 변화시킨 자본주의의 혹독한 탄생 과정을 가장 생생하게 표현해 주고 있다.

근대 초기 영국에서 인클로저는 목양업을 위해서든 아니면 점차 이득이 된 농경을 위해서든 분쟁의 주요한 원인이었다. 인클로저 운동은 16세기와 17세기를 구획 지었고, 인클로저는 영국의 청교도 혁명에서 주요한 불만으로 표면화되었다. 비교적 이른 단계의 인클로저 운동은 공공의 질서를 위협한다는 이유만으로도 군주제 국가에 의해 어느 정도까지는 제한되었다. 그러나 지주 계급이 자신들의 변화된 요구에 맞춰서 국가를 구체화하는 데 성공하면서 — 이 성공은 1688년의 이른바 "명예혁명"에 의해 거의 최종적으로 공고하게 되었다 — 더 이상 국가의 개입은 없어지게 되었고, 18세기가 되면서 새로운 종류의 인클로저 운동인 이른바 의회 인클로저Parliamentary enclosure가 출현하였다. 즉, 의회의 법 제정으로 지주의 축적력을 방해하던 골치 아픈 소유권 문제가 해결되었다. 농업 자본주의의 승리를 그 이상으로 명확하게 보여 준 것은 없다.

영국 사회는 여전히 농업 생산을 통하여 대부분의 부를 만들었고, 적어도 16세기부터는 농업 부문의 주요한 경제 행위자 — 직접 생산자나 잉여 생산물을 전유하는 사람 모두 — 는 자기 재생산을 위해서 자본주의적 활동에 의존하게 되었다. 즉, 이들은 특화와 축적 및 기술 혁신을 통해서 생산 비용을 줄이고, 생산성을 향상시킴으로써 이윤 획득을 추구했다.

영국 사회에서 기본적으로 필요로 하는 물자를 공급하는 이 양식은 자립적 성장이라는 완전히 새로운 역동성을 가져왔다. 즉, 다른 사회의 물질적 생활을 지배해 온 과거의 순환적 패턴과는 전혀 다른 축적 및 확장 과정을 가져왔고, 전형적인 자본주의적 토지 수탈 과정과 무산대중의 창출을 수반했다. 우리가 근대 초기 영국의 "농업 자본주의agrarian capitalism"에 대하여 말할 수 있는 것은 이런 의미에서이다.

농업 자본주의는 진정한 자본주의였는가?

우리는 여기에서 두 가지 중요한 사실을 확인해야 한다. 첫째
는, 이러한 과정을 추동한 것은 상인이나 제조업자가 아니었
다는 점이다. 사회적 소유관계의 전환은 견고하게 농촌에 뿌
리를 두고 있었으며, 영국의 교역과 산업의 전환은 영국을 자
본주의로 이행시킨 원인이라기보다는 오히려 결과였다. 상인
은 비자본주의적 제도하에서도 충분하게 자신의 기능을 발휘
하는 것이 가능했다. 예를 들면, 유럽의 봉건제 하에서도 상인
들은 번영을 구가했는데, 그들은 도시의 자치권으로부터 뿐만
아니라, 시장의 분리 및 시장들 사이에서 거래할 수 있는 기회
를 통해서도 이익을 얻었다.

보다 근본적인 것으로서, 둘째는 우리 모두가 그동안 자본
주의의 본질로 배워 왔던 임노동에 대한 언급 없이 지금까지
"농업 자본주의"라는 용어를 사용한 것에 대해서는 약간의 설
명이 필요하다.

먼저 언급되어야 하는 것은 마르크스나 다른 사람들에 의
해서 "3분할제triad" ― 자본주의적 지대로 생활하는 지주, 이
윤으로 생활하는 자본주의적 차지농, 임금으로 생활을 지탱하
는 농업 노동자로 구성되는 3분할제 ― 로 인식될 정도로 많
은 차지농이 임노동자를 고용했으며, 이 점이 바로 영국 농업
관계를 규정하는 특징으로 많은 사람들에게 인식되어 왔다.
그리고 농업 생산성이 가장 높았던 지역, 특히 영국의 동부 및
동남부 지역에서 그러했다. 실제로, 새로운 경제적 압력 ― 생

산성이 낮은 농민을 궁지에 몰아넣는 경쟁 압력 — 은 농업 인구를 대토지 소유자와 무산 임노동자로 양극 분해시켜 농업의 3분할제를 촉진한 주요 요인이었다. 또한 생산성 향상 압력은 당연히 임노동자에 대한 착취 강화에도 영향을 미쳤다.

따라서 영국의 농업 자본주의를 3분할제의 개념 속에서 정의 내리는 것은 타당성이 결여된 것은 아니다. 그러나 경쟁 압력과 더불어 새로운 "운동 법칙"은 대량의 무산 계급의 존재가 아닌, 시장 지향적인 차지농이 존재했다는 사실에 의존해서 일어났다는 점을 유념해야 한다. 17세기 영국에서 계절적 임노동자(농민 사회에서 오래 전부터 존재해 온 일종의 계절적이면서 가계 보충적인 임노동자)가 아닌, 생계를 전적으로 임노동에 의존하는 임노동자는 아직 극소수에 불과했다.

이외에도, 이러한 경쟁 압력은 임노동자를 고용하고 있는 차지농뿐만 아니라, 임노동자를 고용하지 않고 — 보통은 자신의 가족들과 함께 — 경작하는 직접 생산자였던 농민들에게도 영향을 미쳤다. 사람들은 땅을 완전히 빼앗기지 않았더라도 시장에 의존 — 자기 재생산의 기본적 조건을 시장에 의존 — 하게 되었다. 시장에 의존하게 되는 이유는 단지 생산 수단을 시장 이외로부터 직접 얻는 것이 불가능했기 때문이다. 실제로 시장 원리가 일단 확립되면, 완전한 소유권조차 시장 원리에 대한 방어벽이 될 수 없었다. 그리고 시장 의존은 민중의 무산 계급화의 결과가 아닌 '원인'이었다.

이 점은 여러 가지 의미에서 중요하기 때문에 더 광범위한 영향에 대해서는 나중에 다시 언급하겠다. 지금 여기에서

강조하고자 하는 것은 노동자의 무산 계급화 이전에 자본주의
의 독특한 동태성이 이미 영국 농업에서 자리 잡고 있었다는
사실이다. 실제로 이러한 동태성이 영국 노동 종사자의 무산
화를 가져온 주된 요인이었다. 전유자뿐만 아니라 생산자도
시장에 의존하게 되었다는 것이 결정적으로 중요하고, 이 시
장 의존에 의해 새로운 사회 원리가 창출되었다.

　　자본주의는 정의상 임노동의 착취에 기초를 두고 있다는
엄밀한 입장에서 보면, 이러한 사회 구성체를 "자본주의"로
설명하는 것에 대하여 주저하는 사람도 있을 수 있다. 우리가
어떻게 부르든 상관없이, 근대 초기의 영국 경제는 농업이라
는 가장 기본적인 생산 영역의 논리에 의해 움직였고, 유사 이
래 다른 사회에서 지배적이던 것과는 다른 원리와 "운동 법
칙"에 따라 활동했다는 사실을 인정하는 한, 이를 자본주의로
부르는 것에 대하여 주저하는 것도 당연하다. 이러한 운동 법
칙은 임노동의 대대적인 착취를 기초로 하는 성숙한 자본주의
의 발전을 위한 전제 조건 — 이러한 운동 법칙은 과거 어디에
서도 존재하지 않았다 — 이었다.

　　과연 이 모든 것들의 결과는 무엇이었을까? 첫째, 영국 농
업은 비교할 수 없을 정도로 생산적으로 되었다. 예를 들면, 17
세기 말엽에는 곡물 생산이 급증하여 영국이 이들 생산물의
주요 수출국이 되었다. 여기에서 중요한 점은 생산의 발전이
비교적 소규모의 농업 노동력에 의해서 달성되었다는 점이다.
영국 농업에 독특한 **생산성**이라는 것은 이를 의미한다.

　　일부 역사학자들은 18세기 프랑스 농업의 "생산성"이 영

국과 거의 같은 수준이었다는 것을 시사함으로써 농업 자본주
의라는 견해에 이의를 제기하기도 한다. 그러나 두 나라의 농
업 총생산이 거의 같았다는 이야기 이상의 의미는 없다. 프랑
스에서는 인구의 압도적 다수를 차지했던 농민들에 의해서 생
산이 이루어졌지만, 영국에서는 동일한 수준의 생산량을 농촌
인구가 감소하면서 훨씬 적은 노동력으로 이루었다는 점을 이
들 역사가는 간과했다. 바꿔 말하면 여기에서의 문제는 총생
산량이 아닌 단위 노동당 생산량이라는 측면의 생산성이다.

　인구학적 사실만으로도 많은 것을 언급할 수 있다. 1500년
부터 1700년까지 영국은 다른 유럽 국가들과 마찬가지로 대폭
적인 인구 증가를 경험했다. 그러나 영국의 인구 증가는 한 가
지 중요한 점에서 독특했다. 이 기간 동안 도시 인구 비율이 2
배 이상 팽창했다는 점이다(역사학자 중에는 이미 17세기 후반
에 도시 인구가 총인구의 1/4에 육박했다고 추정하는 사람도 있
다). 프랑스와 대비해 보면, 프랑스에서는 농촌 인구가 꽤 안
정적이었고, 1789년의 프랑스 대혁명과 그 후 시기에 약 85퍼
센트에서 90퍼센트의 농촌 인구를 갖고 있었다. 1850년까지
영국의 도시 인구가 약 40.8퍼센트였던 것에 비해 프랑스는
14.4퍼센트(독일은 10.8퍼센트)에 불과했다.

　이처럼 영국 농업은 이미 근대 초기에 더 이상 농업 생산
에 종사하지 않는 매우 많은 인구를 부양할 수 있을 정도로 생
산적이었다. 물론 이러한 사실은 농업 기술이 아주 효율적이
었다는 것 이상을 보여 주는 증거이고, 사회적 소유관계의 혁
명이 발생하고 있었다는 것을 의미한다. 프랑스는 여전히 농

민적 소유에 머물러 있었으나, 영국의 농지는 소수의 손에 집
중되어 무산대중이 급속도로 확대되고 있었다. 프랑스의 농업
생산이 전통적인 농민적 방식(프랑스에는 영국처럼 개량에 관
한 문헌이 없었으며, 촌락 공동체는 공동체와 생산을 규제하였
고, 이러한 규제는 대토지 소유자에게도 영향을 미쳤다)을 따랐
으나, 영국의 농업 경영은 경쟁과 개량의 원칙에 반응하고 있
었다.

영국 특유의 인구학적 패턴과 관련해서 한 가지 첨가할
만한 내용이 있다. 영국의 모든 도시에서 인구의 현저한 증가
가 발생한 것은 아니었다. 유럽 다른 나라들의 전형적인 패턴
은 몇 개의 중요 도시로 도시 인구가 분산되었는데, 예를 들면
리옹이 파리와 비교하여 작은 도시는 아니었다. 그런데 영국
에서는 런던이 다른 도시와는 비교되지 않을 정도로 거대했
다. 1520년대에 불과 6만 명이었던 영국 런던의 인구는 1700
년에는 57만 5천 명으로 증가하여 유럽 최대의 도시가 되었지
만, 영국의 다른 도시는 이보다는 훨씬 작았다.

이러한 인구학적 패턴은 겉으로 보이는 것 이상으로 중요
한 의미를 가지고 있다. 무엇보다도, 이 패턴은 농업 자본주의
의 중심 지역인 남부 지방과 동남부 지방의 사회적 소유관계
의 전환과 소생산자들로부터의 토지 수탈, 그리고 토지에서
추방된 소생산자들의 방랑의 종착역이 런던이었다는 사실을
보여 준다. 런던의 성장은 또한 영국의 통일뿐만 아니라 국내
시장의 통일을 상징하고 있다. 이 거대 도시는 영국의 상업 중
심지가 되었다. 국내 및 국제 거래의 중계지일 뿐만 아니라,

동시에 영국산 제품, 특히 영국산 농산물의 거대한 소비지이기도 했다. 바꿔 말하면, 런던의 성장은 모든 점에서 영국 자본주의의 등장을 보여 주고 있다. 이는 영국의 시장이 단일화되고, 통일되고, 통합되어 경쟁적인 시장으로 되었다는 것이고, 또한 농업이 생산적으로 되었고, 사람들이 토지를 잃게 되었다는 의미에서도 그렇다.

이러한 특유한 패턴이 가져온 장기적 결과는 분명하다. 영국이 세계 최초로 "산업화"된 경제로 발전해 간 것과 농업 자본주의 간의 연관성을 충분히 해명할 수는 없을지라도 몇 가지 점은 자명하다. 대량의 비농업 노동력을 유지할 수 있을 정도로 높은 생산성을 갖는 농업 부문이 존재하지 않았다면 세계 최초의 산업 자본주의는 출현하지 않았을 것이다. 영국의 농업 자본주의가 없었다면, 임금을 얻기 위해서 자신의 노동력을 판매해야만 하는 무산대중은 존재하지 않았을 것이다. 토지를 강탈당한 비농업 노동력이 존재하지 않았다면, 영국의 산업화 과정을 추진한 대중 소비 시장, 즉 식품이나 의복같이 값싼 일용품을 판매하는 시장도 존재하지 않았을 것이다. 그리고 식민지의 확대를 꾀하려는 새로운 동기 ─ 영토 획득이라는 낡은 형태와는 다른 동기 ─ 와 함께 부의 증대가 없었다면, 영국 제국주의는 산업 자본주의의 원동력이 될 수 없었을 것이다. 또 (분명히 더욱 논쟁적인 이야기이지만), 영국 자본주의가 존재하지 않았다면 어떠한 종류의 자본주의도 존재하지 않았을 것이다. 왜냐하면 영국, 특히 산업화된 영국에서 비롯된 경쟁 압력으로 인해서 다른 나라들의 경제도 자본주의라는 방향으로 나가도록 강요받았기 때문이다.

농업 자본주의의 교훈

그러면 이상과 같은 사실은 자본주의의 성격에 대하여 무엇을 이야기하고 있는가?

첫째로, 자본주의는 인간적 본성이나 오래 전부터 있어 온 사회적 활동인 "교환, 교역, 거래"로 인한 "자연스럽고" 불가피한 결과가 아니었다는 것을 우리에게 주지시키고 있다. 자본주의는 매우 특수한 역사적 조건의 산물로서 뒤늦게 한정된 지역에서 나타난 것이다. 오늘날 보편화된 자본주의의 확장 충동은 인간의 본성이나 초역사적 법칙에 순응한 결과라기보다는 스스로 독자적인 역사적 특성을 갖는 내적 운동 법칙의 산물이다. 또한 그러한 운동 법칙이 발현되기 위해서는 사회의 전환과 격변이 필요했다. 즉, 인간과 자연의 물질대사 및 인간의 기본적 생필품 공급에서의 전환이 필요했던 것이다.

둘째로, 자본주의는 애초부터 현저하게 모순된 힘을 갖고 있었다는 점이다. 우리는 영국의 농업 자본주의가 가져온 명백한 영향을 고려할 필요가 있다. 즉, 근대 초기 영국에는 다른 어떤 나라에도 존재하지 않았던 물질적 번영의 조건이 존재한 반면, 다른 한편으로 이러한 조건은 광범한 토지 수탈과 착취의 강화라는 희생을 통하여 얻은 승리였다. 또한 굳이 언급할 필요는 없지만, 이들 새로운 조건은 식민지 확장이나 더욱 효율적인 제국주의의 기초를 만드는 데 기여했으며, 새로운 시장이나 자원을 찾아 확장을 꾀하게 만드는 새로운 힘으로도 작용했다.

또한, "개량"의 당연한 귀결로서 한편에서는 막대한 인구를 부양할 수 있을 정도의 생산성과 능력이 생겨났지만, 다른 한편에서는 모든 사고방식이 이윤의 원리에 종속되었다. 이는 무엇보다도 부양할 수 있는 사람들조차 종종 굶주림에 방치하게 된다는 점을 의미한다. 자본주의의 생산 능력과 자본주의가 가져온 생활의 질 사이에는 커다란 격차가 존재한다. 생산을 이윤으로부터 분리시킬 수 없다는 본질적 의미에서 "개량"의 가치 체계는 착취의 가치 체계이자 빈곤과 유랑의 가치 체계이다.

이윤을 위한 생산성 향상이라는 "개량"의 가치 체계는 무질서한 토지 이용의 가치 체계이며, 또한 환경 파괴나 광우병의 가치 체계이기도 하다. 자본주의는 인간 생활의 근간(농업 — 옮긴이)으로부터 탄생했으며, 이 과정은 인간 생활 자체가 의존하는 자연과의 상호 작용을 통해서 이루어졌다. 그리고 농업 자본주의에 의해 이러한 상호 작용이 전환됨으로써 인간 생존에 가장 필수적인 기초가 되는 농업조차 이윤의 요구에 종속되는, 자본주의 시스템 고유의 파괴적인 충동이 백일하에 드러났다. 바꿔 말하면, 자본주의의 본질적인 비밀이 노출된 것이다.

자본주의의 원리가 전 세계적으로 확대됨에 따라 자본주의 국가의 초기 단계에서 나타났던 결과들은 끊임없이 재생산되고 있다. 즉, 토지 수탈의 과정, 관습적인 소유권의 폐지, 시

장 원리의 강요 및 환경 파괴가 끊임없이 진행되고 있는 것이
다. 이 과정은 착취 계급과 피착취 계급 사이의 관계에서부터
시작하여 제국주의 국가들과 종속국들 사이의 관계로까지 확
대되고 있다. 예를 들면, 최근 들어 제3세계의 농민들이 (세계
은행이나 국제통화기금IMF 같은 국제기구의 지원을 얻어) 농업
의 자급자족 전략을 포기하고 세계 시장에 팔기 위한 환금 작
물로 특화하여 생산하도록 강요당하는 것도 시장 원리가 확대
되는 하나의 형태라고 할 수 있다. 이러한 전환이 가져온 비참
한 결과에 대해서는 이 책의 다른 장에서 언급될 것이다.

자본주의의 파괴적 영향은 끊임없이 스스로 재생산되어
왔지만, 자본주의의 긍정적 영향은 일관되게 발휘되진 않았
다. 자본주의가 한 나라에서 일단 확립되고, 유럽의 나머지 나
라들뿐만 아니라 궁극적으로 전 세계를 대상으로 자본주의 원
리가 강제되면, 자본주의가 최초로 발생한 나라가 겪은 과정
을 다른 나라들도 똑같이 겪으면서 발전하는 것은 결코 아니
다. 하나의 자본주의 사회가 발생하면 다른 사회도 자본주의
로 전환되었고, 이렇게 자본주의적 원리가 계속 확대되면서
경제 발전의 여러 조건들이 끊임없이 변화되었다.

오늘날 자본주의의 파괴적 영향은 자본주의가 가져온 물
질적 이득을 넘어선 상황에 직면해 있다. 예를 들면, 오늘날
제3세계 국가 중 어떤 나라도 영국이 경험했던 모순에 가득
찬 발전이라도 실현시킬 수 있을 것으로 기대하지 않는다. 더
발전한 다른 자본주의 경제권이 강요하는 경쟁이나 축적 및
착취 등의 압력으로 인해서 자본주의적 원리에 입각해서 물질

적 번영을 달성하려는 시도는 적어도 대다수의 사람들에게 물질적 혜택조차 없는 토지 수탈이나 파괴 같은 자본주의적 모순의 부정적 측면을 야기할 가능성이 많다.

영국 농업 자본주의의 경험으로부터 도출해 낼 수 있는 더 일반적인 교훈이 있다. 일단 시장 원리가 사회적 재생산의 조건을 설정하면, 모든 경제적 행위자 — 그들이 생산 수단을 보유하고 있거나, 나아가서 완전한 전유권을 가지고 있더라도, 전유자와 생산자 모두 — 는 경쟁과 생산성 향상, 자본 축적, 노동 착취 강화 등의 요구에 종속된다.

전유자와 생산자가 분리되지 않은 경우라 하더라도 이 속박으로부터 해방될 것이라는 보증은 전혀 없다("시장 사회주의"라는 용어가 모순된 이유가 여기에 있다). 시장이 경제의 "규율" 혹은 경제의 "규제자"로 일단 확립되면, 경제적 행위자는 자기의 재생산 조건을 시장에 의존하게 되는데, 생산 수단을 개인적 혹은 집단적으로 보유하고 있는 노동자들조차 — 경쟁하고 축적하여 "경쟁력 없는" 기업과 그 기업의 노동자들을 벼랑으로 몰고, 그들 스스로를 착취하는 — 시장 원리에 따르지 않을 수 없게 될 것이다.

시장 원리가 경제를 규제하고 사회적 재생산을 지배하는 곳에서는 절대로 착취에서 벗어날 수 없다는 사실을 농업 자본주의의 역사와 이어서 계속된 모든 사태를 통해서 명확하게 확인할 수 있다.

(번역: 윤병선)

주

1. 물론 영국의 소유관계의 특수성에 관한 이러한 논의는 Robert Brenner와 H. Aston & C. H. E. Philpin eds., *The Brenner Debate* (Cambridge: Cambridge University Press, 1985)에 게재된 Brenner 의 두 편의 논문에 빚을 지고 있다.

2. 프랑스에서 농민 공동체에 의한 생산 규제에 대해서는 George Comninel, *Rethinking the French Revolution: Marxism and the Revisionist Challenge* (London: Verso, 1987)을 참조.

3. E. P. Thompson, "Custom, Law and Common Right," *Customs in Common* (London: Merlin, 1991)을 참조.

4. 여기에 서술된 로크에 관한 논의는 Ellen Meiksins Wood and Neal Wood, *A Trumpet of Sedition: Political Theory and The Rise of Capitalism, 1509-1688* (London and New York: New York University Press, 1997)에 필자가 집필한 로크에 관한 장에 의존하고 있다. 로크와 17세기의 "개량"에 관한 문헌에 대한 보다 상세한 논의 를 위해서는 Neal Wood, *John Locke and Agrarian Capitalism* (Berkeley and Los Angeles: University of California Press, 1984)를 참조.

5. 이들 초기의 사회적 비평가에 대해서는 Neal Wood, *The Foundations of Political Economy: Some Early Tudor Views on State and Society* (Berkeley and Los Angeles: University of California Press, 1994)를 참조.

2장

리비히, 마르크스와 토양 생산력 고갈:
현대 농업과의 관련성

존 포스터, 프레드 맥도프

John Bellamy Foster
Fred Magdoff

18 30-70년대 유럽과 미국 자본주의 사회에서 지력 고갈
은 삼림 파괴에 대한 우려, 점차 증가하는 도시 공해,
인구 과잉으로 인한 '맬서스적 공포' 등과 마찬가지로 중요한
환경 문제였다. 천연 비료를 구하기 위해 각국이 지구 곳곳을
헤집고 다니면서 발생한 제국주의적 구아노guano(새의 배설물
이 화석처럼 굳어서 된 것. 인산과 질소 성분이 풍부해 비료로 사용됐음
— 옮긴이) 확보전의 확산, 근대적 토양학의 태동과 그에 따른
화학 비료의 점진적 도입, 지속 가능한 농업을 발전시켜 도시
와 농촌 간의 반목을 제거하자는 급진적인 학설 등이 모두 이
시기에 나타났다.

　이러한 지력 위기 문제를 해결한 핵심 인물은 독일 과학
자 리비히Justus Von Liebig였지만, 그에 따르는 사회적 의미
를 예리하게 파헤친 사람은 바로 마르크스Karl Marx였다. 지
력 문제에 관한 리비히와 마르크스의 관점은 마르크스주의자
였던 카우츠키Karl Kautsky와 레닌Vladimir I. Lenin 등을 비롯
한 후대 사상가들에게 이어졌다. 20세기 중반까지만 해도 지
력 문제는 대규모 비료 공장 건설과 화학 비료 투입을 통해 해
결되는 것처럼 보였다.

　합성 화학 물질에 의존하면서 생태계가 손상되기 시작했
고, 특히 제2차 세계대전 이후 그 피해가 극심해졌다는 인식이

확산된 오늘날, 흙의 양분 순환을 중요시하는 지속 가능한 농업에 대한 관심이 새롭게 생겨나고 있다. 인간과 흙 사이의 관계를 생태학적으로 건전하게 정립해야 할 필요성도 다시 인식되고 있다.[1] 이 글에서는 지난 150년간 이를 둘러싸고 어떤 일들이 일어났는지 살펴본다.

리비히와 19세기의 지력 위기

1820-30년대 영국과, 그리고 그 직후 기타 유럽 국가들과 북미에서 자본주의 경제가 발전하기 시작하면서, 지력 고갈에 대한 우려 때문에 비료 수요가 폭발적으로 증가했다. 1823년 1만 4,400파운드에 불과했던 영국의 골분 수입액은 1837년 25만 4,600파운드로 증가했다. 1835년에 페루산 구아노를 실은 배가 리버풀 항港에 처음으로 도착했다. 이때부터 1841년까지의 수입량은 1,700톤에 불과했지만, 1847년까지의 수입량은 22만 톤에 달했다. 이 시기의 유럽 농민들은 나폴레옹 전쟁 당시 인골人骨을 주우러 워털루, 아우스터리츠 같은 전쟁터까지 뒤지고 돌아다녔을 정도로 비료 확보에 매달렸다.[2]

근대 토양학은 자본주의 농업을 뒷받침하기 위한 지력 향상의 필요성과 맞물려 탄생했다. 1837년 영국과학진흥협회 British Association for the Advancement of Science는 리비히에게 농업과 화학의 관계에 관한 연구를 의뢰했다. 질소, 인, 칼륨 등의 토양 양분이 식물의 성장에 미치는 영향을 최초로 설명한 『농학과 생리학에서 유기 화학의 응용Organic Chemistry

in its Applications to Agriculture and Physiology(1840년 출간)
이 바로 그 결과이다. 리비히의 영향을 받아 영국의 부유한 지
주이자 농학자인 로즈J. B. Lawes는 1837년 런던 교외의 로담
스테드에 있는 자신의 농장에서 비료에 관한 연구를 시작했
다. 로즈는 인산염을 물에 녹이는 기술을 개발해 1842년 최초
로 인공 비료 발명에 성공했고, 1843년 자신이 발명한 "과인산
비료superphosphates"를 생산하는 공장을 세웠다.

이 기술은 한참이 지나서야 외국에 보급되었다. 독일에서
는 1855년에 첫 과인산 비료 공장이 세워졌고, 미국은 남북 전
쟁(1865-65 — 옮긴이) 이후, 프랑스는 보불 전쟁(프랑스와 프로이
센 간의 전쟁, 1870-1872 — 옮긴이) 직후에야 이 기술을 받아들였
다. 게다가 인산 같은 한 가지 성분만을 흙에 투여하게 되면
처음에는 눈에 띄게 생육이 좋아지지만, 머지않아 가장 부족
한 양분에 의해 전체적인 생육이 지장을 받게 되면서(리비히
의 최소율의 법칙) 비료 효과가 급속히 떨어지는 문제가 발생
했다.

따라서 리비히가 최소율의 법칙을 발견한 당시에는 토양
의 무기질 성분 고갈과 비료 성분 결핍만이 부각되면서 자본
주의적 농업 내부에 위기감이 확대됐다. 이런 모순이 극명하
게 나타난 곳은 미국이었다. 특히 뉴욕 주 북부와 남부 플랜테
이션 지역에서 그 현상이 더 심했다. 영국이 페루산 구아노를
독점하면서 구아노를 쉽고 저렴하게 구입할 길이 끊기자, 미
국 정부는 제국주의적 합병을 통해 구아노가 풍부한 섬을 얻
겠다는 정책을 수립하기 시작했다. 이 정책은 처음에는 비공

식적이었지만, 나중에는 공식적인 정부 정책으로 굳어졌다. 1856년 '구아노 섬 법Guano Island Act'이 의회에서 통과된 이후, 미국 자본주의자들은 1903년까지 세계 곳곳에 있는 섬과 암초, 산호초 섬 94곳을 점령했고, 이 중 66개는 공식적으로 미국 국무부 소속의 부속령이 되었다. 이 중 9곳은 오늘날까지도 미국이 소유하고 있다. 그럼에도 미국 정부가 제국주의적인 방법을 동원해 확보한 구아노는 미국의 천연 비료 수요를 감당하기에는 양과 질 면에서 역부족이었다.[3]

그 와중에 1860년대에 페루산 구아노가 고갈되면서 칠레산 초석(질산나트륨)이 구아노를 대신하게 됐다. 유럽 대륙에서 칼륨염이 발견된 데다, 천연 및 합성 인산염이 생산되면서 비료 조달이 한결 수월해졌음에도 여전히 질소 성분 결핍 현상은 개선되지 못했다(합성 질소 비료는 1913년이 되어서야 생산되기 시작했다).

자본주의적 농업으로 토양 양분 순환이 파괴됐고, 이로 인해 자연적인 지력 소모가 발생함에 따라 토양의 특정 성분에 관한 지식의 필요성은 증대됐던 반면, 지력 감퇴를 보상해 줄 천연 및 합성 비료 공급에 제약을 받던 당시의 현실은 지력 위기에 대한 인식을 확산시켰다.

미국의 경우는 지리적 조건 때문에 문제가 더욱 복잡했다. 뉴욕 주 북부 지역은 1800년경 뉴잉글랜드를 밀어내고 밀 생산 지대로 자리 잡았다. 그러나 1825년 이리Erie 운하가 개설되고 이후 수십 년간 서부 지역의 신설 농장과 경쟁하면서 상당한 지력 소모가 일어났다. 그동안 남동부의 노예제 농장들 또한 격심한 지력 감퇴에 시달렸는데, 특히 담배 재배 농장에서 피해가 더욱 심했다.

뉴욕 지역의 농가들은 농업협회Agricultural Societies를 설립함으로써 이성적으로 위기에 대처했다. 1832년 뉴욕농업협회가 결성됐다. 그로부터 2년 후, 알바니의 신문 편집장인 제시 뷰엘Jesse Buel은 영국에 보급된 최신 농법을 소개하는 『컬티베이터Cultivator』를 창간하고, 퇴비 살포, 습지 배수법, 돌려짓기 등의 소재를 중점적으로 다뤘다. 1840년, 앞에서 언급했던 리비히의 농화학 교과서가 발간되자 뉴욕 지역의 농업 전문가들은 일제히 이 새로운 토양학을 구세주처럼 믿기 시작했다. 마르크스가 "영국의 리비히"라 일컫던 스코틀랜드 출신의 농화학자 제임스 존스턴James F. W. Johnston 교수가 1850년에 북미 지역을 방문하고 저술한 『북미 여행기Notes on North America』에서 지력이 고갈된 뉴욕 지역 농지와 서부의 비옥한 농장 지대를 극명하게 대조해 놓았을 정도로 이 지역의 지력 감퇴는 심각했다.[4]

이러한 문제들은 미국 경제학자인 헨리 케리Henry Carey의 연구에 잘 반영돼 있다. 케리는 1850년대에 걸쳐 도시와 농촌이 격리되면서 대두된 장거리 교역이야말로 토양 성분 손실은 물론이고 농업 위기를 불러온 주된 원인이라고 강조했다. 그는 1858년에 펴낸 『사회과학 원론Principles of Social Science』에서 "국가의 모든 에너지가 기업가들의 세력 확장에만 쓰인다면, 국민들이 '흙에서 돈이 될 만한 것들을 뽑아내기 위해' 어디서나 열을 올리더라도 별로 놀랄 거리가 안 될 것"이

라면서 미국의 모습을 꼬집었다.[5]

리비히도 주로 케리의 연구를 통해 이러한 미국 농업 전문가들의 우려를 접하게 됐다. 1859년에 출간된 『현대 농학에 관한 서신*Letters on Modern Agriculture*』에서 리비히는 상인들의 "실험적 농학"으로 인해 지력이 재생되지 못하는 "수탈 체계가 발생된다고 역설했다. 흙 속의 양분은 "매년 돌려짓기할 때마다 농작물 속으로 빠져 나갔다." 미국 농업의 무차별적 개발 시스템과 유럽의 "고도 농업high farming"은 결국 "수탈"에 불과했다. 반면 "합리적 농업"은 농지를 비옥하게 만드는 요소들을 농지에 되돌려주는 것이었다.[6]

리비히는 천연자원 발견을 통해서건, 화학 비료 발명을 통해서건 간에 결국에는 비료 사용 가능성이 높아질 것으로 내다봤다. 그럼에도 그는 토양학 역사 연구자인 진 불레인 Jean Boulaine이 지적한 대로 "농약 사용을 절감하고 유럽 지역의 농장에서 양분을 재순환시키기 위한 운동"을 주창했다. 이런 관점에서 그는 "오늘날의 생태학자의 원형"[7]이라고 볼 수 있다. 1865년 런던 시장에게 건의한 『도시 하수의 활용 방안에 관한 서신*Letters on the Subject of the Utilization of the Municipal Sewage Addressed to the Lord Mayor of London*』에서 리비히는 템즈 강의 상황에 근거해 인간과 동물의 배설물로 인한 도시 오염과 자연적인 지력 상실이라는 두 가지 문제는 서로 연관을 갖고 있기 때문에, (배설물이 함유하고 있는) 양분을 농지에 되돌려주는 유기적 순환이 합리적인 도 · 농 시스템 구축에 있어 필수불가결한 요소임을 역설했다.[8]

마르크스와 지속 가능한 농업

마르크스는 주로 리비히, 존스턴, 케리의 연구를 바탕으로 자본주의적 농업을 비판했다. 그럼에도 자본주의적 농업에 대한 마르크스의 사상은 스코틀랜드의 농학자이자 실천적 농민이며 애덤 스미스Adam Smith와 같은 시대에 활동했던 경제학자인 제임스 앤더슨James Anderson에게서 비롯됐다.

앤더슨은 1777년에 출간된 『곡물법의 본질을 묻는다An Enquiry into the Nature of the Corn Laws』를 통해 맬서스/리카도의 지대rent 이론으로 알려진 내용을 처음으로 소개했다. 마르크스주의적인 관점에서 볼 때, 앤더슨이 최초로 제시했던 모델은 지속적인 농업 발전을 강조했기 때문에 고전파 경제학자인 맬서스Thomas Malthus와 리카도David Ricardo가 발표했던 것보다 우수한 이론이다. 앤더슨의 주장에 따르면, 지대는 비옥한 농지를 사용하기 위한 대가이다. 지력이 아주 떨어지는 농지는 겨우 경작비를 건질 수 있는 수준의 수확을 내는 반면, 이보다 좋은 농지는 "배타적으로 경작할 수 있는 특권에 대해 일종의 할증금을 받을 수 있고, 이는 지력에 따라 많거나 적을 수 있다. 이러한 할증금이 이른바 지대로 불리며, 이는 비옥도가 각각 다른 농지에 대한 경작 비용을 전체적으로 완전하게 균등하게 만드는 매개물이다."[9]

맬서스와 리카도는 지력 차이가 생기는 원인의 대부분은 인간의 노력과 관계없는 자연적 조건에서 비롯된다고 보았다. 리카도는 지대를 "흙에서 나온 소산 가운데 일부분으로서, 흙

이 원래부터 갖고 있던 불변의 지력을 이용한 대가로 지주에
게 지불하는 것"으로 정의하고 있다.[10] 더 나아가 이들은 자신
들이 바라본 자연 법칙에 근거해, 비옥한 농지가 먼저 농사에
투입됐지만, 인구 증가의 압박에 대처하게 되면서 이러한 농
지의 지대가 오르고 농업 생산성도 전반적으로 감소하게 됐으
며, 그 결과 갈수록 지력이 떨어지는 토지까지 경작에 이용하
게 됐다고 주장했다.[11]

앤더슨은 이와 대조적으로 지속적인 시비, 배수, 관개를
이용해 토양을 개선할 수 있으며, 이를 통해 가장 지력이 나쁜
땅도 가장 비옥한 땅에 가까운 지대를 받을 수 있지만, 반대로
지력이 악화되는 경우도 있다고 보았다. 맬서스와 리카도의
견해와는 달리, 앤더슨은 절대적인 지력 조건이 아닌 흙의 상
대적인 생산성 변화야말로 지대 차이를 유발하는 원인이라고
설명했다.[12]

앤더슨의 주장에 따르면, 농업 부문에서 보편적인 지력
문제의 대부분은 적절하고 지속적인 농사법 도입에 실패한 결
과로 발생한다. 영국에서는 자본주의적 차지농들이 대지주들
의 소유지를 임대해 농사를 지은 데다, 임차 기간 동안 지력을
높여 놓아도 임차 기간 동안에 그 효과를 완전히 거둬들일 수
없었기 때문에 차지농들 또한 지력 향상을 위한 노력을 거의
기울이지 않았다.[13]

『오늘날 영국의 곡물 부족을 초래한 상황에 대한 탐구*A
Calm Investigation of the Circumstances that have Led to the
Present Scarcity of Grain in Britain*』(1801년)에서 앤더슨은 도

시와 농촌 간의 분리가 천연 비료 자원의 손실을 불러왔다고
역설했다. 그는 "농업이 무엇인지 풍월만 들은 사람들조차 동
물의 배설물을 흙에 뿌리면 지력이 높아진다는 것을 알고 있
다. 물론 이런 사람들은 흙에 배설물을 사용하지 못하게 하는
것은 크게 비난받아 마땅한 낭비라는 것도 알고 있음에 틀림
없다"고 언급했다. 또한 동물과 인간에게서 나오는 배설물을
적절하게 사용함으로써 "추가로 퇴비를 공급할 필요 없이 지
력을 영원토록 지켜 나갈 수 있다"고 강조했다. 그러나 이러한
지력 공급원이 막대한 양으로 버려지는 런던에서는 "배설물
이 매일 템즈 강으로 배출되면서, 강 하류에 거주하는 시민들
에게 참을 수 없는 악취를 내뿜고 있다"면서 자본주의 사회가
지속 가능한 농업 경제 체제에서 너무나 멀리 떨어져 있음을
지적했다.[14] 역사적인 안목을 갖춘 비판적 분석을 무기 삼아,
앤더슨은 농업과 사회 위기가 인구 증가와 이러한 인구가 제
한된 토지에 가하는 압력에서 비롯된다는 맬서스적 견해를 맹
렬히 공격했다.[15]

마르크스의 자본주의 농업 비판은 인구 과잉으로 인해
농업 생산성이 감퇴한다는 맬서스-리카도의 '자연 법칙' 학설
에 저항하기 위해 앤더슨의 고전적 지대 이론과 리비히의 토
양 화학을 도입했다. 1840-50년대에 마르크스는 화학 비료 사
용 같은 수단이 합리적으로 조직될 경우 농업 "개량"이 가능
하다고 강조했다.[16] 그러나 그는 이 시기에도 지력은 역사적
인 문제로서 때에 따라 증가 또는 감소할 수 있는 것이라고 역
설했다. 그의 주장에 따르면, 자본주의 농업의 불합리는 부르

주아 사회가 일으킨 도시와 농촌 간의 반목과 연관돼 있다.

그러나 마르크스는 지력의 위기에 대응하기 위해 1860년 대부터 리비히와 앤더슨, 케리 같은 사상가들에 대한 독서를 바탕으로, 토양의 영양 성분 순환과 자본주의 농업의 착취적 성격 사이의 관계를 직접적으로 조명하기 시작했다. 『자본론』 1권에서 이를 엿볼 수 있다.

> 자본주의적 생산은… 인간과 흙 사이의 순환적 상호 작용을 교란시킨다. 즉, 인간이 먹을거리와 옷감으로 소비하는 흙 속 의 성분을 다시 흙에 되돌려주지 못하게 하는 것이다. 따라서 자본주의적 생산은 토양의 비옥도에 영속적인 영향을 미치는 자연 조건이 제 기능을 하지 못하게 방해한다… 자본주의 농 업이 거둔 발전은 단지 기술적인 발전으로서, 노동력과 지력 을 착취하는 것에 불과하다. 반대로 일정 기간 동안에 지력을 향상시키는 방법은 되레 장기간 동안 지력을 유지시켜 준 근 원을 파괴시키는 방향으로 발전돼 갔다. 따라서 자본주의적 생산은 모든 부의 원천인 토지와 노동력을 한꺼번에 착취함으 로써 생산과정에 필요한 기술을 발달시키고 사회적 작용의 통 합 정도를 높이는 것에 불과하다.[17]

마르크스는 『자본론』 3권의 자본주의적 지대 분석을 통해 이 주장을 보다 체계적으로 발전시켰다. "런던에서는… 인구 450만 명이 배출하는 배설물을 처리하는 방법이라곤 어처구 니 없는 비용을 내고 템즈 강에 이를 쏟아 붓는 것밖에 없다"[18]

고 꼬집었다. 마르크스는 이런 자본주의 농업과 유기 폐기물의 재활용에 관한 고찰을 통해, 자본주의 사회에서는 실용화될 가능성이 극히 적지만 생산자들이 연대한associated producers 사회에서는 필수적인, 생태학적 지속 가능성에 대한 정의를 확립했다.[19] 그는 "토지를 영구적인 사회 재산으로 봤을 때, 의식적이고 합리적인 토지 관리야말로 인류의 지속적인 존속과 재생산을 위해 필수불가결하다"고 주장했다.[20] 더 나아가 그는 다음과 같이 역설했다.

> 보다 고차원적인 사회-경제적 형성의 관점에서 볼 때, 지구상에 존재하는 특정 개인들의 사유재산은 이들을 뺀 다른 사람들 중 한 명의 사유재산만큼이나 보잘것없어 보인다. 심지어, 사회나 국가 혹은 동시대에 존재하는 모든 집단도 지구의 주인은 아니다. 단지 이들은 지구를 점유해 혜택을 누리고 있을 뿐이기에, 훌륭한 집안 어른들(*boni patres familias*)처럼 후대에게 더 나아진 지구를 물려주어야 한다.[21]

카우츠키와 레닌 같은, 마르크스주의를 계승한 사상가들은 리비히와 마르크스가 주장한 농업적 지속 가능성과 유기 폐기물 순환의 필요성에 많은 영향을 받았다. 또한 이들은, 당시 비료 생산량이 크게 증가했음에도 불구하고, 양분을 흙에 되돌려주는 것이야말로 사회의 혁명적 전환에 있어 필수적인 요소라고 역설했다. 1899년에 출간된 『농업 문제*The Agrarian Question*』에서 카우츠키는 이렇게 주장했다.

"보조 비료는… 지력 감퇴를 막아 주지만 갈수록 더 많은 양을 써야 한다는 점만으로도 농업에 부담을 가중시키며, 이런 부담은 자연적으로 피할 수 없는 것이라기보다 오늘날의 사회 조직에서 비롯된다. 도시와 농촌 ― 적어도 인구가 가장 밀집한 도시와 텅 비어 황폐해진 농촌 ― 간의 반목을 극복함으로써 흙에서 빠져 나간 물질들을 다시 순환하게 할 수 있다. 경작 방법을 발전시키면 인공 비료를 사용하지 않고도 토양의 수용성 양분을 증대시킬 수 있다."[22]

마찬가지로, 레닌은 1901년 『농업 문제와 "마르크스의 비판" *The Agrarian Question and the "Critics of Marx"*』에서 다음과 같이 말했다.

인공 비료가 천연 퇴비를 대신할 수 있고 이미 (일부에서) 이런 방법이 사용되고 있다 하더라도, 천연 비료가 버려지면서 도시 주변과 공장 지대의 강과 공기를 오염시키는 점은 절대로 합리화될 수 없다. 최근까지도 대도시 근교에는 농업에 매우 이로운 도시 폐기물을 이용하는 농장들이 있긴 하지만, 이는 단지 폐기물 중 극히 미미한 일부만을 처리할 뿐이다.[23]

오늘날과의 관련성

앤더슨, 리비히, 마르크스, 카우츠키와 레닌이 우려했던 바는 20세기 자본주의의 발전과 함께 더욱 공고해지기만 했다. 농

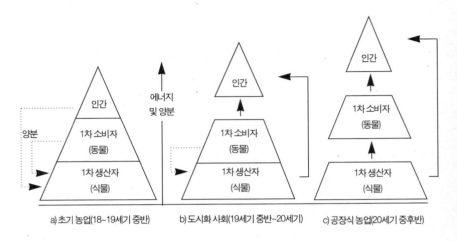

a) 초기 농업(18~19세기 중반)   b) 도시화 사회(19세기 중반~20세기)   c) 공장식 농업(20세기 중후반)

그림 1. 농작물, 동물, 인간의 관계 변화

업의 기계화와 낮은 농산물 가격 때문에 사람들이 농장에서
쫓겨나게 되면서, 노동자들의 집중 현상은 도시에서 먼저 시
작된 뒤 근교로까지 확대돼 갔다. 먼저 도시의 공업 부문에서
고용 기회가 지속적으로 증대됐으며, 그 후 20세기 후반부에
도시-근교 서비스 및 정부 부문의 고용 확대 대책을 통해 농
촌에서 유입된 사람들도 일자리를 얻을 길이 생겼다(반면, 대
부분의 제3세계 국가의 도시화 과정에서는 농촌에서 유입되는
인구를 흡수할 만한 도시 지역의 고용 증대가 일어나지 못했다).
높은 비율의 인구가 항상 농촌을 떠나게 되면서, 19세기보다
토양의 양분 순환이 더욱 심각하게 파괴됐다. 이러한 양분 순
환의 파괴는 그림 1에 잘 나타나 있다.
    양분과 유기질 성분의 고갈로 인해 흙의 비옥도가 떨어지

면서, 마침내는 이렇게 '지력이 쇠한' 토양을 어떻게 처리해야 할 것인지에 대한 우려가 높아졌다. 동시에 농지에서 빠져나간 양분이 들어 있는 하수 때문에 수많은 호수와 강이 오염됐으며, 해안 도시들은 바다에 하수를 방류해 바다를 오염시켰다. 1970년대부터 설치된 하수 처리 시설은 미국의 수질 오염을 줄이는 데 기여했지만, 새로운 문제가 발생했다. 바로 슬러지sludge 처리 문제였다. 오늘날 슬러지는 매립, 소각, 농지 살포 등의 방법으로 처리되는데, 이 모든 방법이 심각한 환경 문제의 소지를 안고 있다.

두 가지 기술 발달로 인해 토양의 양분 순환 체계가 2차적으로 파괴됐다. 우선, 제2차 세계대전 이후부터 값싸게 공급되기 시작한 질소 비료가 몇 가지 변화를 일으키게 했다. 질소 비료 제조 공정에는 화약과 비슷한 공정이 들어 있는데다, 2차 세계대전 말기에는 대량으로 질소 비료를 생산할 수 있을 만큼 화약 공장의 유휴 시설이 많아졌다(농화학 제품과 군산복합체軍産複合體 간의 관계를 짚고 넘어갈 필요가 있다. 많은 농약들은 원래 고엽제와 신경 마비제 같은 군사적 목적으로 개발됐다). 질소 비료를 어디서나 쉽게 구할 수 있게 되자, 공기 중의 질소를 고정해 식물이 사용할 수 있는 형태로 바꿔 주는 콩과 식물에 의존하지 않고도 콩과 식물 이외의 작물 재배가 가능할 만큼 땅을 비옥하게 유지할 수 있었다. 콩과 식물인 클로버와 알팔파 건초는 과거에 육우나 젖소, 양을 먹이는 데 사용됐다. 그러나 콩과 식물이 아닌 작물(밀, 옥수수, 보리, 토마토 등) 재배를 위해 콩과 식물을 재배할 필요가 없게 되자 농장들은 손

쉽게 농작물 혹은 가축 사육 중 한쪽만을 특화할 수 있게 됐다.

다음으로, 농업 생산 · 가공 · 판매 부문의 집중 현상이 가속화되면서, 농업 관련 기업들은 자신들이 운영하는 몇 안 되는 육가공 공장 근처에서 가축을 생산하도록 부추겼다. 업체들은 환경법 규제가 느슨하거나 노조로 인한 경영 압박이 거의 없고, 임금이 낮은 등의 이점을 지닌 지역을 생산 기지로 선택했다. 대규모 육가공업체들이 자사自社 제품에 브랜드를 붙여 판매하는 경우가 증가하면서, 균일하고 예측 가능한 품질의 육류를 생산하기 위해 전체 생산 과정을 최대한 통제해야 할 필요가 생겼다. 업체들은 직영 농장에서 직접 가축을 사육하거나 가축의 소유권을 주지 않으면서 엄격한 사육 규정을 준수토록 하는 계약을 농가와 맺는 방식(계열화 사육 ― 옮긴이)으로 이를 해결했다. 따라서 가축 사육은 특정 지역에만 집중됐다. 남부 대평원의 육우 방목 지대, 아칸소 주와 델마바 반도(델라웨어, 메릴랜드, 버지니아 주의 일부 지역)의 양계장, 중서부 일부와 노스캐롤라이나 주의 양돈 지대 등이 그곳이다.

20세기 후반에 일어난 이러한 두 가지 발달로 인해, 마르크스와 다른 연구자들이 심각히 우려했던, 인간과 농지가 분리되는 문제를 그대로 보여 주는 현상이 발생했다. 바로 가축이 사료 공급지인 농지에서 분리된 것이다(그림 1C). 미국의 거대 양계 · 양돈 농장('가축 공장'으로 불림) 중 거의 대부분은 계열화 사육업체 또는 타이슨과 퍼듀 같은 회사들과 계약을 맺고 사육하는 개인 농가들이 소유하고 있다. 그뿐 아니라

소를 수만 마리나 기르는 사육장도 드물지 않다. 미국에서 팔리는 소의 3분의 1 이상이 겨우 70개 사육장에서 길러지며, 매년 10만 마리 이상의 육계를 사육하는 양계장에서 미국 내 판매 닭고기의 97%가 생산된다.[24] 사료의 상당량을 직접 생산하는 낙농가조차 사료의 절반가량을 외부에서 들여오는 일도 흔하게 되었다. 동물과 이들의 사료 공급처인 농지 사이의 물리적 연계가 붕괴되면서 작물을 생산하는 토양의 영양 성분과 유기질 성분 고갈 현상이 더욱 심각해져 가고 있다. 작물을 재배하는 농장들은 막대한 양의 화학 비료를 사용해야만 농산물을 생산하는 데 소모된 영양분을 보충할 수 있게 되었다.

게다가 앤더슨과 마르크스의 지적처럼, 농지의 지력을 높여도 임대 계약 기간 동안 임차농에게는 아무런 경제적 이득이 돌아오지 않는다. 1994년의 경우, 미국 전체 농지 중 48%는 임대된 땅이다.[25] 환금성 곡물 재배지의 60%, 목화 재배지의 75% 등 특정 부문에서 임차 현상은 특히 심하다.[26] 임차 영농은 대형 농장에서 더욱 빈번해, 연간 총 수입이 25만 달러가 넘는 농장의 58%가 임대 계약을 맺고 있을 정도이다.[27] 이렇게 임대된 대부분의 농지는 농장의 특화를 확대시킬 뿐 아니라, 환경적으로 건전하며 보다 장기적인 토양 및 작물 관리 체계보다는 화학 비료에 의한 단기적 지력 유지 방법에 의존토록 하는 경향을 증가시키는 요인이 되고 있다.

환경적 결과

인간과 동물이 농지와 인위적으로 분리돼 발생한 양분 순환의 파괴로 인해 역사상 유례없는 다량의 합성 양분이 땅에 투여됐다. 반면, 경작지의 양분은 거의 고갈됐고, 이렇게 투여된 양분은 도시와 대규모 공장형 농장에 축적돼 갔다. 장거리 수송을 거쳐 축적된 이러한 양분은 과다한 에너지 및 금전적 비용 때문에 주요 작물 재배 지역으로 되돌아가지 못하고 있는 실정이다.

앞에서 서술한 발전이 가져온 심각한 환경 문제들은 다음과 같다.

1) 비료 생산과 운송, 사용에 있어 재활용이 불가능한 에너지 자원이 막대하게 투입되고 있다. 질소 비료 생산 과정은 매우 에너지 집약적이다. 미국의 옥수수 재배 지역에서 옥수수밭 1에이커(약 1,224평) 당 연료, 농기계의 감가상각, 종자, 농약 등 농사에 투입되는 총 에너지 중에서 질소 비료 생산에 드는 에너지의 비중이 가장 높다(두 번째로 에너지 소모가 많은 과정의 두 배가 넘는 약 40%를 차지한다).[28]

2) 비료는 물에 쉽게 녹아 지표수와 지하수를 오염시킨다. 또한, 집약적인 가축 사육은 토양이 안전하게 흡수할 수 있는 양을 훨씬 초과하는 분뇨를 배출한다. 이로 인해 많은 사람들이 마실 물로 이용하는 지하수가 고농도의 질산염에 오염되면서 직접적인 건강 피해가 유발되기도 한다. 더 나아가 농업 생

산 과정에서 나오는 과다한 양분은 체사피크 만Chesapeake bay 같은 강어귀와 많은 담수호는 물론이고 바다로 흘러들어 멕시코 만부터 미시시피 강의 서쪽 하구에 이르는 죽음의 지대dead zone 같은 해양 오염을 일으킨다.

3) 농장과 가까운 곳에 도시가 있어도, 화학 물질을 비롯해 도시민들이 가정 등에서 배출하는 공해 물질 때문에 도시 하수 슬러지를 농장에 투입할 수 없는 경우가 많다. 미국 환경 보호청EPA은 도시의 하수 슬러지를 농지에 사용해도 안전하다는 견해를 갖고 있지만, 과연 이런 지침이 적합한가에 대한 과학적인 우려도 상당하다. 미국의 허용 기준은 기타 선진국들에 비해 매우 느슨하다. 미국의 중금속 허용치는 캐나다와 대부분의 유럽 국가들보다 8배 가량이나 높다.[29] 축산 분뇨 manure에도 오염 물질이 있을 것으로 추정된다. 예를 들어, 감금 사육되는 돼지의 성장을 촉진하기 위해 정기적으로 구리를 투여하면, 축산 분뇨도 과다한 구리를 함유하게 된다. 오염된 슬러지와 축산 분뇨 배출은 토양 생산성과 공기, 수질 등을 악화시키는 환경 문제를 유발한다.

4) 값싼 화학 비료를 사용하게 되면서 대부분의 농장에서 돌려짓기rotation가 사라지고, 흙 속의 유기질 성분이 손실되면서 흙 속 생물의 다양성이 줄어든다. 이렇게 토양의 질이 저하되면서 작물에는 질병 발생이 늘어나고, 여러 생물들이 자라나는 환경에서는 이미 제어됐을 해충이 창궐하게 된다. 또한 건강하지 못한 작물이 늘면서, 건강한 작물보다 훨씬 많은 해충이 몰리게 된다. 지력 파괴로 해충이 농작물에 주는 압력

이 커지면서 살충제 사용량도 증가하게 된다. 따라서 농민과
농장 노동자들의 농약 중독과 지하수 및 식품 오염 현상 중 상
당 부분은 지력 감퇴에 따른 결과이다.

5) 대규모 가축 사육 시설의 가혹한 환경은 질병을 쉽게
퍼뜨려 항생제를 자주 투여하게 만든다. 게다가 사료에는 성
장을 촉진시키는 효과가 있는 소량의 항생 물질이 항상 첨가
되는데, 이는 전체 가축에 급여되는 항생 물질 중 40%에 달한
다. 이러한 동물 약품을 항시 사용하게 됨으로써 식품의 항생
제 오염은 물론이고, 인체에 해를 끼치는 항생제 내성 균주가
출현하기까지 한다.

6) 비료 성분을 공급하기 위한 채굴 활동 역시 상당한 환
경 손상을 가져왔다. 구아노 제국주의의 희생물이 된 섬의 예
를 통해 어떤 일들이 벌어질 수 있는가를 엿볼 수 있다. 남태
평양의 작은 섬나라인 나우루Nauru는 1888년부터 1차 세계대
전 때까지 독일의 지배 아래에 있다가, 1968년에 해방되기 전
까지 호주가 점령했다(2차 세계대전 중 일본의 점령 기간은 제
외). 1908년부터 시작된 인광석이 풍부한 퇴적물의 노천 채굴
로 인해, 이제 나우루의 인광석 자원은 몇 년 후면 완전히 고
갈될 것으로 예상되고 있다. 『뉴욕 타임즈』의 보도에 따르면,
"섬의 5분의 4가 채굴돼 달 표면처럼 구멍이 파이고 음산한 모
습으로 변해 버렸다. 이제 거주 가능한 지역은 야자수 그늘이
있는 해변의 좁은 가장자리뿐이다. 기후까지 망가졌다. 채굴로
완전히 파인 고원에서 불어오는 열풍은 비구름을 쫓아내 주민
들을 땡볕과 만성적인 가뭄에 시달리게 만들어 버렸다."[30]

비자본주의 세계의 경험

비자본주의 세계의 역사는 몇 가지 다른 가능성을 제시하고 있다. 동유럽의 여러 국가들이 차용했던 소련식 모델은 토양의 양분 순환에 대한 고려가 부족하며, 지력을 향상시키려는 노력마저 농약과 화학 비료로 인해 상쇄돼 버리는 미국식 농업과 유사한 점이 많아 문제 해결에 별 도움을 주지 못한다. 그러나 마오쩌둥의 통치 기간(1949-59 — 옮긴이) 중에 중국에서 사용한 방법은 달랐다. 중국은 인구당 경지 면적이 극히 부족함에도 전통적인 방법으로 지력을 유지시키면서 흙 속의 양분을 순환시키고 있다(19세기의 리비히도 이 점을 언급했다). 전국의 모든 지역이 식량을 자급자족하고 지역 산업을 육성해야 한다는 마오쩌둥의 지시(농공병진農工並進)로 전통적인 농사법의 활용을 강화시켜 농업 생산 부문을 진보시키는 동시에 도시화의 속도를 늦추는 효과를 가져왔다(그러나 1960년대 초반, 대약진 운동의 실패와 소련의 경제 원조 중단으로 인해 중국 내에 큰 기근이 일어났고, 수백만 명의 사람이 굶어 죽었다 — 옮긴이). 그러나 중국이 자본주의 사회로 이행하면서 과거에 발전시켜 온 양분 순환 및 세심한 토양 관리 기술을 활용하는 경우는 실질적으로 줄어든 반면, 화학 비료 공장을 건설해야 할 필요성은 새롭게 부각되고 있다. 쿠바는 소련의 붕괴로 소련과 맺었던 호혜적 교역 조건이 파기되면서 비상 시기Special Period라는 경제 위기에 처하게 됐다. 쿠바는 해외에서 화학 비료와 농약을 수입해 올 자금이 떨어지자 합성 화학 물질 사용을 줄이는 방법에 대해 관심을 갖게 되었고, 양분 순환에 많은 관심을 기울이는 유기 농업이 쿠바 농업의 주류를 이루게 되었다.[31]

무엇을 할 수 있을까?

선진 자본주의 국가들에서 일어나고 있는 토양의 양분 순환 체계 파괴와 이에 따른 환경 문제들을 해결할 수 있는 방법은 무엇일까? 오늘날 농업과 기업 중심의 의사 결정 구조를 바꿀 중대한 도전이나, 자연과 도시 규모 및 도시 주변 지역의 팽창을 제한할 수 있는 커다란 변화, 혹은 환경에 해를 끼치지 않는다는 사실이 밝혀질 때까지 새로 개발된 합성 화학 물질의 사용을 유예시키는 정책(가까운 장래에 실현되기는 어려울 것이다) 등의 실현 외에는 별다른 선택이 없다고 봐야 할 것이다. 이런 방법으로는 지역에서 생산된 먹을거리를 소비하고 식당, 시장 등에서 배출된 깨끗한 음식물 쓰레기를 농지에 환원하도록 장려하는 것을 예로 들 수 있다. 또한 농민 시장과 지역 사회 지원 농업 농장(community supported agricultural farms, 농사철이 시작되기 전에 개인이나 가족들이 농장 생산물의 일부를 미리 구입하기로 계약하는 형태)을 통해 환경적, 사회적으로 바람직한 방식으로 농작물을 생산하는 농민들을 발굴해 내는 것도 도움이 될 것이다. 산업체와 가정에서 잠재적 독성 폐기물을 포함한 폐수 제거를 위해 대대적으로 노력할 필요가 있다. 대부분의 산업체들은 독성 물질 처리에 너무 많은 비용이 들기 때문에 이에 반발할 수도 있다. 비록 이런 조치들이 문제를 완전히 해결해 주지는 못하지만, 분명히 이전과 큰 차이가 생길 것이다. 또한 이러한 투쟁 과정을 통해 광범위한 사회 문제에 관심을 가진 이들과 지속 가능한 농업과 환경 문제를 생각하는 이들이 서로를 교육시키면서 더욱 확고한 공조를 이끌어낼 수 있다.

보다 장기적인 관점에서 보면, 오늘날의 지속 가능한 농업을 방해하는 것은 기술 부족 때문도 아니고 생태학적 과정에 대한 이해 부족 때문도 아니라는 사실을 깨닫는 것이 중요하다. 물론, 앞으로도 많은 것들을 알아내야 하겠지만, 우리는 이미 생물학적으로 지속 가능하며, 흙의 양분 및 기타 성분의 순환을 고려한 농업 환경 체계를 구상하고 꾸려 나갈 방법을 알고 있다. 그러나 농민 대다수는 이러한 지식을 활용하지 못한 채 오늘날의 경제-사회-정치적인 구조 속에서 살아가고 있다.

"인류의 지속적인 존속과 재생산을 위해 필수불가결한 조건"이라고 마르크스가 지적했듯이, 사회주의와 건전한 생태학적 원칙이 바탕이 된 인도적이고 지속 가능한 시스템이야말로 지구를 지속 가능하게 하는 일로 간주되는 때가 올 것이다. 이러한 근본적 문제들을 오늘날의 투쟁에 적용하지 못한다면, 사회 정의라는 대의를 지켜내지도 못하게 될 것이며, 우리가 살아가는 토대로서, 우리의 삶을 유지시키는 생태-지리학적 과정으로서 지구를 인식해야 하는 의무 또한 완수할 수 없게 될 것이다. 만약 우리가 "나 죽은 뒤 지구가 멸망하건 말건 Après moi le dèluge!"식으로 굴러가는 오늘날과 같은 시스템에 굴복하게 된다면, 미래 세대들은 우리를 비난의 눈길로 바

라볼 것이라는 점을 확실히 깨달아야만 한다.[32]

(번역: 류수연)

주

1. Kozo Mayumi, "Temporary Emancipation form the Land," *Ecological Economics*, vol. 4, no. 1 (October 1991), 35-36; Fred Magdoff, Les Lanyon and Bill Liebhardt, "Nutrient Cycling, Transformation and Flows: Implications for More Sustainable Agriculture," *Advances in Agronomy*, vol. 60 (1997), 1-73; Gary Gardener, *Recycling Organic Waste: From Urban Pollutant to Farm Resource* (Washington, D.C.: Worldwatch, 1997) 참조.

2. Jean Boulaine, "Early Soil Science and Trends in the Early Literature," in Peter McDonald, ed., *The Literature of Soil Science* (Ithaca, Cornell University Press, 1994), 24; Daniel Hillel, *Out of the Earth* (Berkeley: University of California Press, 1991), 131-32.

3. J. M. Skaggs, *The Great Guano Rush* (New York: St. Martin's Press, 1994).

4. Margaret W. Rossiter, *The Emergence of Agricultural Science: Justus Liebig and the Americans, 1840-80* (New Heaven: Yale University Press, 1975), 3-9; Karl Marx and Friedrich Engels, *Collected Works*, vol. 38, 476; James F. W. Johnston, *Notes on North America*, vol. 1 (London: William Blackwood and Sons, 1851), 356-65; Marx, *Capital*, vol. 3 (New York: Vintage, 1981), 808.

5. Henry Carey, *Principles of Social Science* (Philadelphia: J. B. Lippincott, 1867), vol. 2, 215와 *The Slave Trade Domestic and Foreign* (New York: Augustus M. Kelly, 1967), 199.

6. Justus von Liebig, *Letters on Modern Agriculture* (London: Walton and Mabery, 1859), 171-83, 220. 리비히의 "수탈 체계"에 대한 비판 은 1862년 출간된 그의 『농화학*Agricultural Chemistry*』 개정판에서 더욱 명료해졌으며, 마르크스는 이에 영향을 받았다. William H. Brock이 쓴 *Justus von Liebig: The Chemical Gatekeeper* (Cambridge University Press, 1997), 175-79쪽을 참조할 것.

7. Boulaine, *Early Soil Science*, 25.

8. Brock, *Justus von Liebig*, 250-72.

9. James Anderson, *Observations on the Means of Exciting a Spirit of National Industry* (Edinburgh, T. Cadell, 1777), 376, *Enquiry into the Nature of the Corn Laws, with a View to the New Corn Bill proposed for Scotland* (Edinburgh, Mrs. Mundell, 1777), 45-50; J. R. McCulloch, *The Literature of Political Economy* (London, Longman, Brown, Green, and Longmans), 68-70.

10. David Ricardo, *Principles of Political Economy and Taxation* (Cambridge: Cambridge University Press, 1951), 67. 리카도는 농업 발전을 통해 지력이 향상될 수 있다는 점을 완전히 부정하지는 않았 지만, 이에 별로 큰 비중을 두지 않았다. 그는 같은 책 80쪽에서 "농 업 분야에서 실현할 수 있는 발전 방향은 크게 두 가지로 볼 수 있다. 먼저 농지의 생산성을 높이는 것과 농기계의 성능을 개선해 노동력 을 절감하는 것이다. 앞의 방법에는 돌려짓기(윤작)를 개선하거나 퇴비를 잘 선택하는 것 등이 있다"고 서술했다. 리카도의 지대 이론

은 이러한 지력 향상 방법의 효과는 제한적이며, 일반적으로 지력을 빼앗는다는 가정 아래 세워졌다고 볼 수 있다.

11. Karl Marx, *Theories of Surplus Value,* part 2 (Moscow: Progress Publishers, 1968), 114-17, 121-25.

12. Ibid., 241-44; James Anderson, *A Calm Investigation of the Circumstances that have Led to the Present Scarcity of Grain in Britain: Suggesting the Means of Alleviating the Evil and Preventing the Recurrence of Such a Calamity in the Future* (London: John Cumming, 1801), 5.

13. James Anderson, *Essays Relating to Agriculture and Rural Affairs,* vol. 3 (London: John Bell, 1796), 97-135; Karl Marx, *Capital,* vol. 3 (New York: Vintage, 1981), 757.

14. Anderson, *A Calm Investigation,* 73-75.

15. Ibid., 12, 56-64.

16. Karl Marx, *Grundrisse* (New York: Vintage, 1973), 527.

17. Karl Marx, *Capital,* vol. 1 (New York: Vintage, 1976), 637-38. 마르크스의 주장은 리비히의 *The Natural Laws of Husbandry* (New York: D. Appleton and Co., 1863), 180(이 부분은 1862년에 발간된 리비히의 『농화학』 영어판 2권에도 나와 있음)과 유사하다.

18. Karl Marx, *Capital,* vol. 3, 195.

19. 마르크스가 지향하던 공산주의 사회와 지속 가능성 사이의 관계는 John Bellamy Foster, "The Crisis of the Earth," *Organization & Environment,* vol. 10, no. 3 (September 1997), 278-95 참조.

20. Marx, *Capital,* vol. 3, 948-49.

21. Ibid., 911.

22. Karl Kautsky, *The Agrarian Question* (Winchester, MA: Zwan, 1988), vol. 2, 214-15.

23. V. I. Lenin, *Collected Works*, vol. 5 (Moscow: Progress Publishers, 1961), 155-56.

24. Gardner, *Recycling Organic Waste*, 43.

25. Judith Sommer, David Banker, Robert Green, Judith Kalbacher, Neal Peterson, and Theresa Sun, *Structural and Financial Characteristics of U.S. Farms, 1994* (Agriculture Information Bulletin No. 735. Economic Research Service, U.S. Department of Agriculture), 79.

26. Ibid., 87.

27. Ibid., 84-85

28. Pimentel, D. and G. H. Heichel, "Energy efficiency and sustainability of farming systems," In R. Lal and F. J. Pierce (eds.) *Soil Management for sustainability* (Ankeny, Iowa: Soil and Water Conservation Society, 1991), 113-123.

29. Gardner, *Recycling Organic Waste*, 34.

30. *New York Times*, December 10, 1995, 3.

31. 이 책 Peter Rosset이 쓴 장 참조.

32. "나 죽은 뒤 지구가 멸망하건 말건Aprés moi le dèluge!"은 모든 자본가와 자본주의 국가들이 내세우는 말이다. 따라서 자본은 사회가 강제하지 않는 이상 노동자의 건강과 수명에 관심을 쏟지 않는다. Karl Marx, *Capital*, vol 1 (New York: Vintage, 1976), 381.

3장

농업에서의 소유와 지배의 집중

월리엄 헤퍼난

William D. Heffernan

진화하는 미국의 식품 체계

미국의 광대한 토지에서 살아온 아메리카 원주민과 이들의 뒤를 이어 지배한 유럽계 이주민들은 자급적인 농업·식품 생산 체계를 발전시켜 왔다고 할 수 있다. 대부분의 가족은 스스로 식량을 생산하여 가공하고 소비했다. 이들은 여러 가지 도구를 만들었고, 필요한 종자의 대부분을 자급하고, 축력을 이용했다. 식량의 생산이나 가공을 위해서 구입한 품목은 거의 없었고, 시장에서 판매되는 잉여의 식량이나 섬유도 매우 적었다. 이들은 종자에서 식탁에 이르는 계열화된 식품 체계를 완전하게 지배했다. 그러나 식민지(미국)의 목적은 식량과 섬유 제품을 포함한 원자재를 생산하여 식민지 모국(영국)으로 보내는 것이었다. 영국에서 최초로 일어난 산업 혁명과 공업 도시의 발전이 미국에서도 이루어짐에 따라서, 팽창하는 도시의 시장을 향해서 더 많은 잉여 식량을 생산하는 것이 농민에게 요구되었다. 정부 정책은 항상 보다 많은 잉여 식량과 섬유를 보다 적은 노동으로 생산할 것을 농민에게 강요했다. 이 과정에서 농업은 자급 농업으로부터 상업적 농업으로 진화하였고, 농가는 시장을 위한 생산을 담당하는 역할을 맡게 되었다.

　상업적 농업 체계가 계속 진화해 가는 가운데 농민은 소비자로부터 분리되었다. 농민은 농산물을 기업에게 판매하고, 기업은 이것을 식료품이나 섬유로 가공하여 원거리에 있는 사람들에게 수송하게 되었다. 농민과 소비자를 연결하는 기능을 수행하게 된 것이 이러한 기업이었다. 처음에는 비교적 단순했던 식품 체계는 공업화 모델의 특징인 기능상의 특화에 의해 다수의 구성 요소 혹은 다수의 단계로 발전하기 시작했다. 특화가 진행됨에 따라서 초기의 "종자에서 접시에 이르는" 계열화된 식품 체계는 여러 단계에 걸쳐 수백 개의 기업이 서로 경쟁하는 다단계 식품 체계로 발전했다. 다단계 체계로 발전함에 따라 농민 운동과 관련된 문헌에서 종종 언급되는 "중간 업체"에는 농민과 일반 대중을 매개해 주는 기업뿐만 아니라, 신용과 농업 설비처럼 계속 증가되어 온 여러 가지 투입재를 공급하는 기업도 포함되었다. 식료품과 섬유 제품이 가공 및 유통 부문 내의 한 단계에서 다음 단계로 이동함에 따라 제품의 가격 정보의 입수가 가능하게 되었다. 누구나 참여할 수 있는 공개된 거래를 통해서 여러 가지 농산물이 경쟁하게 되었다. 이러한 경쟁 체계의 모델로 간주된 농업-식품 체계는 다음과 같다. 즉, (1) 어떤 기업도 재화나 서비스의 가격에 영향을 미칠 정도로 대량으로 거래하지 않는다, (2) 어떤 단계에서나 진입과 퇴출이 비교적 용이하다, (3) 전체 식품 연쇄에서 재화나 서비스에 관한 가격 정보를 누구나 입수할 수 있다. 가족농업 구조를 중요한 구성 요소로 하는 이러한 식품 체계는 자본주의의 초기 단계의 좋은 예이다. 그러나 수평적 통합과 수직적 통합의 두 가지 과정은 기업들 사이의 역학 관계를 변화시키기 시작했다. 이것은 자본의 집중을 가져왔고, 그와 함께 식품 체계에서 지배의 집중과 가족농 구조의 후퇴를 가져왔다.

자본의 집중과 대규모 상업적 농업

이상과 같은 경쟁적인 식품 체계의 구성 요소는 미국에서 부분적으로 다양한 시기에 발견할 수도 있지만, 미국의 많은 지역에는 이러한 식품 체계가 존재하지 않았다. 개별 농민의 관심사는 얼마나 많은 기업들이 전국적인 식품 연쇄의 여러 단계에 관여하고 있는가가 아니라, 오히려 이 상품 연쇄에 자신들의 농장이 어느 정도 접근할 수 있는가에 있었다. 농민이 서부로 이주하면서 자신의 농산물을 어떤 방법으로 동부의 도시 시장으로 수송하는가 하는 것이 그들에게 있어 가장 큰 문제 중 하나였다. 공업화를 한층 촉진시키려는 정부도 이 문제를 인식하여 수송 체계, 특히 철도 건설에 보조금을 지급하였다. 이로 인해 농민은 경제력의 불평등을 이용하여 자신들을 수탈하는 독점적 기업에 의존하게 되었다. 만일 농민이 이용할 수 있는 철도 회사가 오직 하나밖에 없다면, 역학 관계는 철도 회사에 유리하다. 다른 철도 회사들이 미국 내에 얼마나 많이 존재했는가와 상관없이 농민은 독점체에 직면했다. 이처럼 다수의 농민이 상업적 생산자가 되면서부터 시장 접근의 제한이라는 문제에 직면하게 되었고, 자신들이 만든 농산물을 시장으로 운반하기 위해서 단일 수송 체계에 의존하기 시작했다.

미국의 일부 지역에서는 철도 회사도 농민의 사업을 필요로 했는데, 그들은 수천 명까지는 아니더라도 수백 명의 농민과 접촉했다. 그러나 철도 회사 측이 어느 한 농민에게 종속되는 일은 없었다. 철도 회사 측이 염려한 단 한 가지는 철도에 대항한 농민들의 연대가 성공할 것인가 하는 것이었다. 노리스Frank Norris의 농업 대중 소설인 『유해한 사람*The Octopus: A History of California*』[1]은, 연대하여 직접 반란을 일으켰으나 결국 철도 회사 측에 의해 진압당하는 소수의 농민들을 묘사하고 있다. 농민 운동의 역사는 철도 회사와 농민 사이의 힘의 불균형과 관련되어 있고, 보다 일반적으로는 수송과 판매 그리고 신용 · 농업 설비 같은 여러 투입재 때문에 농민이 의존하게 되는 모든 "중간 업체"와 농민 사이의 역학 관계의 불평등에 관한 것이었다.

예를 들면, 미네소타 주의 남서부에서 동부의 도시로 물새water fowl를 판매할 때나, 나중에 농산물, 특히 곡물을 판매할 때 철도 수송에 거의 전적으로 의존했다. 곡물의 경우, 농민은 자신들의 곡물을 짐마차에서 기차로 실을 때까지 곡물을 보관하고 수송하는 단 하나의 업체와 거래해야 했다.[2] 카길 같은 오늘날의 초국적 기업transnational corporations의 대부분은 사업을 개시한 당시에는 지방 시장에서 경제력을 발휘했다. 대부분의 농민 운동은 농민에게 이익이 되는 대안적 경제 체계나 기업의 설립에는 실패했지만, 일부는 농업협동조합의 설립을 장려하는 법률의 지원을 받아 성공하기도 했다. 예를 들면, 미국 식품 가공 부문의 몇 가지 품목의 상위 4개사를 나열한 표 1에 의하면, 팜랜드 인더스트리와 골드 키스트라는 두 개의 협동조합은 쇠고기 부문과 닭고기 부문에서 각각 주도 기업으로 변모하였다. 그러나 그로우마크 같은 협동조합은 아처 다니엘스 미들랜드ADM 같은 기업과 합작 및 다른 형식의 관계를 확대해 오고 있다.

수평적 통합

대부분의 식품 회사는 비교적 소규모의 지방 기업에서 출발했지만, 이익이 증가하면서 사업을 다른 지역으로도 확장했다. 시설의 신설이나 M&A를 통하여 확장은 계속되었다. 본래의 사업 부문과 동일한 식품 체계 수준에서 이루어지는 기업의 확장을 수평적 통합이라고 한다. 예를 들면, 20세기 대부분의 기간 동안 미국에서 이루어진 농장 규모의 확대와 농장 수의 감소는 수평적 통합의 일례다. 또한, 수평적 통합은 유통과 가공의 각 단계에서 이루어진다. 가공 · 유통 단계에서 이루어진 소유와 지배의 집중은 그 방법에 있어서 여러 가지 상품 부문 간에 다양한 모습을 보여 주고 있다. 기업도 마찬가지로 보다 소수화하고 대규모화 하는 일반적 패턴이 미국에서는 20세기 후반에 각 단계에서 진행되었고, 최근 10년 동안 전 지구적 수준에서 매우 현저하게 이루어지고 있다.

  이미 20세기 전반에 가공 기업의 현저한 집중을 지적할 수 있는 몇몇 상품 부문이 존재한다. 예를 들면, 쇠고기 및 돼지고기의 도축 · 가공업은 20세기 초에 윌슨, 아모르, 스위프트에 의해 지배되고 있었다. 싱클레어Upton Sinclair의 소설

『정글*The Jungle*』[3])에 영감을 준 시카고의 임시 가축 수용장 stockyard에서 도축 회사들의 관행에 대항하여 일어난 반발은 이 소설이 간행된 해에 최초로 식품 의약품법의 가결을 이끌어 냈다. 그리고 이들 회사의 약탈적 관행을 감시하기 위해서 1921년에 미 농무부에 정육 · 도축 사업국Packers and Stock-yards Agency을 설치한 것도 이들이 독점 가격을 받으려고 담합을 공모했기 때문이다. 스위프트와 아모르의 상표 이름은 오늘날에도 남아 있지만, 이들 기업은 밀러 및 몬포트를 인수한 콘아그라에 인수되었다. 이들 기업이 오늘날까지 존재하지 않는 것은 상당한 경제력을 갖고 있는 기업들조차 소멸될 수 있다는 것을 시사한다고 주장하는 사람도 있다. 그러나 중요한 것은 이들 기업이 대자본 집단에 병합된다는 점이다. 자본의 집적 · 집중의 경향이 계속되는 한, 어떠한 회사도 흡수 합병이나 기타의 방법을 통해서 소멸될 수 있다는 것은 확실하다(이는 정부의 어떤 행동도 자유로운 시장을 결코 간섭해서는 안 된다는 점을 정당화하기 위해서 종종 이용되고 있다). 표 1은 주요한 육류 및 작물의 가공 단계에서의 집중도를 보여 주고 있다.

중서부에서는 모든 가공 농산물의 40퍼센트 이상이 상위 4개 사에 의해 지배되고 있다. 비록 미국이나 다른 나라에서도 과점 시장 또는 이와 유사한 시장의 구성 요건에 관한 논쟁은 계속되고 있지만, 경제학 문헌의 대부분은 상위 4개 사가 시장의 40퍼센트를 지배하면 경쟁적 시장과는 달리 이들 기업이 시장에 대해 영향력을 행사하는 것이 가능하다는 것을 시사하

표 1. 상품별 4대가공기업과 미국 내 시장 지배율

품목	시장 지배율	상위 4개 사
닭고기	생산의 55%	타이슨푸드Tyson-Foods, 골드 키스트Gold Kist, 퍼듀 팜Perdue Farm, 콘아그라ConAgra
쇠고기	도축의 87%	아이비피IBP, 콘아그라ConAgra(Armour, Swift, Monfort, Miller), 카길Cargill(Excel), 팜랜드 인더스트리 Farmland Industries(National Beef)
돼지고기	도축의 60%	스미스필드Smithfield, 아이비피IBP, 콘아그라ConAgra, 카길Cargill
양고기	도축의 73%	콘아그라ConAgra, 슈피리어 패킹Superior Packing, 하이컨트리High Country, 덴버 램Denver Lamb
칠면조	생산의 35%	콘아그라ConAgra(Butterball), 웜플러 터키스Wampler Turkeys, 호멜Hormel(Jennie-O), 로코 터키스Rocco Turkeys
밀	제분의 62%	아처 다니엘스 미들랜드Archer Daniels Midland, 콘아그라ConAgra, 카길Cargill, 시리얼 푸드 프로세서Cereal Food Processors
대두분쇄	가공의 76%	아처 다니엘스 미들랜드Archer Daniels Midland, 카길Cargill, 붕게Bunge, 에이지 프로쎄서Ag Processors
건조 옥수수	제분의 57%	붕게Bunge, 일리노이 씨리얼 밀스Illinois Cereal Mills, 아처 다니엘스 미들랜드Archer Daniels Midland, 콘아그라 ConAgra(Lincoln Grain)
젖은 옥수수	제분의 74%	아처 다니엘스 미들랜드Archer Daniels Midland, 카길Cargill, 테이트 앤 릴리Tate and Lyle, 씨피씨CPC

출처: W. Heffernan, "Concetration of Agricultural Markets," Unpublished paper, Department of Rural Sociology University of Missouru-Columbia(October, 1997).

고 있다. 육류 부문에서는 쇠고기 가공의 87퍼센트가 상위 4
개 사(상위 3개 사는 81퍼센트)에 의해, 양고기 도축의 73퍼센
트가 상위 4개 사에 의해 이루어지고 있다. 돼지고기 가공은
상위 4개 사의 점유율이 87년도의 37퍼센트에서 현재는 60퍼
센트로 증가하였다. 닭고기는 상위 4개 사가 절반 이상(55퍼센
트)을 생산 · 가공하고 있으며, 타이슨 한 회사가 미국에서 생
산 · 가공되는 닭고기의 거의 1/3을 담당하고 있다. 곡물 부문
에서는 미국의 옥수수, 밀, 대두의 57퍼센트에서 76퍼센트를
상위 4개 사가 가공하고 있다.

모래시계에서 모래의 흐름이 가운데 좁은 부분에서 조정
되는 것처럼, 식품 가공 기업이 미국 및 세계의 수천 생산자와
수백만 소비자 사이에 자리 잡고 있다. 이들 기업은 생산 단계
뿐만 아니라, 식품 체계 전체를 통하여 제품의 품질, 수량, 종
류, 산지 및 가격에 대하여 막강한 영향력을 행사하고 있다.
소매 단계에서 몇몇 기업들이 식품 가공 기업에 필적하는 경
제력을 갖기 시작하면서 수평적 통합이 점차 증가되고 있다.
가공 단계와 소매 단계의 경계 지역에서는 현재 식품 체계 안
의 거대 기업들이 서로 영향을 미치고 있다. 이 경계 지역은
진입과 퇴출이 용이하지 않다는 특징을 가지고 있다. 이들 두
종류의 기업군이 갖는 경제력에 대항할 수 있을 정도로 충분
한 자본을 갖춘 기업이 지구상에 얼마나 될까?

집중된 자본에게 유리한 교차 보조

식품 체계에서 수평적 통합은 일반적으로 동일한 상품 부문의
동일한 단계에서 이루어지는 확장을 말한다. 그러나 육류 부
문에 대하여 살펴보면, 수평적 통합이 육류 부문 전체에서 일
어나고 있다는 것을 알 수 있다. 표 1의 자료가 보여 주는 것처
럼, 전체 육류 부문 가운데 몇 개 분야에서 활동하는 기업도
존재한다. 예를 들면, 콘아그라는 쇠고기 · 돼지고기 · 닭고
기 · 칠면조, 그리고 (표에는 나와 있지 않지만) 어패류의 가공
부문에서 4대 기업에 들어간다. 이들 가공업체들은 쇠고기와
가금류 사이에서 나타나는 경쟁처럼 소비자를 가운데 놓고 서
로 다른 육류 부문들이 치열하게 경쟁하고 있는 상황을 강조
한다. 이들 기업은 서로 다른 육류 간의 경쟁을 이유로 생산
농민들이 사육 방법을 최신식으로 해야 한다고 주장한다. 또
한 이러한 제품 간의 경쟁을 이유로 주로 제품 홍보와 연구 지
원 비용을 농민에게 부담토록 하는 것이 종종 정당화되고 있
다. 비용은 사육 농민이 부담하지만, 이익은 누구에게 돌아가
는가에 대한 관심이 높아지고 있다. 가축판매협회Livestock
Marketing Association는 비용 부담에 관한 직접 투표 제도를
부활시키려는 청원 운동을 추진하고 있다. 이들의 주장에 따
르면, "이 프로그램이 시작된 때부터 10년 동안 홍보와 연구에
10억 달러를 투입했지만, 쇠고기에 대한 수요는 줄어들고 있
다"는 것이다.[4] 농민이 부담하는 홍보 · 연구비가 농민들보다
는 가공업체와 소매업체에게 직 · 간접적으로 이득이 되었고,

그 결과 쇠고기 가공·소매업의 집중과 통합을 진전시키고 있다는 점을 시사하고 있다. 중요한 의사 결정자가 육류 부문의 복수 분야에 관여하고 있는 경우에는 서로 다른 육류 제품 사이에서 이루어지는 경쟁 정도도 문제가 될 수 있다.

여러 상품 분야의 가공업에 진입하려는 기업의 움직임은 한편에서 보면 수평적 통합의 연장으로 파악될 수도 있지만, 이는 경제적 역학 관계에 있어 중대한 질적 변화를 보여 주는 것이다. 하나의 기업이 여러 종류의 상품 체계에서 지배적인 지위에 있는 경우에는 기업 내부에서 자금을 서로 융통할 수 있다. 복수의 상품 체계에서 활동하고 있는 기업은 경제력을 증진시켜 간다. 왜냐하면, 어떤 하나의 상품 체계로 회사가 큰 손실을 입더라도 다른 상품 체계에서 상응하는 이익을 올리는 것이 가능하다면 장기적으로는 존속할 수 있기 때문이다. 만일 한 종류의 제품만 생산하는 기업이 그 상품 부문에서 장기간에 걸쳐 계속 손실을 본다면 심각한 자금난에 직면하게 될 것이다.

레인은 1980년에 밸맥을 인수해 미국 최대의 닭고기 사육·처리 가공 회사가 되었지만, 여전히 단일 품목 제조업체였다. 레인은 1970년대 말부터 80년대 초까지 33개월 중 27개월을 계속해서 경제적 손실을 보았고, 결국 밸맥을 매각하게 되었다. 그 후 레인 자체도 타이슨에 인수되었다. 하나의 상품 부문에서 최대 회사가 되더라도 단일 품목 제조업체일 경우에는 살아남을 수 있을 정도의 충분한 경제력을 확보했다고 할 수 없다. 다른 부문이나 상품 체계에서 이익을 얻는 대기업은 보다 큰 경제력을 갖고, 다른 회사들과의 경쟁에서 살아남는 것이 가능하다. 그 당시 닭고기 생산에 관계한 복수의 초국적 기업의 간부로부터 얻은 정보에 의하면, 이들 기업은 성장하는 시장에서 보다 높은 점유율 획득을 목표로 하고, 시장이 확대되고 있는 시기에도 소규모 기업의 생존을 어렵게 만들기 위하여 과잉 생산을 유발하여 가격을 하락시키고 이익 마진을 저하시키는 방법을 이용하기도 한다(당시 미국에서는 닭고기의 1인당 소비량이 확대되었지만, 쇠고기 소비량은 감소했다).

1980년대 전반에 메기 양식 부문에서도 계획된 과잉 생산과 원가 이하 판매가 이루어졌다. 메기 양식 부문의 2대 협동조합인 서든 프라이드와 델타 프라이드는 콘아그라, 카길 및 모릴(현재는 스미스필드)의 모회사인 치퀴타 등과 경쟁해야 했다. 이들 초국적 기업 3사는 교차 보조cross subsidy가 가능했다. 이들 초국적 기업 중 한 회사의 연차 보고서에 의하면, 메기 양식 부문의 "과잉 생산"으로 인하여 2년 동안 손실이 발생했음에도 불구하고, 두 개의 협동조합은 살아남았다고 한다. 이 기업은 더욱이 1년 내지 2년 동안 손실이 발생할 것에 대비하여 준비했다는 사실을 동사 직원과의 대화로부터 얻을 수가 있었다. 필자의 결론은 이러하다. 위의 5개 기업(협동조합 포함)이 당시의 메기 양식 부문에서 양식과 가공을 완전하게 지배하고 있었기 때문에, 낮은 가격은 과잉 생산의 결과이고, 이는 협동조합의 구성원을 희생하여 시장 점유율을 높이기 위한 초국적 기업 측의 전략이 초래한 결과라는 결론을 내릴 수 있다.[5] 사실, 지금은 메기 양식 부문에서 철수한 카길은 적자를 보고 있던 시기임에도 메기 생산을 늘릴 계획을 갖고 해당 부문에 진입했다.[6] 과거의 닭고기 부문이나 메기 양식 부문처럼, 현재 양돈 부문은 가격이 낮을 뿐만 아니라 앞으로도 저가격이 예상되고 있음에도 불구하고 생산은 큰 폭으로 확대되고 있다. 1998년 하반기와 1999년 상반기에 돼지의 시장 가격이 생산비를 밑돌았고, 때에 따라서는 판매 가격이 생산비의 1/4 전후였던 적도 있다. 소규모 단일 품목 제조업체가 폐업을 하지 않을 수 없는 상황에서도 다각화한 대기업의 대부분은 새로운 시설을 계속 건설한다. 이처럼 이들 기업은 효율성이 아닌 시장 점유율을 사업의 추진력으로 삼고 있다. 교차 보조가 가능한 대기업은 이러한 상황에서도 경영할 수 있지만, 다각화하지 못한 소규모 기업은 살아남지 못한다. 이러한 시스템 하에서는 효율성이 아닌 경제력이 생존을 예언하고 있는 것이다.

수직적 통합

수직적 통합은 경쟁을 회피하고자 하는 대기업의 또 하나의 중요한 전략이다. 수직적 통합은 기업이 상품 체계의 여러 단계에서 소유와 지배를 확대할 때 발생한다. 그 방법은 여러 상품 부문에 대한 다각화(수평적 통합)의 경우와 마찬가지로 기업에 대하여 여러 가지 경제력을 부여한다. 축산업에서 사료 곡물의 중요성을 감안한다면, 표 1의 자료는 수직적 통합의 경우를 나타내는 지표이기도 하다. 카길 같은 기업은 (사료의 주성분으로 쓰이는) 곡물을 가공하는 세계 3대 기업 중의 하나이

며, 제2위의 사료 제조업체이고, 최대의 돼지고기 · 쇠고기 가
공업체의 하나이기도 하다. 많은 가축 사육 농민들은 자신들
의 가축을 판매하는 기업으로부터 사료를 구매하고 있다.

식품 체계에서 수직적 통합을 보여 주는 또 하나의 사례
는 콘아그라의 연차 보고서에 나타나 있다. 콘아그라는 북미
최대의 농약 · 비료 판매 기업의 하나로서, 1990년에는 종자
산업에 진입했다. 그 후 이 회사는 듀폰과 합작 기업을 설립하
여 생명 공학과 관련된 몇몇 종자 기업들과 정식으로 관계를
맺었다. 콘아그라는 곡물 저장 엘리베이터 100기, 철도 화차
2,000대, 바지선 1,100척을 소유하고 있으며, 최대의 칠면조 사
육업체이면서, 제2위의 양계업체이다. 이 회사는 자사가 사용
하는 가금류용 사료와 기타 가축 사료를 제조하고 있으며, 자
사 소유의 부화장도 경영하고 있다. 콘아그라는 사육 노동자
를 고용하여 닭을 사육하고, 자체 시설에서 처리 가공하고 있
다. 이렇게 생산된 닭고기는 컨트리 프라이드라는 상표명의
튀김용 닭고기로, 혹은 뱅퀴트 앤드 비어트리스 푸드라는 상
표로 텔레비전 식품TV dinner(은박지에 싼 냉동식품으로, 전자레인
지 등으로 가열하여 TV를 시청하면서 먹음 — 옮긴이)으로 생산 판매
되고, 팟파이pot pie처럼 가공도가 높은 식품으로 판매된다.
콘아그라는 농업 생산을 위한 기본적인 원자재로부터 소매점
에 이르기까지 식품 체계의 중요한 부분을 소유, 지배하고 있
다. 콘아그라는 미국에서 필립 모리스의 뒤를 이어 2위, 세계
에서는 제4위의 식품 기업으로서 세계 32개국에서 사업 활동
을 하고 있다.

자급적인 식품 체계에서는 종자로부터 접시에 이르기까지 자신들이 먹는 음식을 스스로가 해결했다. 식품 체계의 수직적 통합이 진행되면서 소수의 식품 기업이 종자로부터 부엌의 식탁까지 지배하게 되었고, 그 나라의 식품 체계를 지배할 수 있게 되었다. 이러한 식품 체계는 미국에 본거지를 두고 있는 많은 기업들에 의해서 세계로 확대되고 있다.

1950년대부터 60년대에 걸쳐 사료 기업이나 기타 기업이 자사 소유의 병아리를 부화시키고, 노동력과 계사와 토지를 제공할 수 있는 사육 농민을 고용하고, 직영 닭고기 가공시설을 건설하기 시작할 때부터 농촌 지역 사회나 농업 관련 언론 매체들은 계약 생산에 주목하기 시작했다. 계약 생산은 상품 생산물의 선물 계약과는 전혀 다르다. 선물 계약은 장래의 어떤 시점에서 실행에 옮길 가격이나 기타 판매 조건에 관한 합의를 포함하는 농민과 구매자 사이의 판매 협정이다. 이에 대하여 계약 생산은 계열화 기업integrating firm이 필요로 하는 원자재, 즉 가공 원료용 농산물을 회사 밖에서 조달하는 공업 모델이다.

계약 생산하에서 양계 농민은 토지와 계사를 제공하고, 계열화 기업의 사양서에 따라 계사를 만들고, 이 시스템의 생산 단계에서 필요로 하는 모든 노동력을 제공한다.[7] 양계 농민은 자신이 키운 닭 1마리를 기준으로 돈을 받는 고용 노동자라고 할 수 있다. 이들은 사료나 닭을 전혀 소유하지 않으며, 유전학이나 사료의 배합에 관한 지식도 전혀 갖고 있지 않다. 계열화 기업은 병아리, 사료, 의약품을 제공하고, 중요한 의사 결정

도 모두 기업에 의해서 이루어진다. 1동에 10만 달러를 웃도
는 계사의 건설 자금을 조달하기 위해 양계 농민은 토지를 저
당 잡힌다. 변제 기간은 일반적으로 10년에서 15년이며, 기업
과의 계약은 닭의 납품으로부터 다음 납품까지 약 6주 정도
이루어진다. 계사의 융자금을 거의 완납할 즈음이 되면, 시설
갱신이 필요하게 되어 계사를 신축하지 않으면 안 된다. 결과
적으로 부채로부터 자유로울 수 있는 양계 농민은 거의 존재
하지 않는다. 육계 생산 부문에 소용되는 자본의 절반 가까이
는 양계 농민이 조달하지만, 중요한 의사 결정은 계열화 기업
에 의해서 이루어진다. 양계 농민은 언제라도 계약이 깨질 수
있다는 사실을 잘 알고 있다.

육계 산업의 수직적 통합이 초기 단계일 때에는 대부분의
양계 농민은 몇 곳의 계열화 기업과 거래했지만, 시간이 경과
함에 따라 계열화 기업 수는 감소했다. 예를 들면, 루이지애나
주 유니온 패리쉬 지역에는 1964년에 4개의 계열화 기업이 있
었다. 이 중 2개 사는 지역 자본의 사료 생산업체였고, 다른 2
개 사는 주 바깥에 본거지를 두고 있었다. 1982년이 되면 지역
자본의 계열화 기업 두 곳은 사라져 버렸고, 이들은 양계업자
로 전락했다. 주 바깥에 본거지를 두고 있던 두 업체도 그 다
음 해에 콘아그라와 임페리얼 푸드(영국에서 가장 큰 식품 회
사의 하나)가 소유했다. 그리고 몇 년 후에 콘아그라는 임페리
얼 푸드로부터 닭고기 가공 기업인 컨트리 프라이드를 인수했
다. 양계업자의 보고에 의하면, 닭고기 판매 가격은 1982년 이
후 전혀 상승하지 않았다.

양계업자의 기회에 변화를 가져오는 두 가지 과정이 진행되고 있다. 첫째로 일정한 지리적 영역 안에 있는 계열화 기업의 수가 적을수록 양계 농민과 기업 사이의 역학 관계는 더욱 불균등하게 된다. 수송비와 기타 비용 상의 이유 때문에 대부분의 계열화 기업은 사료 배달과 육계의 집하를 위한 트럭을 처리 가공 지점으로부터 25-30마일 범위 내에 배차하려고 한다. 오늘날 미국에서는 약 40개 사가 거의 97퍼센트를 처리하고 있지만, 전국적으로 약 250여 곳에서만 처리 가공이 이루어지고 있다. 그래서 계열화 기업을 선택할 수 있는 권리를 갖고 있더라도 복수의 처리 가공 시설에 충분히 접근할 수 있는 지점에 입지한 양계 농민은 극소수에 불과하다.

둘째로, 동일한 지리적 영역에서 활동하는 기업 수가 2-3개 사로 감소하면 계열화 기업 사이에는 경쟁 업체와 거래하는 양계 농민을 가로채지 않는다는 암묵적 합의가 형성되기 때문에 양계 농민의 선택권은 제약을 받게 된다. 양계 농민이 한 계열화 기업과 계약을 파기하면 다른 계열화 기업과 계약을 맺을 수 없다. 필자의 30여 년에 걸친 조사 연구에 의하면, 양계 농민이 다수의 계열화 기업과 거래하는 자본주의의 초기 단계에서는 농민은 금전적 성공을 얻을 수 있지만, 이 시스템이 독점 자본 단계로 넘어가게 되면 양계 농민은 자금난에 빠지게 된다. 이와는 다른 방법에 의해서도 양계 농민이 계열화 기업의 손아귀에서 놀아나게 된다는 것을 법원도 인식했다. 사료나 육계의 부정 계량 문제가 종종 언론을 통해서 보도되고 있지만, 이 문제에 대처하는 입법 조치는 최근에야 도입되었다. 미 농무부도 이 문제를 조사한다고 확약하고 있다.

세계화

초국적 기업은 세계 여러 나라에서 사업을 전개하기 때문에 교차 보조를 통하여 경제력을 증강하는 제3의 방법을 사용할 수 있다. 70개국에서 사업을 영위하고 있는 카길 같은 기업은 한두 나라에서 수년에 걸쳐 손실을 보더라도 제3국에서 수익을 올릴 수 있다면 손실을 흡수하는 것이 가능하다. 초국적 기업이 새로운 나라에서 교두보를 어떻게 확보하는가를 확인하기는 쉽다. 처음에는 상품을 제조 또는 가공하고, 수요가 일정한 조건에서 제품의 공급을 늘리면 가격은 하락한다. 이렇게 함으로써 가격은 생산 비용 아래로 하락할 수 있다. 현지 기업은, 특히 단일 품목 제조업체의 경우, 이러한 손실을 장기간에 걸쳐 흡수하는 것이 불가능하지만, 초국적 기업은 비교적 오랜 기간 동안 이러한 손실을 흡수할 수 있다.

초국적 기업에 의한 세계 식품 체계의 계열화가 급진전되면서, 한 나라의 식품 체계에 대해서 말하는 것은 거의 무의미하게 되어 가고 있다. 예를 들면, IBP, 카길, 콘아그라 3개 사는 미국산 쇠고기의 81퍼센트를 가공할 뿐만 아니라, 오늘날에는 캐나다에도 가축 임시 사육장과 도축 시설을 소유하여 미국에서와 거의 같은 정도로 시장을 지배하고 있다. NAFTA의 체결로 쇠고기는 국경을 쉽게 통과할 수 있게 되었다. 이 3개 사 가운데 1개 사가 국경의 한쪽 나라에서 450파운드의 송아지를

사서, 국경의 다른 쪽 나라로 수송하여 그곳의 목장주와 계약
을 체결해 800파운드에 달할 때까지 키울 수 있다. 더욱이 국
경을 다시 넘어 자사의 임시 가축 사육장에서 도축할 수도 있
다. 만일 해당 국가에 자사의 도축 시설이 충분한 처리 능력을
갖추지 못했다면, 또 한 번 국경을 통과시킨 후에 도축하는 것
도 가능하다. 그리고 도축된 쇠고기는 국경을 또 한 번 넘어와
서 소비될 지도 모른다. 그러면 문제는 어느 나라에서 이 소가
사육되었는가 하는 점이다.

위의 세 회사는 호주, 멕시코, 브라질, 아르헨티나 등 다른
많은 나라에서도 육우 사업에 진출해 있다. 이러한 상황에서
는 초국적 기업의 역할이 증대하고, 정부가 자국의 식품 체계
를 관리할 수 있는 기회는 축소된다. 전 지구적 규모에서 무역
장벽이 낮아짐에 따라 비교적 작은 규모의 현지 기업이 초국
적 기업과 경제력에서 경쟁하는 것은 거의 불가능하다. 캐나
다 최대 규모의 식품 가공 기업인 메이플은 돼지고기 가공 부
문에서 살아남기 위해서 싸우고 있다. 캐나다로부터 돼지를
조달받아 값싼 노동력을 이용하여 도축하는 미국계 기업과의
경쟁에서 살아남기 위해서 이 회사는 자사 노동자의 임금을
삭감했다가 노동자들의 파업을 초래하기도 했다.[8] 미국 최대
의 돼지고기 가공 기업인 스미스필드는 대규모의 노동 쟁의가
끊이지 않는 메이플의 온타리오 주 시설을 인수하는 데 관심
을 보이고 있다.

전 지구적 규모의 농업-식품 체계와 관련된 초국적 기업
대부분은 복합 기업conglomerate이다. 육류·곡물 가공에 주

력하고 있는 카길은 바지선을 건조하여 바지선 및 해상 운송
을 경영하고, 선철, 고철, 및 기타 금속이나 석유 제품을 가공
한다. 거의 모든 사람들이 담배를 연상하는 필립모리스는 미
국 최대이자 세계 2위의 식품 기업이다. 이 회사는 크라프트
제네럴푸드의 제품(크라프트 치즈 포함), 맥스웰하우스 커피,
밀러 맥주, 오스카마이어의 육류를 판매하고 있다. 1996년 필
립모리스는 미국 내 판매 수입만 160억 달러를 달성했다.[9] 많
은 복합 기업은 여러 사업 부문을 규칙적으로 매각 또는 매입
한다. 미국 최대의 축산 사료 기업으로 시장의 10퍼센트를 장
악하고 있는 퓨리나 밀스의 소유자도 여러 차례 바뀌었다. 랄
스톤 퓨리나(현재는 세계 최대의 건조 애완동물 사료, 건전지,
회중전등 제조업체)는 애완동물 사료에 집중하기 위해서 1986
년에 자회사인 퓨리나 밀스를 브리티시 뉴트리션(브리티시 페
트롤레움BP이 소유한 유럽 최대의 가축 사료업체)에 매각했다
(2002년에 랄스톤 퓨리나는 네슬레에 인수되었다 — 옮긴이). 1993년
에, 브리티시 페트롤레움은 퓨리나 밀스를 미국의 스털링 그
룹에 매각했다. 더욱이 1998년 초에 스털링 그룹은 퓨리나 밀
스를 코치 인더스트리의 자회사인 코치 애그리컬처 컴퍼니에
매각했다. 코치 인더스트리는 에너지 산업과 제조업으로 다각
화한 기업으로서 미국에서 제2위의 비상장 기업이다. 수직적
통합, 수평적 통합, 식품 체계 내 여러 분야 간의 계열화, 복합
기업화, 세계적 통합, 이러한 모든 것들이 초국적 기업에게 경
제력 증대를 가져다주었다.

부재자 소유가 지역 사회에 미치는 영향

외부에서 지역 사회로 들어오는 자본은 지역 사회에 중대한
경제적 영향을 미친다. 가족 농장, 가족 경영의 양복점이나 식
료품점같이 지역 주민들이 소유하는 소규모의 가업family
business에서는 총수입에서 지출된 경비를 뺀 차액이 소득이
되고, 이것이 노동, 경영, 자본 사이에 배분된다. 이들 소득의
대부분은 지역 사회에서 지출되기 때문에 가족과 농촌 사회의
경제적 복리라는 측면에서 보면 소득이 위의 세 가지 종류의
어떤 생산 비용으로 배분되더라도 큰 차이는 없다. 농촌 지역
사회에서 가업이 지배적이었던 과거에는 3배 내지 4배의 "승
수 효과"가 있었다고 연구자들은 말하고 있다. 농업 부문에서
만들어진 자금이 지역 사회에서 순환되고, 가업을 경영하는
가족으로부터 다른 가족으로 서너 차례 옮겨진 다음에서야 농
촌 지역 사회 밖으로 유출되었다. 이는 지역 사회의 경제를 활
성화하는 데 매우 중요했다.

　본사가 멀리 떨어진 곳에 위치한 거대 기업은 노동력을
가능하면 싸게 구입해야 하는 투입 경비의 한 요소로만 파악
한다. 이러한 기업에서 발생하는 이익은 농촌 지역 사회에 머
무르지 않고 외부로 즉각 유출된다. 기업의 본사나 주주에게
송금되기도 하고, 초국적 기업의 경우에는 세계의 다른 어떤
곳의 식품 체계에 투자될 가능성이 높다. 농촌 지역 사회에 남
게 되는 것은 가능한 한 싼 값으로 구입한 노동력의 대가뿐이
다. 자본 집중 체제 하에서 부재자 소유가 미치는 악영향은 애

팔래치아와 서부의 광산촌에서 발견된다. 오늘날에는 농업 생산이 농촌 지역 사회에 미치는 경제적 영향력은 매우 미약한 것으로 인식되기 때문에 경제 개발 전문가들은 식품 부문의 생산 단계에 집착하여 농촌 지역 사회의 경제적 기초를 확대하기는 어려울 것으로 전망한다. 몇몇 지역은 "부가가치"를 얻기 위해 가공 부문에 관심을 집중하고 있다.

이러한 경제적 결과는 지역 사회에도 중대한 사회적 영향력을 미치게 되는데, 특히 노동자와 그들의 노동 환경에 변화가 발생함으로써 나타나는 사회적 영향과 결합될 때 더욱 그러하다. 50여 년 전에 캘리포니아 지역을 대상으로 한 골드슈미트Walter Goldschmidt의 유명한 연구에 의하면, 식품 체계의 구조와 지역 사회의 사회적 상황 사이에는 긴밀한 관계가 있고, 부재자 소유의 대규모 기업농이 지배적인 지역 사회의 생활 상태는 가족 농장이 지배적인 지역 사회와 비교해 보면 분명히 열악한 상태에 있다는 것이다.[10] 골드슈미트의 업적을 바탕으로 가족농 대 기업농의 구조에 초점을 맞춘 몇몇 연구도 똑같은 결론을 확인하고 있다.[11] 그러나 주주의 자산 증식을 주요 목표로 삼고 있는 초국적 기업은 종종 "외부 효과"라고 일컬어지는 사회적 비용에는 전혀 관심이 없다.

저축 조합이나 신용 조합, 은행, 자동차나 항공기의 제조업체와 마찬가지로, 거대 식품 기업도 막강한 정치력을 가지고 있다. 이들 기업은 국가에 있어서는 중요한 존재이고, 만일 이들 기업이 파산하면 중대한 사회적 혼란이 초래될 것으로 인식되고 있다. 식품이 필수품인 상황에서 이들 기업의 도산을 막기 위해서 중앙 정부가 자금을 제공할 것은 의문의 여지가 없다.

다른 경제 분야의 대기업과 마찬가지로 식품 체계 내의 대기업의 행동도 크게 다르지 않다. 농업 부문을 지배하기 위해서는 오랜 기간 동안 자본이 묶여 있어야 한다는 점에서 농업은 원래 독특한 분야이다. 세계 최대의 자동차 메이커이면서 세계 제2위의 은행을 가지고 있는 미쓰비시가 현재는 세계 최대의 쇠고기 가공업체의 하나가 된 것에서 농업의 독특함이 사라져 가고 있다는 것을 확연하게 알 수 있다. 식품 체계의 "주류"가 더 큰 자본주의적 시스템 안에 포섭되고 있다는 사실은 여러 가지 사례를 통해서 확인할 수 있다. 예를 들면, 생명 공학을 이용하여 개발한 신품종의 소유권을 장악하고 있는 파이오니아 하이브레드, 데칼브, 마이코젠 및 기타 종자 기업이 화학 기업(예: 노바티스, 몬산토, 듀폰, 다우)과 합병되기도 하고, 궁극적으로는 새로운 유전자 조작 농산물을 가공하는 기업(예: 콘아그라, 카길, ADM)과 조인트벤처를 통해 일체화되고 있다. 이러한 힘과 직면하게 되는 독립적인 곡물 생산 농민은 얼마 안 있어 양계 사육 농민과 비슷한 처지로 전락할 것이라는 것을 누구나 예언할 수 있을 것이다.

(번역: 윤병선)

주

1. Frank Norris, *The Octopus: A Story of California* (Garden City, NY: Doubleday, 1956).

2. Andrew H. Raedeke, "Agriculture, Collective Environmental Action, and the Changing Landscape: A Case Study of Heron Lake Watershed," (Ph. D. Diss, University of Missouri, 1997).

3. Upton Sinclair, *The Jungle* (New York: Grosset and Dunlap, 1906).

4. Feedstuffs (March 2, 1998), 5.

5. William D. Heffernan and Douglas Constance, "Concentration in the Food System: The Case of Catfish Production," (Paper presented at the annual meeting of the Southern Rural Sociological Society. Forth Worth, Texas, 1991).

6. Bob Odom, "Louisiana Agriculture... Meeting the Challenges," *The Louisiana Market Bulletin* 74, No. 26 (December 1990), 1.

7. William Heffernan, "Constraints in the U.S. Poultry Industry," *Research in Rural Sociology and Development* 1 (1984), 237-260.

8. Feedstuffs, (March 23, 1998).

9. Richmond Times-Dispatch, April 19, 1997.

10. Walter Goldschmidt, *As You Sow: Three Studies in the Social Consequences of Agribusiness* (Montclair, NJ: Allanheld, Osmun, and Co., 1978).

11. William D. Heffernan, "Sociological Dimensions of Agricultural Structures in the United States," *Sociologia Ruralis* 12 (1972), 481-99; Linda M. Lobao, *Locality and Inequality: Farm and Industry*

Structure and Socioeconomic Conditions (Albany: State University of New York Press, 1990).

4 장

공업적 농업이 생태계에 미친 영향과 진정으로 지속 가능한 농업의 가능성

미구엘 알티에리

Miguel A. Altieri

40여 년 전까지만 해도 농작물의 수확량은 내부 자원, 유기물의 순환, 자연에 내재하는 생물학적 방제 메커니즘, 자연적인 강우 패턴에 의해서 주로 결정되었다. 농산물의 수확량은 그다지 많지 않았지만 안정적이었다. 병충해의 창궐과 악천후에 대비하여 경작지에 복수의 작물 또는 복수의 품종을 재배함으로써 생산의 안정을 확보했다. 질소 투입은 주요 밭작물과 콩과 식물을 윤작함으로써 대신했다. 한 경작지에 오랜 기간에 걸쳐 여러 작물을 재배함으로써 해충과 잡초 및 질병의 생명 주기를 효과적으로 단절시켜 이들의 발생을 억제했다. 미국의 옥수수 재배 지대cornbelt의 전형적인 농민은 옥수수를 대두 및 가축 사육을 위한 클로버나 알팔파 같은 작물들과 윤작으로 재배했다. 대부분의 노동은 가족에 의해서 이루어졌고, 간혹 임시 노동자를 고용하는 정도였다. 특별한 장비나 서비스를 농장 밖에서 구입하는 일은 거의 없었다. 이러한 종류의 농업 체계에서는 농업과 생태계 사이의 결합은 매우 강고했고, 환경 악화의 징후는 거의 나타나지 않았다.[1]

이러한 농업 체계를 유지하기 위해서는 무엇보다도 생물다양성이 중요하다. 땅속에서 살고 있는 생명의 다양성과 땅 위에서 자라는 작물의 다양성은 날씨의 변화와 시장의 주기적 변동, 질병과 해충의 창궐에 대한 보호막을 제공했다.[2] 그러나 농업에서 근대화가 이루어지면서 생태계와 농업 경영의 연계는 종종 깨어졌고, 생태계의 여러 원칙들은 무시되거나 유린되었다. 많은 농학자들은 근대 농업이 환경적 위기에 직면해 있다는 사실에 동의한다. 점점 더 많은 사람들이 현재의 식품 생산 체계의 장기적인 지속 가능성에 대하여 우려를 표명하기 시작했다. 현대의 자본 · 기술 집약적 농업 경영 시스템의 생산성은 매우 높고, 식량을 낮은 비용으로 공급할 수 있지만, 이 시스템이 여러 가지 경제적 · 환경적 · 사회적 문제를 야기하고 있다는 것을 보여 주는 증거도 축적되고 있다.[3]

자본주의하의 농업 구조의 본성 그 자체와 광범하게 이루어지고 있는 정책이 대규모 농업 경영, 생산의 특화, 단일 작물 재배, 기계화를 촉진하여 환경 위기를 초래하게 되었다는 증거도 있다. 오늘날 더욱 많은 농민이 국제 경제 속에 편입됨에 따라 많은 종류의 농약과 합성 비료를 사용하게 되어 반드시 필요한 생물 다양성은 소멸되고, 특화된 농장은 규모의 경제를 통해 혜택을 누리고 있다.[4] 또한 바람직한 윤작과 다양성의 소멸로 인해서 농업 생태계는 자기 조정 메커니즘을 상실하게 되었고, 단일 작물 재배로 인해 화학 자재에 거의 전적으로 의존하는 나약한 상태로 되어 버렸다.

농업의 특화와 단작 재배의 확대

단작 재배 또는 이에 가까운 재배 방식은 세계적으로 급격하게 증대해 왔다. 동일한 작물(보통 옥수수나 밀 또는 쌀)이 한 장소에서 몇 년씩 재배되기도 하고, 옥수수-대두-옥수수-대두와 같이 매우 단순한 윤작이 도입되고 있다. 또한 예전에는 여러 가지 작물들 또는 동일 작물이라도 유전적 변이성의 정도가 매우 높은 작물들이 재배되었으나, 오늘날에는 유전적으로 거의 균일한 단일 작물이 재배되고 있다.[5] 단위 면적당 작물의 다양성은 저하되고, 동시에 경지는 점차 소수의 손에 집중되는 경향을 보이고 있다. 대규모 토지에서 단작 재배가 강화되는 배경에는 정치적·경제적 요인들이 존재하고 있으며, 실제로 이러한 시스템에서 규모의 경제는 한 나라의 농업이 국제 시장에 공급할 수 있는 능력을 갖추도록 하는 데 중요한 역할을 하고 있다.[6]

특화와 단작 재배를 가능하게 한 기술은 기계화, 작물의 품종 개량, 작물에 영양분을 공급하고 잡초·곤충·해충을 구제하는 농화학 제품의 개발, 그리고 가축용 항생제와 성장 촉진제의 개발이었다. 과거 수십 년에 걸친 미국 정부의 농업 정책은 이러한 기술의 도입과 사용을 촉진해 왔다. 더구나 대규모 농업 관련 기업은 특정 지역에 특정 생산물(닭, 돼지, 혹은 밀)의 가공 시설을 집중함으로써 더 많은 이윤을 낳을 수 있다는 것을 알았고, 이로 인해 농업 경영의 특화와 지역 특화가 더욱 촉진되었다. 그 결과, 오늘날 농장은 소수의 손에 더욱 집중되고 있으며, 대규모화되고, 특화되고, 더욱 자본 집약적으로 되었다.

생태학적 관점에서 보면, 단작 재배와 특화가 지역에 미친

영향은 아래와 같이 다양하다.[7]

(1) 대부분의 대규모 농업 체계에서는 농가가 활용할 수 있는 요소들을 체계적으로 배치하는 것이 불가능하고, 작물 상호 간의 그리고 토양과 작물과 가축 간의 결합 또는 상호 보완 관계가 거의 없다.

(2) 영양분 · 에너지 · 물 · 폐기물의 순환은 자연 생태계의 경우와 같이 폐쇄적이기보다는 더욱 개방적으로 변하고 있다. 농장에서 상당한 양의 작물 찌꺼기와 가축 분뇨가 발생함에도 불구하고, 농업 체계의 내부에 있어서조차 영양분의 재순환recycling은 더욱 어려워지고 있다. 작물 재배지로부터 멀리 떨어진 장소에서 가축을 사육하는 경우가 많기 때문에, 가축의 분뇨를 영양분으로 재순환하는 과정을 통하여 토지로 환원하는 것은 경제적으로 거의 불가능하다. 대부분의 지역에서 농업 폐기물은 자원이 아니라 부담이 되고 있다. 도시로부터 경작지로 영양분을 되돌려보내 재순환하는 것도 곤란하다.

(3) 농업 생태계가 불안정하게 되고, 병충해가 발생하기 쉽게 된 이유는 광범한 지역에서 단작 재배가 도입되거나 매우 단순한 윤작이 보급된 것과 어느 정도 관계가 있다. 이러한 경작 체계는 특정 작물에게 해로운 곤충까지 집중시키게 되어 병충해가 만연할 수 있는 지역을 확대시켰다. 경작 체계의 단순화로 천적이 생존할 수 있는 환경적 기회가 사라져 버렸다. 그 결과, 여러 가지 외래 병해충의 증가와 익충 수의 감소, 해충에게 유리한 기후, 작물의 피해를 가져오기 쉬운 생육 단계 등이 동시에 발생할 때 종종 병충해가 창궐하게 된다. 토양의

유기질 고갈로 인해서 토양 유기체의 먹이 공급이 감소하고, 토양 환경의 다양성이 줄어들어, 병충해를 자연력으로 억제할 가능성도 줄어들게 되었다.

(4) "자연스럽게" 재배할 수 있는 적합한 지역이나 범위를 넘어서서, 병해충이 발생하기 쉬운 지역 또는 물이 부족한 지역이나 토양에 영양분이 부족한 지역으로까지 특정 작물의 경작이 확대되면, 이러한 요인들을 극복하기 위해서 화학 물질의 집약적인 이용이 필요하게 된다. 인간의 개입과 에너지의 투입 수준을 무한히 지속할 수 있다는 가정 아래 이러한 팽창이 이루어지고 있다.

(5) 상업농들은 과거와는 비교가 안 될 정도로 새로운 품종으로 끊임없이 교체해야 하는 상황을 경험하고 있다. 이는 기존 품종의 항생 물질에 대한 내성과 시장 변동 때문인데, 개량된 품종이 등장하더라도 질병과 해충에 대한 효력이 몇 년밖에 지속되지 않기 때문에(보통은 5년에서 9년), 병충해로 수확량이 위협을 받거나 유망한 품종을 도입하는 것이 가능하게 되면 계속 다른 품종으로 교체한다. 한 품종의 생애는 농민이 이를 도입하는 시작 단계, 경작 면적이 안정되는 중간 단계, 경작 면적이 줄어드는 최종 단계로 특징지을 수 있다. 근대 농업은 한 장소에 다양한 품종을 조금씩 재배하기보다는 오히려 신품종의 끊임없는 공급에 의존하고 있다.

(6) 단작 재배로 농약과 비료의 사용은 증대되었지만, 투입재의 이용 효율은 저하되어 거의 모든 주요 작물의 수확량은 정체되고 있다. 지역에 따라서는 수확량이 감소하는 곳도

있다. 이러한 현상을 가져온 원인에 대해서는 여러 가지 견해가 존재한다. 몇몇 사람들은 수확량이 정체되는 것은 현행 품종으로 가능한 최고 한도의 수확량에 가까워졌기 때문이고, 따라서 작물을 다시 설계하는 일에 유전 공학을 활용해야 한다고 믿고 있다. 이에 대해 농업 생태학자들은 수확량 정체의 원인은 지속 가능하지 않은 농법의 사용으로 인해서 농업 생산 기반이 계속 잠식된 결과로 보고 있다.

환경 문제의 첫 번째 파장

농업이 식량 생산에서 현대의 기적을 만들어 냈다는 이미지가 형성되어 있는데, 이러한 이미지 형성은 농업 경영의 특화의 영향을 받았다고 할 수 있다. 그러나 농업 경영의 특화(단작 재배를 포함하여)와 자본 집약적 기술과 농약 · 화학 비료 같은 투입재에 과도하게 의존함으로써 환경과 농촌 사회에 부정적인 영향이 나타났다. "생태학적 질병ecological diseases"이라고 부를 수 있는 사태의 대부분은 집약적인 식량 생산과 밀접하게 관련되어 있는데, 이는 다음의 두 가지 범주로 분류할 수 있다. 첫째, 토양과 물이라는 기본적인 자원과 직접 관련된 문제로서, 토양 침식, 지력 감퇴와 저장 영양분의 고갈, (특히, 건조 지대와 반 건조 지대의) 토양의 염류화와 알칼리화, 지표수와 지하수의 오염, 도시 개발에 따른 경작지의 감소 등이 여기에 포함된다. 둘째, 작물 · 가축 · 병해충과 직접 관련된 문제로서, 작물 · 야생 식물 · 동물 등의 유전자원의 감소, 천적의 소멸, 병해충의 소생과 농약에 대한 유전적 내성의 발생, 화학 물질에 의한 오염, 자연 방제 메커니즘의 해체 등이 여기에 포함된다.[8] "생태학적 질병"은 농업 체계가 충분히 기능할 수 없도록 잘못 설계되었기 때문에 발생하는 증상임에도 불구하고, 통상적으로는 각각의 독립적인 문제에서 이러한 "질병"이 발생하는 것으로 간주되고 있다. "생태학적 질병"에 대처해야 하는 집약적인 경영 조건하에서는, 투입 에너지의 양이 산출 에너지의 양을 초과해야 원하는 수확량을 얻을 수 있는 농업 체계도 있다.

병충해에 의한 수확량 감소는 농업에 영향을 미치는 환경 위기의 하나로 나타나고 있는데, 농약 사용량의 증가에도 불구하고(1995년에 전 세계에서 무려 47억 파운드, 미국에서만 12억 파운드의 농약이 사용되었다), 거의 모든 작물에서 20퍼센트에서 30퍼센트까지 수확량이 감소되었다. 유전적으로 동질의 작물이 단작 재배되는 경우에는, 병해충의 발생으로 인한 충격에 견딜 수 있는 생태적 방어 기제를 갖고 있지 않다. 현대의 농학자들은 주로 고수확의 맛좋은 작물을 선별해 자연이 갖는 저항력을 희생하면서 오로지 생산성 향상만을 꾀했기 때문에 병해충에 더욱 약한 작물을 만들어 내게 된 것이다. 또한 근대 농법은 병해충의 천적에 필요한 자원과 천적에게 좋은 조건을 감소시키거나 소멸시켰기 때문에 천적 수의 감소로 인해 병해충에 대한 생물학적 제어도 점점 어려워지고 있다. 이러한 자연 방제가 불가능하게 되었기 때문에 미국의 농민들은 약 160억 달러로 추정되는 작물을 지키기 위해서 농약 방제에 매년 약 40억 달러 전후를 사용하고 있다. 한편, 농약 사용이 가져온 편익 때문에 환경과 공중위생에 미치는 간접적 비용을 과소평가해서는 안 된다. 이용 가능한 자료에 의하면, 농약 사용에 의한 환경 비용(야생 동물 · 수정 매개 동물 · 천적 · 어장 · 물 · 내성의 개발)과 사회적 비용(인간이 피해를 입는 중독과 질병)은 매년 80억 달러에 이른다.[9] 더욱이 우려되는 것은 농약 사용량이 일부 경작 체계에서는 여전히 상승하고 있다는 사실이다. 캘리포니아 주의 자료에 의하면, 1991년부터 95년 사이에 농약 사용량은 유효 성분 기준으로 1억 6,100만 톤에서 2억 1,200만 톤으로 증가했다. 이 증가는 경작 면적이 증가했기 때문이 아니다. 주 전체의 경작 면적은 이 기간 동안 거의 일정했다. 증가한 농약의 대부분은 특히 유독한 것으로 이 중 많은 부분은 암 발생과 연관되어 있는데, 딸기와 포도 같은 작물에 사용되고 있다.[10]

해충을 방제하기 위해 농약에 의존하면 할수록, 새로운 약을 개발해야 하는 필요에 직면하게 된다. 한 가지 농약을 계속해서 사용하면 화학 물질에 대한 자연적 저항력이 생기기 때문에 해충 중 일부는 살아남게 된다. 없애려는 잡초와 해충, 기타 질병의 대부분이 농약에 대한 저항력을 갖게 되기까지는 그다지 오랜 시간을 필요로 하지 않는다. 예전의 농약이 효력을 잃어 새로운 농약을 사용하지 않으면 안 되기 때문에 농민은 "농약의 악순환pesticide treadmill"에서 헤어나지 못한다.

많은 나라에서 나타나고 있는 바와 같이 비료는 단기간에 식량 생산의 증가를 가져온 주역으로 여겨지고 있다. 미국

의 거의 모든 경작지에서 사용되고 있는 질소 비료의 평균 사
용량은 질소 성분 기준으로 1헥타르 당 120kg에서 550kg까지
변동하고 있다. 그러나 적어도 부분적으로는 화학 비료의 사
용을 통해서 얻은 풍작은 환경 비용을 유발한다. 화학 비료가
환경을 오염시키는 주된 이유는 화학 비료의 남용으로 작물이
비료를 완전하게 흡수하지 못하기 때문이다. 작물에 흡수되지
않은 상당량의 비료는 결국 지표수나 지하수로 흘러들어 간
다. 질산염에 의한 대수층의 오염이 광범하게 이루어지고 있
으며, 세계의 많은 농촌 지역에서는 위험 수준에 도달해 있다.
미국의 식수용 우물의 25퍼센트 이상이 10ppm의 안전 기준을
초과하고 있으며, 질산염의 형태를 띠고 있는 질소를 포함하
고 있는 것으로 추정되고 있다. 이러한 수준의 질산염은 인간
의 건강에 위협적인데, 연구에 의하면 질산염의 섭취는 아동
에게는 청색증methamoglobinemia(혈액 내 산소 결핍증), 성인
에게는 위암, 방광암, 식도암의 원인이 되는 것으로 알려져 있
다.[11]

　미국에서는 지표수에 포함된 모든 영양분 중 50퍼센트에
서 70퍼센트는 비료로부터 유래하는 것으로 추정되고 있다.
지표수(하천, 호수, 만)로 유입되는 비료의 영양분은 부영양화
를 촉진하고, 대부분은 조류藻類의 발생을 초래한다. 조류의 번
식은 물을 연녹색으로 만들어 햇빛이 수면 바닥에 도달하는
것을 방해하며, 그 결과 바닥에서 살고 있는 식물을 죽여 버린
다. 이렇게 죽은 식물은 다른 수생 미생물의 먹이가 되어 수중
의 산소를 고갈시키며, 잔류 유기물은 분해되지 않고 그대로

수면 바닥에 퇴적된다. 담수 생태계가 이러한 부영양화 상태
가 되면, 결국 모든 동물의 생명을 파멸로 이끌 수 있다. 멕시
코 만에는 미시시피 강 하구로부터 서쪽에 걸친 광대한 "불모
지대dead zone"가 존재하는데, 이곳은 농경지로부터 유출된
과잉 영양분이 산소 결핍을 초래한 것으로 믿어지고 있다. 또
한 과잉 영양분은 어류를 죽이고, 인간의 건강에 해로운 피에
스테리아Pfiesteria라는 매우 강한 독성을 갖고 있는 유기체의
활동을 자극하는 것으로 보인다.[12]

　질소 비료는 대기를 오염시킴과 동시에 최근에는 오존층
의 파괴와 지구 온난화의 한 원인으로 밝혀지고 있다. 질소 비
료의 과도한 사용으로 토양의 산성도는 점점 높아지고, 식물
속의 영양소 균형이 파괴되어 병해충에 의한 피해를 확대시키
고 있다.[13]

　환경 문제의 첫 번째 파장은 단작 재배와 고투입 기술의
이용을 조장하는 사회 경제 체제 및 자연 자원의 파괴를 유발
하는 농법과 깊은 관련이 있다. 이러한 자연 자원의 파괴는 생
태학적인 과정일 뿐만 아니라, 사회적 · 정치 경제적 과정이기
도 하다. 따라서 농업 생산의 문제를 단지 기술적인 문제로만
간주해서는 안 된다. 위기의 원인이 되는 사회적 · 문화적 · 정
치적 · 경제적 요인에 주목하는 것이 결정적으로 중요하다. 현
재, 농촌 개발과 관련된 농업 관련 산업의 경제적 · 정치적 지
배가 농업 노동자 · 소규모의 가족 농장 · 농촌 지역 사회 · 일
반 대중 · 야생 동물, 그리고 환경의 권익을 희생하면서 강화
되고 있는 오늘날에는 특히 더 그러하다.

환경 문제의 두 번째 파장

우리가 식량 연쇄 중에서 농약을 추적하거나 지표수와 대수층 등에 있는 작물 영양 물질을 추적함으로써 현대 농법이 환경에 미치는 부정적 영향이 밝혀졌음에도 불구하고, 21세기의 농업 생산에 필요한 조건을 충족하기 위해서는 집약화를 더한층 추진해야 한다고 주장하는 사람들이 여전히 존재한다. "현 상태 그대로의 농업status quo agriculture"을 지지하는 이들은 생명 공학의 출현을 최후의 마법의 병기로 칭송하는데, 생명 공학으로 인해 농업 경영이 보다 환경 친화적으로 되고, 농민에게 더 많은 이익을 가져다주면서 자연 자체의 방법에 기초해 상품을 생산하여 농업에 혁명을 일으킨다는 것이 주된 내용이다. 몇몇 형태의 생명 공학은 농업을 개량할 가능성을 가지고 있지만, 다국적 기업의 지배 하에서는 환경적 재앙을 유발하고, 농업의 공업화를 더욱 촉진하고, 공적 부문의 연구에 사기업이 과도하게 개입하도록 만들 가능성이 크다.

아이러니하게도 농업 분야의 생명 공학 혁명은 화학에 기반을 둔 농업의 첫 번째 파장을 야기한 바로 그 기업들(몬산토, 노바티스, 듀폰)에 의해서 추진되고 있다. 이제 이들 기업은 유전자 조작 농산물이 화학 물질을 집약적으로 투입하는 농업 경영을 감소시키고, 지속 가능한 농업의 발전에 도움이 된다고 주장한다. 그러나 이들 기업의 제품 중에서 환경에 유익한 영향을 미칠 것으로 충분한 신뢰를 얻고 있는 것은 현재 아무 것도 없다. 이들 기업은 자신들이 과거에 사용한 매우 유해한 분석 방법과 완전히 똑같은 연구 방법을 이용하여 막대한 이윤을 가져다줄 생산물(작물 품종)을 개발하고 있다. 예를 들면, 제초제에 대하여 내성을 갖는 품종을 생산하거나(그래서 농민은 똑같은 회사의 제초제를 구입하여 사용할 것이다), 병해충을 죽일 수 있는 독성을 함유하는 품종을 생산(이 경우 살충제는 소량이 필요)하는 두 가지 방법이 농업에서 생명 공학을 이끄는 주요한 추진력이 되어 왔다. 제초제 내성 작물의 이점으로 주장되는 것은 새로운 제초제가 예전의 제초제와 비교해서 독성이 적다는 점이다. 미국 농무부의 통계에 의하면, 1997년에는 라운드업 레디Roundup Ready 대두의 경작이 확대되면서 글라이포세이트glyphosate(제품명은 라운드업)의 사용량이 72퍼센트나 증가했는데, 브로모시닐Bromoxynil과 글라이포세이트 같은 제초제의 위험성이 증가하고 있는 상황에서, 이는 우려할 만한 수준이다. 실험용 동물에 '선천성 장애birth defects'를 일으키는 브로모시닐은 어류에게도 유독하며, 더욱이 인간에게는 암의 원인이 될 수도 있다. 브로모시닐은 피부를 통하여 흡수되고 설치 동물에게는 선천성 결손증을 일으키기 때문에 농민과 농업 노동자에게도 해가 될 수 있다. 마찬가지로 글라이포세이트는 토양 속에 있는 표적 외의 생물 — 거미, 진드기, 캐라비드carabid, 딱정벌레 등과 유익한 유식 곤충과 어류를 포함한 수생 유기체뿐만 아니라, 지렁이 같은 분해 동물 — 에게도 해를 끼치는 것으로 보고되고 있다.[14] 이 제초제는 식물의 물질대사를 거의 저하시키지 않으면서 과일과 덩이줄기에 축적되는 것으로 알려져 있어서 식량의 안전성 문제는 여전히 제기된다. 스웨덴의 종양학자들은 글라이포세이트에 노출되는 것과 비호지킨Non-Hodgkin 림프종의 발병 사이에 관련이 있다는 몇 가지 증거를 수집했다. 이러한 상황에서 생명 공학 제품들은 농업 생태계에 대하여 농약의 악순환만을 강화할 것이기에 유전자 조작 농산물이 가져올 수 있는 환경적 위험에 대하여 많은 과학자들이 우려를 표명하는 것은 당연하다. 일명 Bt(Bacillus thuringiensis)라고 불리는 박테리아에서 추출한 곤충 독소의 유전자가 식물과 조합되면 해당 식물에 독소가 만들어지고, 그 식물을 먹은 곤충은 죽을 수 있다. 비록 Bt 작물은 적은 양의 살충제가 필요하겠지만, 이로 인해 다른 문제들이 발생할 수 있다.

지금까지 이루어진 생태학적 이론에 근거한 예측뿐만 아니라, 현장 연구는 유전자 조작 농산물의 방출과 관련하여 다음과 같은 주요한 환경 위험을 지적하고 있다.[15]

(1) 기업들이 설정한 방향은 단일 생산물을 위한 광범한 국제 시장을 창출함으로써 농촌 경관이 유전적으로 획일화되는 조건을 만들어 내고 있다. 넓은 지역에 단일 품종을 경작하면, 병원균 또는 해충의 새로운 변종에 의해 피해를 입기 쉽다는 것을 역사는 반복해서 보여 주고 있다.

(2) 이러한 작물이 보급되면 예전의 품종이 사라지게 됨으로써 경작 체계는 단순하게 되고, 유전자에 대한 침식이 일어나서 작물의 유전적 다양성이 위협받게 된다.

(3) 예측하지 못한 생태학적 영향도 우려되지만, 부가된 유전자가 의도하지 않은 근연近緣 식물로 전이될 잠재적 가능

성도 있다. 유전자가 제초제 내성 작물herbicide resistant crops 로부터 (자연 교배에 의해) 야생종과 반야생의 근종semi-domesticated relatives으로 전이되면 슈퍼 잡초가 만들어질 수 도 있다.

(4) 대부분의 해충은 Bt 독소에 대하여 내성을 매우 신속 하게 획득할 것이다. 몇몇 나방류의 곤충들은 실험실 및 포장 圃場시험을 통해서 Bt 독성에 대한 내성을 획득한 것으로 보고 되고 있다. 이는 Bt 작물에서 내성에 관한 중대한 문제가 발생 할 수 있다는 점을 시사하고 있다.

(5) 작물에 Bt 독소가 대량으로 사용되면 생태 과정과 방 제 대상 이외의 생물에게 부정적인 상호 작용을 일으킬 수 있 다. 스코틀랜드에서 이루어진 연구에 의하면, 독소가 진딧물 을 통하여 Bt 작물로부터 진딧물을 먹는 익충에게로 옮겨질 수도 있다. 이는 익충의 번식을 감소시키며, 수명을 단축시킨 다. 마찬가지로 스위스에서의 연구에 의하면, Bt 독소를 함유 한 작물을 먹고 자란 풀잠자리 유충Chrysopidae의 평균 사망 률은 62퍼센트에 이르렀는데, Bt 독소를 함유하지 않은 작물 을 먹고 자란 유충의 평균 사망률은 37퍼센트였다. 그리고 Bt 독소를 함유한 작물을 먹고 자란 풀잠자리 유충은 모든 발육 단계를 통하여 성장 기간도 훨씬 길었다.

(6) 바람과 야생 식물에 의해 운반된 Bt 작물의 꽃가루는 초식 곤충의 자연 개체군을 사멸시킬 수 있는데, 최근 코넬 대 학의 연구에 의하면, Bt 옥수수의 꽃가루를 인위적으로 부착 시킨 잡초 잎에 노출된 왕나비 유충의 44퍼센트가 4일 후에

죽었다고 한다.

(7) Bt 독소는 잎의 성분과 부엽토를 통하여 토양에 들어
갈 수도 있다. Bt 독소는 토양의 점토 입자와 결합되어 독성을
유지하면서 2개월에서 3개월 동안 분해되지 않을 수 있는데,
이로 인해 토양 속의 유기체와 영양분의 순환에 부정적 영향
을 미친다.

(8) 작물을 오염시키는 바이러스와 생명 공학 기업에 의해
서 도입된 바이러스성 유전자가 결합되면, 새로운 변종의 바
이러스가 발생할 가능성이 있다. 이것이 바이러스로부터 도입
한 유전 물질을 포함하고 있는 식물이 갖는 잠재적 위험이다.

(9) 바이러스에 내성을 갖는 유전자 조작 농산물을 대규모
로 재배할 때 발생하는 또 하나의 중대한 환경 문제는 바이러
스로부터 얻은 유전자가 꽃가루를 매개로 근종의 야생 식물로
유전될 가능성이 있다는 점이다. 바이러스에 내성을 갖도록
만들어진 유전자 조작 농산물은 바이러스의 숙주 범위를 확대
하든가 혹은 재조합과 트랜스캡시데이션transcapsidation(어떤
바이러스의 게놈이 다른 바이러스의 외곽에 포섭되는 현상 — 옮긴이)
을 통하여 새로운 변종 바이러스를 만들어 낼 가능성이 있기
때문에 이에 대하여 앞으로 더 많은 면밀한 실험이 필요하다.

다른 유기체의 유전자를 포함하고 있는 식물과 미생물 등
을 자연 속에 방출함으로써 발생되는 문제에 대해서는 아직
해명되지 않은 부분들이 많이 있지만, 생명 공학이 관행 농업
의 문제를 더욱 악화시키고, 단작 재배를 장려함으로써 윤작
과 혼작(두 종류 이상의 작물을 동시에 재배하는 것) 같은 생태

적 농법이 훼손될 것으로 우려된다. 병해충을 방제하기 위해 개발된 유전자 조작 농산물은 단일한 통제 메커니즘의 사용을 강조하고 있지만, 해충과 병원균, 잡초로 인해 계속 실패하고 있다. 이들 작물은 농약을 더욱 많이 사용하게 만들고, "슈퍼 잡초"와 내성을 갖는 해충의 진화를 가속화할 것이다.[16] 특히 1997년에는 유전자 조작 농산물 경작 면적이 전 세계에서 1,280만 헥타르에 달했던 점을 고려하면 이러한 가능성들은 우려할 만하다. 25,000개에 이르는 유전자 조작 농산물 야외 포장시험의 72퍼센트가 미국과 캐나다에서 이루어지고 있으며, 유럽, 라틴아메리카, 아시아의 순서로 이루어지고 있다 (2002년 현재 유전자 조작 농산물의 재배 면적은 5,870만 헥타르에 이르며, 이 가운데 미국과 아르헨티나가 차지하는 비중은 89퍼센트에 이른다 — 옮긴이).[17] 이러한 공개적 시험을 감시하는 세심한 안전 기준을 확보하고 있는 나라는 거의 없으며, 있더라도 생태적 위험을 방지하거나 예측하기에는 불충분하다. 1986년부터 1992년 사이에 유전자 조작 농산물을 테스트하기 위해 이루어진 야외 포장시험의 절반 이상은 제초제 내성과 관련된 것이었다. 몬산토의 라운드업과 기타 광범위한 제초제가 더 많은 경작지에 사용되면, 농민들이 농업을 다각화할 수 있는 여지는 더욱 줄어들 것이다. 아울러, 미 농무부 경제 조사부에 의하면, 1998년에 18개의 작물/지역 중 12곳에서 유전자 조작 농산물과 비조작 농산물의 수확량은 의미 있는 차이가 없었다.

관행 농업에 대한 일련의 대안

농화학 제품의 사용을 줄이거나 전혀 사용하지 않기 위해서는
관리상의 개혁을 통해 작물에 충분한 영양분을 공급하여 병해
충을 방제할 수 있어야 한다. 그리 오래되지 않은 때에도 그랬
던 것처럼, 현재도 대체 영양원이 토양의 비옥도를 유지시킬
수 있다. 거름, 하수 침전물, 기타 유기성 폐기물 및 윤작으로
재배되는 콩과 식물이 여기에 속한다. 윤작을 통해서 생물학
적으로 질소를 고정할 수 있는 장점과 함께 잡초 · 질병 · 곤충
을 억제하는 이익을 얻을 수 있다. 축산이 곡물 생산과 결합됨
으로써 동물의 거름을 공급할 수 있고, 생산된 짚을 보다 잘
활용할 수 있다. 가축 · 작물 · 동물 · 기타 농가 자원이 생산에
효율적으로 사용되고, 영양분의 순환과 작물 보호 등을 최적
화할 수 있도록 이용될 때(바람직한 윤작 계획도 포함하여), 생
물 다양성의 혜택이 극대화될 수 있다.[18]

과수원과 포도 농원에서는 피복 작물을 이용하여 토양의
비옥도를 증진시키고, 토양 구조와 수분의 침투를 개선한다.
또한 토양 침식을 방지하고, 작물 주변의 기후를 조절하고, 잡
초의 발생을 줄인다. 지표를 덮은 식생을 갖고 있는 과수원은
깨끗하게 관리된 과수원보다도 해충의 발생이 적다는 것이 입
증되고 있다. 나무 아래의 식생도 무성하게 되어서, 포식자와
기생 곤충(다른 곤충에 알을 낳는 곤충)도 많아져 효과적으로
병해충을 없애기 때문이다.[19]

다양한 농업 생태계를 고안해 내서 저투입 기술을 이용하

게 되면, 균형 잡힌 환경과 지속적인 수확, 생물학적으로 조정
된 토양 비옥도, 자연적인 해충 억제가 실현될 수 있다는 것을
연구자들은 입증하고 있다. 이중 경작double cropping, 줄 경
작strip cropping, 피복 작물을 이용한 경작, 간작intercropping
같은 대안적인 경작 체계가 개발되어 평가받고 있다. 보다 중
요한 것은 대안적인 경작 체계가 최적의 주기로 영양분과 유
기질의 순환을 가져오고, 에너지의 내부 순환, 물과 토양의 보
전, 병해충과 천적 개체 간의 균형 등을 가져온다는 구체적 사
례를 농민들 스스로가 경험하고 있다는 점이다. 이러한 다각
화된 영농은 작물과 나무와 가축의 공간적 · 시간적 배치라는
다양한 조합이 가져오는 상호 보완적인 관계를 활용하고 있
다.[20]

농업 생태계의 행동 양식은 다양한 생물적 · 무생물적 구
성 요소들 사이의 상호 작용 수준에 의해 결정된다. 기능적인
생물 다양성이 확보되면 토양 유기체의 활성화, 영양분의 순
환, 익충과 천적의 증식 등과 같이 생태계에 유익한 작용을 제
공하는 과정이 나타난다. 오늘날에는 이용 가능한 방식과 기
술을 광범하게 선택할 수 있으며, 이들 기술은 전략적 가치를
가지고 있을 뿐만 아니라 효과 또한 다양하다.[21]

대안 실행의 어려움

농업 생태학적 접근법이 탐구하고 있는 것은 중소 규모 농장
의 다각화와 재활성화, 그리고 농민과 일반 대중에게 경제적

으로 실행 가능한 방법으로 농업 정책과 식품 체계 전체를 재구성하는 일이다. 실제로, 다양한 시각에서 생태학적 고려를 바탕에 둔 영농 체계를 지향하는 수많은 운동이 세계 곳곳에서 전개되고 있다. 수지가 맞는 시장을 겨냥한 유기 농산물의 생산을 강조하는 운동도 있고, 토지 관리를 중시하는 운동이나 농민 공동체의 지위 향상을 강조하는 운동도 존재한다. 그러나 일반적으로 이들 운동은 식량 자급의 확보, 자연 자원 기반의 보전, 사회적 공정과 경제적 발전의 확보라는 동일한 목표를 갖고 있다.

좋은 의도를 가지고 있는 몇몇 그룹은 기술 결정론의 악영향을 받아 저투입 기술과 적정 기술의 개발과 보급을 강조한다. 어느 정도는 이러한 기술 자체가 바람직한 방향으로 사회를 변혁하는 기폭제로 작용할 가능성을 가지고 있다는 믿음도 갖고 있다. 유기 농업파는 투입재의 대체(즉, 독성이 강한 합성 살충제 대신 생물학적 살충제로 대체)를 중시하면서도 단작 재배 구조에 대해서는 언급하지 않는데, 이들은 자본주의 농업에 대해 비교적 긍정적인 시각을 갖고 있는 집단의 전형이라고 할 수 있다. 이러한 관점은 불행하게도 단작 재배 농업이 초래하는 환경 파괴의 구조적 원인의 이해를 방해하고 있다.[22]

현존하는 농업 구조를 이미 주어진 것으로 받아들인다면, 이러한 구조에 도전하는 대안들이 실현될 수 있는 현실적 가능성은 줄어든다. 따라서 다각화된 농업에 필요한 요인들은 다른 모든 요인들 중에서 현재의 농업 규모와 기계화 추세의 영향을 받는다. 이러한 대안 농업의 실행은 토지 개혁과 혼합 경작polyculture을 위해 다시 고안된 농업 기계를 포함하는 좀 더 폭넓은 계획에 의해서만 가능할 것이다. 대안 농업의 구조를 조정하는 것만으로는 단작 재배, 농장 규모의 확대, 대규모 기계화를 이끌어 내는 내재적 추진력을 거의 변화시킬 수 없을 것이다.[23]

이와 유사하게, 과거 수십 년간 실시되어 온 정부의 농산물 가격 지지 계획도 경작 체계의 개혁에 장애물이 되어 왔다. 이 계획은 계속해서 단작 재배한 사람들이 생산한 농산물을 특정 가격으로 보상해 주었다. 옥수수와 기타 가격 지지 작물을 할당된 면적만큼 심지 않은 농민들은 앞으로 그들에게 지불될 미래의 보조금을 포기하는 것과 같다. 이는 가격 지지 계획에 의해 얻을 수 있는 잠재적 소득의 삭감을 의미한다. 결과적으로 가격 지지 계획은 윤작을 도입한 생산자에게 불이익을 가져다주었다. 가격 지지 제도는 단계적으로 폐기되고 있지만, 이 제도가 발전시켜 온 패턴은 여전히 지속되고 있다.

다른 한편으로, 지속 가능한 농업에 대한 하나의 장애물로서, 농화학 제품의 판매 촉진을 추구하는 초국적 기업의 막강한 영향력을 경시할 수 없다. 대부분의 초국적 기업은 살충제의 선전과 판매를 한층 확대할 수 있는 유력한 위치에 있으면서, 기술 개발과 보급에 민간 부분의 참여를 촉진하는 오늘날의 정책으로부터 이득을 얻고 있다. 이러한 시나리오를 전제로 하면, 농업의 장래가 역학 관계에 의해서 결정된다는 것은 명확하고, 따라서 농민과 일반 대중이 충분히 강한 힘을 갖는

다면 지속 가능한 농업으로 나아가는 것이 불가능할 이유는 어디에도 없다.

결론

오늘날의 농업 구조와 정책의 성격이 농업 기술과 농업 생산의 내용에 강력한 영향을 미치고, 이로 인해 수많은 환경 문제를 발생시키고 있다. 현재의 자본주의 아래에서 자원 보전적 방식은 장려되지 않으며, 많은 경우 이러한 방식은 농민들에게 이윤을 가져다주지 못한다. 유전자 조작 농산물에 의해서 경관의 동질화가 대규모로 진행됨에 따라 환경은 상당한 영향을 받을 것이고, 이로 인해 단작 재배와 관련된 생태 문제는 더욱 악화될 것이다. 유전자 조작 기술이 개발도상국으로 무조건 확대되는 것도 바람직스럽지 않다. 이들 국가들은 농업의 다양성이라는 측면에서 강점을 가지고 있는데, 단작 재배의 확대로 인해서 농업의 다양성이 억제되거나 훼손되어서는 안 된다. 특히 심각한 사회 문제와 환경 문제를 초래하는 경우에는 더욱 그러하다.[24]

　일련의 정책 변경만으로 다각화된 소규모 농가의 부흥을 가져올 것으로 기대하는 것은 현실적이지 않을 것이다. 왜냐하면, 이는 농업에서 규모의 경제가 존재한다는 사실을 부정하는 것이고, 농업 관련 기업의 정치적 권력과 세계화에 의해 추진되고 있는 현재의 추세를 간과하는 것이기 때문이다. 더욱 철저한 농업 개혁이 필요한 것은 이 때문이고, 농업에 제약을 가하고 있는 사회적 · 정치적 · 문화적 · 경제적 영역의 공통된 개혁 없이는 농업에 있어서의 생태학적 개혁은 진전될 수 없다는 관점이 견지되어야 한다. 사회적으로 공정하고, 경제적으로 실행 가능하고, 환경적으로 건전한 농업을 향한 개혁은 도시의 조직과 연대한 농촌 부문의 사회 운동에 의해 비로소 이루어질 것이다.

(번역: 윤병선)

주

1. M. A. Altieri, *Agroecology: the Science of Sustainable Agriculture* (Boulder: Westview Press, 1995).

2. L. A. Thrupp, *Cultivating Diversity: Agrobiodiversity and Food Security* (Washington D.C.: World Resources Institute, 1998).

3. Y. Audirac, *Rural Sustainable Development in America* (New York: John Wiley and Sons, 1997).

4. J. N. Pretty, *Regenerating Agriculture: Policies and Practices for Sustainability and Self-reliance* (London: Earthscan, 1995); and P. Raeburn, *The Last Harvest: the Genetic Gamble that Threatens to Destroy American Agriculture* (New York: Simon and Schuster, 1995).

5. R. Vallve, "The Decline of Diversity in European Agriculture," *The Ecologist* 23: (1993), 64-69.

6. P. Raeburn, *The Last Harvest: the Genetic Gamble that Threatens to Destroy American Agriculture* (New York: Simon and Schuster, 1995).

7. M. A. Altieri, *Agroecology: the Science of Sustainable Agriculture* (Boulder: Westview Press, 1995); and S. R. Gleissman, *Agroecology: Ecological Processes in Agriculture* (Michigan: Ann Arbor Press, 1997); and J. N. Pretty, *Regenerating Agriculture: Policies and Practices for Sustainability and Self-reliance* (London: Earthscan, 1995).

8. G. R. Conway and J. N. Pretty, *Unwelcome Harvest: Agriculture and Pollution* (London: Earthscan Publisher, 1991).

9. D. Pimentel and H. Lehman, *The Pesticide Question* (New York: Chapman and Hall, 1993).

10. J. Liebman, *Rising Toxic Tide: Pesticide Use in California, 1991-1995* (San Francisco: Report of Californians for Pesticide Reform and Pesticide Action Network, 1997).

11. G. R. Conway and J. N. Pretty, *Unwelcome Harvest: Agriculture and Pollution* (London: Earthscan Publisher, 1991).

12. H. McGuinnes, "Living Soils: Sustainable Alternatives to Chemical Fertilizers for Developing Countries," (New York: Consumers Policy Institute, 1993).

13. Ibid.

14. J. Rissler and M. Mellon, *The Ecological Risks of Engineered Crops* (Cambridge, MA: MIT Press, 1996).

15. S. Krimsky and R. P. Wrubel, *Agricultural Biotechnology and the Environment: Science, Policy and Social Issues* (Urbana, IL:

University of Illinois Press, 1996); and A. A. Snow and P. Moran, "Commercialization of transgenic plants: potential ecological risks," *Bioscience* 47 (1997), 86-96.

16. J. Rissler and M. Mellon, *The Ecological Risks of Engineered Crops* (Cambridge, MA: MIT Press, 1996).

17. C. James, *Global Status of Transgenic Crops in 1997* (Ithaca, NY: ISSAA, 1997).

18. M. A. Altieri and P. M. Rosser, "Agroecology and the Conversion of Large-scale Conventional Systems to Sustainable Management," *International Journal of Environmental Studies* 50 (1995), 165-185.

19. M. A. Altieri, *Agroecology: the Science of Sustainable Agriculture* (Boulder: Westview Press, 1995).

20. M. A. Altieri, "Agroecological Foundations of Alternative Agriculture in California," *Agriculture, Ecosystems and Environment* 39 (1992), 23-53.

21. S. R. Gliessman, *Agroecology: Ecological Processes in Agriculture* (Michigan: Ann Arbor Press, 1997).

22. P. M. Rosset and M. A. Altieri, "Agroecology Versus Input Substitution: a Fundamental Contradiction in Sustainable Agriculture," *Society and Natural Resources* 10 (1997), 283-295.

23. Ibid.

24. M. A. Altieri, "The Environmental Risks of Transgenic Crops: an Agroecological Assessment," In I. Serageldin and W. Collins (eds) *Biotechnology and Biosafety* (Washington D.C.: World Bank, 1999), 31-38.

5장

자본주의적 농업의 성숙: 프롤레타리아로서의 농민

르원틴

R. C. Lewontin

우리는 모두 어떻게 자본주의가 공업 생산을 지배하고, 어떻게 자본주의적 생산관계가 장인적 개인 생산자를 집어삼켰는지에 관한 고전적 논의에 친숙하다. 우리는 다른 생산 양식과 유통 양식에 침투하여 그것들을 변형시킨 자본주의 생산 양식의 힘Power을 인지하고 있다. 우리는 그러한 변혁의 힘이 매우 거대해서 적어도 유럽과 북미에서는 모든 중요한 행위들이 이미 과거에 발생했고, 본질적으로 19세기 말에는 끝나버렸다고 종종 생각한다. 우리가 거주하고 있는 사회에서는 그것이 이미 기정사실이 되어서, 그것의 동적인 움직임은 우리 주변에서 일어나는 일이 아니므로 단지 과거를 재구성함으로써만 그것을 이해할 수 있다. 그러나 다시 한 번 생각해 보면, 의학계나 연예계처럼 몇몇 숙련을 요하는 영역에서는 그러한 전환이 아주 최근까지 진행되어 왔음을 우리는 깨닫게 된다. 이들 영역에서는 20세기 내내 장인들이 자신의 직무를 수행했다. 이 영역에 초기 자본주의 생산관계가 잔존하는 것은 매우 예외적인 것처럼 보이는데, 그것은 이 영역에서는 오랜 훈련 기간을 거친 뒤에야 습득할 수 있는 특별한 재능이나 숙련이 필요하기 때문이다. 그러나 상품 생산의 주변부를 제외하면 성숙된 자본주의로의 전환은 본질적으로 끝났다는 견해는 분명히 잘못된 것이다. 왜냐하면 그것은 기본적이고 본질적인 생산 부문이며 막대한 양의 상품을 생산하는 농업을 무시하는 것이기 때문이다. 농업 부문은 아직까지 격렬한 전환 과정을 겪고 있다.

농업으로의 자본의 침투 과정은 일반적으로 18세기와 19세기에 방직업으로 대표되는 고전적 공업 생산과는 다른 형태의 오랜 전환 과정이었다. 사실 표면적으로는 농업이 자본에 저항하는 것처럼 보인다. 미국에서, 1930년에 670만이었던 개인 농장 수의 72퍼센트가 줄어들었지만, 오늘날에도 여전히 180만의 독립적인 농업 생산자farm producer가 존재한다. 단지 6퍼센트의 생산자가 총 농업 생산 가치의 60퍼센트를 차지한다고 하지만, 총 생산 가치의 절반 이상을 생산하는 독립적인 농업 경영체가 10만이 넘는다. 제조업 부문에서는 평균적으로 4개의 상위 기업이 생산되는 총 가치의 40퍼센트를 차지하며, 의류와 같이 고도로 차별화된 제품도 상위 4개 기업이 총 가치의 15퍼센트 이상을 생산한다.

또한 농지를 소유하고 있는 농민에게 임대되는 농지의 비율도 상당히 늘었다. 대략 농지의 55퍼센트가 자차지농owner-renters에 의해 경작되고 있는데, 이들은 대부분 소규모 생산자이다. 궁극적으로 기업농이 농업을 독차지하게 될 것이라는 관행적 사고에도 불구하고 부재지주를 대리하는 관리자manager에 의해 운영되는 농장이나 농지의 비율은 20세기 초반 이래로 1퍼센트 정도에 머무르고 있다. 따라서 만일 우리가 농업의 자본주의적 전환의 증거를 찾으려고 한다면, 고전적인 공업 부문에서 그 증거를 찾을 수는 없을 것이다. 우리는 엄격한 감독 하에 꽉 짜인 일정에 따라 작업을 수행하는 임금 노동자를 대량 고용하는 극소수 농민들의 손에 생산 능력이 점점 더 집중되는 현상을 발견할 수 없다. 물론 과일 수확이나 신선 채소 수확처럼 공장과 비슷한 노동 과정을 보이는 사례들도 있다. 그리고 이것이 공장식 영농factory-farming으로 전환되는 자본주의적 이행의 증거로 종종 제시되기도 한다. 그러나 대다수 농업 경영체들은 노동력을 대규모로 고용하지 않으며, 일 년 중 특정 시기에만 한두 명의 노동력을 고용하는 것이 보다 전형적이다.

농업의 자본주의적 이행 과정을 분석하려면 우리는 영농farming과 농-식품 체계agro-food system를 구별하여야 한다. 영농이란 농장에서 종자, 사료, 물, 비료, 농약 같은 투입재를 토양, 노동, 기계 등을 사용하여 밀, 감자, 가축 같은 일차 생산물로 전환하는 물리적 과정이다. 영농에서 고전적인 자본주의적 집중이 일어나지 않는 것은 농업 생산의 재정적 · 물리적 특징에서 비롯된다. 첫째, 농지를 소유하는 것은 자본에 매력적이지 못하다. 이것은 농지가 감가상각 되지 않으며 농지를 거래하는 부동산 시장이 활성화되어 있지 않아서 농장 투자의 유동성이 매우 낮기 때문이다. 둘째, 대규모 농장에서의 작업은 공간적으로 넓게 퍼져 있어서 노동 과정을 통제하기 어렵다. 셋째, 규모의 경제가 실현되는 중간 규모 이상의 경영체로 규모를 확대해도 규모의 경제를 실현하는 것이 어렵다. 넷째, 기후, 새로운 질병, 해충 같은 외부의 자연 재해로 인한 리스크를 통제하기 어렵다. 마지막으로 자본의 재생산 주기가 식물의 연간 성장 주기와 관련되어 있기 때문에, 그리고 특히 대가축의 재생산 주기가 고정적이기 때문에 자본의 재생산 주기를 단축시킬 수 없다. 이러한 제약으로부터의 중요한 예외는 가금류 생산이었다. 가금류의 재생산 주기의 단축은 대단히 성공적이었다. 그리고 이것은 우리가 뒤에서 살펴보게 될 자본주의적 영농으로의 전환을 위한 중요한 분기점이 되었다. 이러한 이유들 때문에 잘 통제된 노동력을 대량으로 고용하는 대규모 기업 경영체가 농장의 소유권을 전면적으로 직접 인수하는 것을 지금까지 보지 못했으며, 앞으로도 그것을 기대할 수는 없다.

농-식품 체계는 그러나 단순히 영농만은 아니다. 그것은 농장 경영을 포함할 뿐만 아니라 농업 투입재input의 생산, 수송, 판매에서부터 농장 산출물output의 수송, 가공, 판매도 포함한다. 비록 전체 농업 생산의 연쇄에서 영농이 물리적으로 핵심적인 단계이지만, 농업 투입재를 조달하고 농장 산출물을 소비자 상품으로 전환하는 단계가 농업 경제를 지배하기에 이르렀다. 농-식품 체계에서 생산되는 부가가치 가운데 영농은 겨우 10퍼센트만을 차지하는 반면, 소비자가 식품에 지출하는 돈의 25퍼센트는 농업 투입재에 지불하는 것이며, 그리고 나머지 65퍼센트는 농장 생산물을 소비자 상품으로 전환하는 수송, 가공, 판매에 지불하는 것이다. 20세기 초에는 농장이 차지하는 부가가치가 식품에 지불하는 전체 금액의 40퍼센트 정도였다. 그리고 많은 투입재는 종자, 축력, 가축 사료, 축비, 녹비, 가족 노동력의 형태로 농장에서 직접 생산되었다. 지금은 대부분 이들 투입재들이 시판市販되는 종자, 트랙터, 연료, 정제 혹은 합성 화학 비료, 농기계나 인간 노동을 대체하는 화학제품의 형태로 구입되고 있다. 따라서 산업 자본이 농업 부문에서 이윤을 획득할 수 있는 기회는 바로 농업 투입재의 생산 과정과 농장 산출물의 전환 과정에서이다.

다른 공업 과정과 마찬가지로 농기계, 화학 약품, 종자를 생산하는 것이나 탈곡된 밀을 슈퍼마켓에 진열되어 있는 아침 식사용 시리얼로 바꾸는 것은 전적으로 자본에 의해 지배되며, 자본의 필요에 따라 결정된다. 그러나 자본에게 문제가 되는 것은 생산에 투입된 석유 제품을 포테이토칩으로 바꾸는 과정 속에 반드시 포함되는 필수적 단계인 영농이 2백만에 이르는 소생산자들petty producers의 손에 달려 있다는 점이다. 그들 없이는 영농이 이루어지지 않으며, 그들은 필수적인 생산 수단들을 일정하게 보유하고 있지만 그것들의 소유는(특히 농지는) 집중될 수 없다. 그리고 그들은 경제적으로는 합리적이지만 자신들의 잉여를 자본으로 전환하기보다는 소비에 충당한다. 수많은 독립 소생산자들에 의해 생산되는 필수적 과정을 생산의 중심에 포함하고 있다는 점에서 농업은 다른 자본주의 생산 부문과 달리 독특하다. 마치 실을 잣고 천을 짜고 옷을 재봉하는 작업은 몇몇 대규모 자본가적 기업에 의해 이루어지지만 짠 천을 염색하고 마무리하는 작업은 어쩔 수 없이 수십만 명의 가내 생산자에게 맡겨지는 것과 유사하다. 이들은 마무리 되지 않은 원료 천을 사서 염색을 하고 마무리한 후에 의류 생산 공장에 판매한다.

농업 생산자는 역사적으로 농업에서 자본의 발전을 저지하는 두 개의 권력power을 보유하고 있었다. 첫째, 농민들은 무엇을 어느 정도 재배하고 어떤 투입재를 사용할지 결정하는 것을 포함하여 농업 생산의 물리적 과정을 선택할 수 있었다. 물론 이러한 선택은 항상 제약을 받았다. 그것은 부분적으로는 지역의 기후와 토양 조건에 의해, 그리고 부분적으로는 지역의 농산물 시장의 특성에 의해 제약을 받았다. 둘째, 전통적으로 농민들 자신이 투입재의 상업적 제공자들의 잠재적 경쟁자였다. 그들은 종자, 경운 동력, 비료를 스스로 생산할지 결정할 수 있었기 때문이었다. 따라서 스스로 선택할 수 있는 농민들의 통제력을 빼앗아 일련의 투입재를 구입하게 함으로써 투입재 생산자에게 최대의 가치를 가져다주는 영농 과정으로 그들을 몰아넣는 것이 산업 자본이 해결해야 할 과제였다. 또한 지불 가격 결정권을 가진 소수의 대량 구매자의 구미에 맞게 농업 산출물의 특성을 바꿔 가는 것 역시 산업 자본이 해결해야 할 과제였다. 물론 생산의 리스크에 대한 모든 부담은 농민들 손에 남아 있어야 한다. 농민들이 생산 과정의 실질적 내용과 속도를 선택할 권력을 상실하고, 동시에 공개 시장에서 생산물을 판매할 능력을 상실하게 되면서, 농민은 자신과 무관하게 미리 결정된 식품 생산의 연쇄에서 단순 조작자operator에 불과한 존재가 되고, 이들이 생산한 농산물은 생산자로부터 소외된다. 즉, 농민은 무산 계급화 된다. 농민이 농지와 건축물 등에 대한 법적 소유권을 보유하고 있는 일부 생산 수단의 명목적 소유자라는 것은 결코 중요하지 않다. 이들은 자신들이 소유한 생산 수단을 경제적으로 달리 사용하지 못한다. 무산 계급화의 본질은 노동 과정에 대한 통제권을 상실하고 자신의 노동의 산물로부터 소외되는 것에 있다.

이러한 영농으로의 전환은 어떻게 이행되어 왔는가? 첫 번째 단계는 수확 기계의 발명 이후 제2차 세계대전에 이르는 100년 동안의 시기로, 영농에서의 혁신은 기계화를 통해서 농장 노동의 이용 가능성과 비용, 그리고 노동 통제의 문제를 직접 해결하려는 시도 속에서 나타났다. 어떤 농민도 트랙터의 도래에 저항할 수 없었다. 제2차 세계대전이 끝난 후에는 비료, 살충제, 노동 절약적인 제초제의 형태로 구매되는 정제된 합성 화학 약품이 주요 투입재였다. 다시 한 번 농민들은 투입재를 구매할 수밖에 없었는데, 그것은 대규모의 생산량 증가와 노동의 절감 때문이었다. 제초제는 특히 경운기 사용을 줄였고, 농약은 수확의 불확실성을 감소시켜 주었으며, 호르몬 제제의 살포는 과실이 익는 시기를 면밀하게 조절할 수 있게 해주었다. 그리고 항생제는 가축의 질병을 막아 주었다. 다시 한 번 이러한 공업 제품과 농민이 스스로 생산한 농업 투입재는 경쟁이 되지 못했다.

그러나 농업 생산 과정의 중심적 특징, 즉 이러한 투입재를 사용하는 것은 살아 있는 유기체를 생산하기 위한 것이라는 특징을 인식하지 못하면 자본 투입재의 역할이 커지고 있다는 것의 의미를 적절히 분석할 수 없다. 기계화와 화학제품은 생산되는 유기체의 특성과 분리해서 사용할 수 없다. 다른 생산 부문과 달리 농업에서는 모든 투입재의 흐름을 이어주는 연결

점에 살아 있는 유기체가 위치하고 있으며, 모든 산출물을 변형하는 원천도 바로 살아 있는 유기체이다. 그러나 살아 있는 유기체는 생명이 유한하기 때문에 살아 있는 유기체를 생산하려면 그것의 재생산이 필요하다. 즉, 농업 생산의 모든 주기는 종자와 어린 가축에서 시작되고, 종자와 어린 가축이 농장 경영을 통해 부가되는 가치의 원천이다. 따라서 종자(혹은 '종'축)는 영농에 있어 핵심 투입재이다. 유기체인 이러한 종자의 생물학적 본성을 통제하는 것이 농업 생산의 전 과정을 지배하는 결정적 요소이다. 종자와 종축은 이 투입재의 제공자가 다른 투입재의 가치를 결정하는 독특한 위치를 차지할 수 있게 만든다. 예를 들어, 제2차 세계대전 말에 질소 비료 가격이 극적으로 떨어지면서 농민들이 질소 비료라는 투입재를 대량으로 사용하는 것이 경제적으로 가능하게 되었다. 그러나 질소 비료라는 투입재가 유용하게 사용될 수 있었던 것은 바로 식물 육종, 구체적으로는 교배종 옥수수corn hybrids 종자의 개발이 필수적이었다. 교배종 옥수수는 대량의 질소 비료를 옥수수 수확량 증산으로 바꾸는 것을 가능케 했다. 토마토 수확의 기계화는 기계 설계자와 식물 육종가 간의 긴밀한 협력에 의해 성공할 수 있었다. 육종가들은 토마토라는 식물의 생물학적 특성을 완전히 새롭게 재구성했다. 성장기 내내 시차를 두고 차례대로 꽃이 피고 열매를 맺으며, 쉽게 무르는 과육과 부드러운 가지를 가진 토마토를 거의 동시에 익는 단단한 과육을 가진 짧고 뻣뻣한 크리스마스트리 같은 식물로 바꾸어 버렸다.

농업 생산 과정에서 종자라는 투입재가 중심적인 위치를 차지하고 있기 때문에 종자 회사들은 농업 잉여의 상당 부분을 전유appropriate하는 엄청나게 강력한 위치를 점할 수 있는 잠재력을 가지게 되었다. 그러나 이러한 잠재력을 현실로 바꾸는 데는 장애물이 존재한다. 바람직한 특성을 가진 종자는, 농민이 심으면, 같은 특성을 가진 종자를 훨씬 더 많이 생산하는 식물로 자란다. 따라서 종자 회사는 농민에게 자유재free good, 즉 종자 속에 포함되어 있는 유전 정보를 제공해 왔던 것이다. 그리고 종자는 영농 행위를 통해 농민에 의해 되풀이 해서 자꾸자꾸 재생산된다. 농민이 다음 해 농사를 위해 종자를 재생산하는 것을 막기 위한 방안이 마련되어야 했다. 이러한 문제에 대한 역사적 해결법은 동일 계열의 종자를 교차 교배하는 육종법의 개발이었다. 이 육종법은 교배종 식물을 생산하는 종자의 판매를 가능하게 해주었다. 교배종 종자는 다음 세대에는 스스로 교배종을 재생산하지 못한다. 엄밀하게 말하면, 다음 세대는 진정한 교배종이 아니므로 생산량이 떨어지고 변이가 많이 발생한다. 따라서 농민들은 매년 종자를 새로 사기 위해 종자 회사로 가야만 한다. 교배종 옥수수 종자를 판매한 종자 회사는 막대한 이윤을 얻은 이후로 교배 육종 방법을 토마토나 닭 같은 다른 유기체에도 확대 적용하였다. 더구나 데칼브, 푼크, 노스룹킹 같은 상업적 교배 육종업체와 닭 육종 기업들은 시바가이기, 몬산토, 다우 같은 제약 기업이나 화학 기업들에 의해 인수되었는데, 인수된 후에는 다시 자회사로 분리되거나 합병되었다. 가장 큰 교배종 종자 기업인 파이오니아 하이브레드만이 인수되지 않고 끈질기게 독립 기업으로 남아 있었는데, 1997년 듀폰은 주식의 20퍼센트를 취득하고 이사회의 두 개 자리를 획득했다.

일반적으로 말해, 상업적 종자 회사들이 동종 교배 방식을 통해 투입재인 종자를 통제할 수 있는 능력은 상당히 제한된 것이었다. 첫째, 동종 교배 방식은 콩이나 밀 같은 중요한 작물이나 대가축에 대해서는 경제적으로 활용할 수 없었다. 둘째, 동종 교배 방식은 일반적으로 생산량의 증가에는 성공적이었지만, 특정 질병에 대한 저항성, 제초제에 대한 저항성, 유지 종자의 유지 함량 증가 같은 많은 중요한 특성들은 나타나지 않기 때문에 그러한 특성들은 다른 육종 방법을 통해 도입되어야 했다. 셋째, 농업 경영상 중요한 작물들에 도입된다면 바람직할 것 같은 특성들이 있지만, 이러한 특성은 현재 경작되고 있는 작물과 교배되지 않는 작물 속에 존재하는 것이다. 가장 유명한 예는 콩과 식물처럼 뿌리를 질소 흡착 박테리아가 서식하기 좋도록 만들어서 공기 중에서 질소를 흡착할 수 있는 옥수수를 만들어 내려는 시도였다. 이것이 성공했다면, 질소 비료 시장은 축소되고 질소 공급은 종자 기업의 손에 넘어갔을 것이다.

종자 기업이나 종자 기업의 파트너 혹은 소유주인 화학 기업에게 이윤을 제공할 만큼 농업 경영상 중요한 작목들을 변형하는 것이 한계에 도달했다는 것은 바로 1970년대에 이르러 자본의 농업 침투가 명백한 한계에 이르렀음을 의미한다. 농업 생산에서 새로운 형태의 중요한 기계 도입은 종말을 고하였는데, 이것은 한편으로는 연료비의 급격한 변화와 다른 한편으로는 이민 노동자가 지속적으로 공급됨으로써 농업 노동자의 조직화가 지연되었기 때문이었다. 비료와 살충제로 인한 환경오염에 대해 대중의 인식이 점차 커지고, 살충제와 제초제 살포의 유해성으로부터 농장 노동자들을 보호하기 위한 OSHA(Occupational Safety and Health Administration의 약자로 근로조건 등의 기준을 마련해서 노동자의 건강과 안전을 보장하기 위한 미 노동부 산하 기관 — 옮긴이) 규정이 만들어져서 이미 사용 중인 화학 물질 사용을 억제하였을 뿐만 아니라 새로운 화학 약품 사용을 억제했다. 더구나 비료와 살충제는 이미 지나치게 많이 사용되어서, 농민들에게 경제적으로 적정한 수준 이상으로 사용되고 있었다. 1975년 이후에는 비료 사용이 늘어나지 않았고, 1980년대 초반 이후에는 합성 살충제 사용도 증가하지 않았다. 투입재의 공급자와 산출물의 구입자들이 농업으로부터 더 많은 잉여를 전유할 수 있는 가능성은 다음 두 가지 요인, 즉 1) 농업 경영상 중요한 작목들에 대해 근본적인 생물학적 변형을 가하는 것, 2) 변형된 특성을 보유한 생물체가 계속 자신들의 소유와 통제 하에 있도록 보장하는 것에 의해 결정되었다. 더구나 투입재 생산 부문과 영농 후의 생산 부문(구매, 가공, 유통)의 집중이 심화됨으로써 거의 독점 단계에 이르게 된다면, 잉여의 전유는 더욱 크게 늘어날 수 있을 것이다. 이제 생명 공학을 살펴보기로 하자.

생명 공학과 소유의 통제

이 글에서 주장하는 바는 생명 공학을 상업적으로 이용하려는 목적은 농업 생산에 대한 자본의 지배를 확대하기 위해서라는 것이다. 이러한 목적을 달성하기 위해서 생명 공학적 혁신은 다음과 같은 세 가지 기준을 충족시켜야 한다. 첫째, 개발 시간과 비용이 연구에 투자되는 자본에 의해 정해진 한도 내에서 이루어져야 한다. 아그리세투스, 아그리지네티카, 바이오테크니카를 비롯한 생명 공학 기업들은 비非콩과 식물에 질소 흡착 기능을 도입하려고 했다. 그러나 이들은 10년 이상 7,500만 달러를 지출한 후, 개발이 가능하며, 개발에 성공한다면 막대한 이윤을 얻을 수 있다는 증거가 있음에도 불구하고 결국 포기했다. 둘째, 개발이 건강이나 환경과 관련된 쟁점들을 우려하는 정치 세력들로부터 심각한 도전을 야기해서는 안 된다. 모든 생명 공학적 혁신은 환경과 건강 관련 위험을 지니고 있다는 것을 근거로 도전을 받아 왔다. 이러한 우려가 적어도 초기 생명 공학 프로젝트의 하나를 포기하도록 했다. 생명 공학을 도입하려는 중요한 동인은 비료와 농약을 계속 사용하는 것이 저항에 부딪히면서 투입재 생산자들이 농업 잉여를 전유하는 것이 한계에 도달했다는 점 때문이다. 셋째, 생명 공학 제품의 소유와 통제가 농민의 손으로 넘어가서는 안 되며, 투입재의 상업적 제공자의 손에 계속 남아 있어야 한다.

생명 공학의 혁신자가 변형된 품종에 대한 소유권을 계속 확보하고 통제할 수 있어야 한다는 요구는 모순을 낳는다. 앞서 논의했던 것처럼, 농민은 신품종 종자를 구매할 때 자유재, 즉 종자 속에 포함되어 있는 유전 정보를 획득한다. 그리고 육종자는 자신의 소유권을 상실하게 된다. 동종 교배법을 통해 확보하였던 재산권의 보호는 몇 개의 유기체와 몇몇 농경적 특성에 한정된 것이었다. 생명 공학은 동종 교배법이 적용되지 않는 바로 그러한 사례들에 도입되어 왔다. 그렇다면 육종자는 결정적인 물질, 즉 유전자를 제공하면서 어떻게 더 많은 잉여를 전유할 수 있는가? 그 해법이 육종자의 손에 쥐어졌는데, 그것은 법적 무기와 생물학적 무기가 결합된 것이었다. 식물 종 보호법Plant Variety Protection Act과 뒤이은 법원의 결정에 따라 법적 무기가 육종자에게 제공되었다. 이와 병행하여 농산물의 원천을 정확하게 밝혀 주는 표준 DNA "지문 fingerprint"을 사용함으로써 육종자의 권리가 보호된다. 생명 공학적으로 조작된 종자를 구입하는 농민은 작물에서 생산된 다음 세대의 종자에 대한 모든 소유권을 양도한다는 계약을 종자 생산자와 맺는 것이 이제는 표준이다. 농민은 농사를 지어 얻은 종자를 다른 농민에게 파는 것 "brown bagging"이 금지될 뿐만 아니라, 더욱더 혁명적인 것으로서, 다음 해 농사를 짓기 위해 자신의 농장에서 생산한 2세대의 종자를 다시 파종하는 것도 금지된다. 몬산토의 라운드업 레디 대두 종자를 구매하는 모든 농민들 혹은 유지 함량이 낮은 "담백한" 감자 칩을 만드는 데 사용되는 몬산토의 특별 품종 씨감자를 구매하는 모든 농민들은 같은 품종을 계속 생산하려면 계약 조건에 따라 다음 해에 다시 몬산토에 가야 한다. (몬산토는 대두를 포함한 모든 식물들을 죽이는 성능이 확실한 제초제인 라운드업의 생산자이다. "라운드업 레디" 대두는 유전 공학적으로 생산되는데, 라운드업을 많이 살포한 들판에서도 죽지 않고 재배할 수 있어서 생산량에 영향을 받지 않는다). 몬산토가 그러한 계약을 강행할 수 있는 것은 작물을 확인할 수 있는 능력이 있기 때문이다. 작물 확인은 식물 한 포기 혹은 종자 한 알로도 쉽게 확인할 수 있는데, 이것은 유전자 조작 품종의 DNA가 유전 공학자들에 의해 의도적으로 주입된 독특한 유전자 배열을 가지기 때문이다. 이러한 표식이 포함된 유전자 배열을 가진 작물을 분석하는 것을 생명 공학 종자 생산자들의 실험실에서는 "게놈 통제genorm control"라고 부른다. 이들은 이러한 검침 기술들을 개발하는 데 상당한 실험적 노력을 기울였다. 그럼에도 불구하고 다른 농민에게 종자를 팔거나 자신이 생산한 종자를 재파종하는 일이 발생하고 있다. 이에 대응하기 위해 몬산토는 농민들이 구독하는 잡지에 전면 광고를 게재하고, 다음과 같이 농민을 위협하거나 회유하고 있다.

농민은 몬산토가 특허를 보유하고 있는 바이오테크 종자를 보관해 재파종하는 일이 잘못된 것임을 알고 있습니다. 그리고 이전에 계약을 체결하지 않았다고 해도 종자를 획득했을 때 [즉, 재파종하거나 이웃 농가가 판매하는 종자를 구입했을 때]부터 그는 해적질을 하고 있는 것입니다… 더욱이 종자 해적질을 한 농민은 에이커 당 수백 달러에 달하는 소송비와 벌금을 부담해야 하며, 수년간 농장이 감시당하고 영업 기록에 대한 감사를 받을 수도 있습니다.

그 외에도 농민들이 계약에 따르도록 하는 데는 널리 공표된 몇몇 법적 판결만으로도 충분했다.

그러나 재산권에 얽힌 이야기는 또 다른 장이 필요할 정도로 간단하지 않다. 동종 교배법은 단지 몇 개의 유기체에만 적용되었고, 계약 시스템이 제대로 작동하기 위해서는 위협, 감시monitoring, 법적 소송이 요구된다. 종자 소유권에 대한 완벽한 해결책을 제공한 것은 바로 생명 공학이다. 씨를 뿌리고 그 작물을 재배할 수는 있지만 그 씨앗은 발아되지 않도록 유전자를 조작하는 방법에 특허가 부여되었는데, 그것은 1998년 3월 3일에 공표되었다. 20세기 초 동종 교배법을 개발함으로써 최초로 자본주의적 종자 생산의 문제점을 해결하려는 시도가 있었지만, 이 기술에 대한 특허로 일거에 모든 작물에서 자본주의적 종자 생산의 문제를 해결할 수 있었다. 불임 종자 개발자가 지적한 것처럼 이런 유의 생명 공학 기술이 상업적으로 현실화되기 위해서는 앞으로 더 많은 개발이 이루어져야 한다. 그러나 다른 모든 작목에 이 기술을 적용하는 것에는 아무런 제약이 없는 것처럼 보인다. 그런데 누가 이 특허의 발명자이며 소유자인가? 바로 면화 종자와 대두 종자의 선도적인 육종자이자 생산자인 델타 앤드 파인랜드와 미 농무부 산하 농업연구서비스Agricultural Research Service이다. 그러나 이러한 기술 개발이 농민이나 소비자에게 어떤 혜택을 제공할지 알 수 없다. 우리는 국가가 공공의 이익을 배제한 채 이보다

더 노골적으로 사적 이해관계를 지원한 사례를 찾기 힘들 것
이다.

육종자의 재산권을 강화하기 위해 계약을 이용해야 한다
는 것으로부터 우리는 유전 공학이 한계를 가지고 있다는 점
을 짐작할 수 있다. 현재 젖소의 우유 생산에 필요한 신진대사
를 촉진하는 인공 성장 호르몬BST이 몬산토에 의해 상업적으
로 생산되는데, 그것은 유전적으로 변형된 박테리아를 사용하
여 발효조에서 생산된다. 그러나 정상적인 소는 스스로 성장
호르몬을 생산하므로, 우유 생산량을 늘리기 위해서 이 호르
몬 생산을 통제하는 DNA를 변형하지 못할 이유가 없다. 그렇
다면 인공 성장 호르몬을 상업적으로 구입하고 투여하는 것을
불필요하게 만들 수도 있다. 그러나 우리는 현실이 그렇게 되
지 않을 것이라는 것을 충분히 예측할 수 있다. 첫째, 젖소는
중소 규모의 농업 경영체에서 대부분 자가 재생산되기 때문에
대규모 종자 회사에 상응할 만한 대규모 상업적 젖소 종축업
자가 존재하지 않는다. 둘째, 강제 집행이 어렵다. 몬산토의 집
행인이 농민의 밭이나 지방 곡물 저장 창고local elevator에서
감자 한 알이나 약간의 종자를 "얻는 것"은 쉽다. 그러나 농가
의 젖소 "게놈을 통제"하기 위해 필요한 혈액이나 조직 샘플
을 구하는 것은 종자를 구하는 것보다 훨씬 더 농가를 성가시
게 할 것이다. 더구나 젖소 송아지는 같은 시기에 동시에 출생
하는 것이 아니라 시차를 두고 계속 출생한다. 따라서 몇 년간
의 지속적인 노력 없이는 어떤 소가 원래 구입한 종우인지 혹
은 종우가 낳은 후손인지를 밝히기 어렵다.

생산 계약, 생명 공학 그리고 영농에 대한 통제

생명 공학과 재산권을 보장해 주는 계약 시스템의 유일한 효과가 단순히 제조된 영농 투입재 영역을 더욱 확대하는 것이라면, 결코 혁명적인 것은 나타나지 않았을 것이다. 농민들은 오래 전부터 제조된 투입재들을 구입해 왔다. 농업에서 일어나고 있는 핵심적 구조 변화는 농업 생산의 수직적 통합으로부터 발생하는데, 수직적 통합을 통해 농산물의 구매자들이 농업 생산 과정 전체를 통제한다. 이러한 수직적 통합은 1) 투입재와 산출재를 기술적으로 연계하고, 2) 단일 기업이 산출재의 과점적 혹은 거의 독점적 구매자이면서 동시에 결정적으로 중요한 투입재의 과점적 혹은 거의 독점적 공급자로서 이중적 기능을 수행하며, 3) 농민을 투입재와 산출재를 연계하는 고리가 되도록 만드는 계약 영농 메커니즘을 통해 가능하게 된다. 계약 영농은 생명 공학이 도입되기 전부터 이미 활용되었다. 농산물의 구매자가 동시에 시장 판매를 위해 그것을 가공하는 가공업자인 곳에서는 어디에서든 수직적 통합의 가능성은 존재했다. 통조림용 채소를 생산하는 곳에서는 계약 영농이 공통적으로 활용되었다. 오하이오의 토마토 통조림 공장은 토마토 농장 가운데 세워졌는데, 통조림 회사가 종자와 화학 투입재를 공급하고 다 익은 토마토를 수집했다. 농민은 농지와 노동을 제공하였다. 그러나 계약 시스템은 초기 통조림용 채소 생산 계약 이후로 큰 진전을 보였다. 생명 공학이 수행하는 결정적 역할은 투입재와 산출재를 물질적으로 연계하는 것 속에 존재한다. 효율적이고 통합된 생산 체계를 보장하기 위해서, 농업 생산에 투입되는 생물 투입재, 즉 재배되는 유기체는 다른 투입재들과 영농 과정의 기계적 특성, 그리고 시장 판매를 위해 최종 산물이 가져야 할 특성들과 딱 들어맞도록 공학적으로 조작된다. 이러한 목표의 일부는 관습적인 육종 방법에 의해서도 충족될 수 있지만, 특정 질병에 대한 저항성이나 유기체의 질적 구성을 변화시키는 것과 같이 필요한 많은 특징들은 생명 공학을 이용한 유전자 조작에 의해 가장 잘 만들어진다. 더구나 원하는 유전적 특징이 원래 어떻게 만들어졌는지 관계없이, 그러한 특징을 가진 투입재인 유기체를 다양한 복제 기법과 조직 배양 기법을 통해 대량으로 복제하는 것이 가능하다.

계약 영농의 본질을 잘 보여 주는 사례는 특히 계약 시스템이 확고하게 자리 잡은 육계broilers(식육용으로 사육되는 닭) 생산에서 볼 수 있다. 슈퍼마켓과 패스트푸드점에 닭고기를 공급하는 주 공급자는 사우스캐롤라이나 주의 타이슨 팜즈이다. 타이슨 닭고기는 타이슨 "농장"에서 생산되는 것이 아니라 100에이커 정도의 농지를 소유하고 연간 평균 25만 마리의 닭을 생산하는 소규모 농민들에 의해 생산되는데, 이들의 연간 총소득은 약 6만 5천 달러이며 순소득은 1만 2천 달러 정도이다.

육계 생산은 타이슨(혹은 유사한 다른 지방 기업들)과 4년 계약을 맺고 생산되는데, 이 계약에 따라 타이슨이 사육할 병아리, 사료, 그리고 수의학獸醫學 서비스의 독점 공급자가 된다.

타이슨은 공급되는 병아리의 유형, 공급량과 공급 빈도의 유일한 결정자이다. 타이슨은 7주 후에 자신들이 정한 날짜와 시간에 다 자란 닭을 수집한다. 타이슨은 사육되는 닭의 무게를 재는 저울을 공급하고 닭을 싣고 갈 트럭을 제공한다. 농민은 노동, 사육장, 사육장이 세워지는 토지를 제공한다. 사육에 필요한 투입재와 사육 방식farming practices에 대한 엄밀한 통제는 전적으로 타이슨의 손에 달려 있다. 그래서 "생산자(농민)는 사료, 수의약품, 제초제, 농약, 살충제, 쥐약 등 회사에 의해 공급되거나 그 회사의 문건에 의해 승인된 것 이외의 다른 어떤 물품도 사용하지 않아야 하고, 그에 서명해야 한다." 더구나 농민은 회사의 "육계 사육 지침"을 준수해야 한다. 만일 그렇게 하지 않으면, 농민들은 "집중 관리" 대상이 되어 타이슨의 "육계 관리 및 기술 자문관"의 직접 감독을 받게 된다.

더 이상 육계 생산 농민은 재료를 사서 그것을 자신의 노동으로 변형해 시장에서 제품을 판매하는 독립적 장인이 아니다. 계약 농민은 아무것도 사지 않으며, 아무것도 팔지 않으며, 물리적 변형 과정에 대한 어떤 결정도 내리지 않는다. 농민은 단지 생산 수단의 일부, 즉 토지와 건축물을 소유한다. 그러나 노동 과정을 통제하지도 않으며, 소외된 생산물에 대한 어떤 통제도 하지 못한다. 농민은 17세기와 18세기의 초기 자본주의 단계의 전형적인 "선대제putting out" 노동자가 된다. 농민이 얻는 것은 약간 더 안정적인 소득원이지만 이것은 조립 생산 라인의 단순 조작자operator가 되는 대가로 얻는 것이다. 농민들의 지위가 시장에서 많은 구매자들에게 판매하는 독립 생산자의 지위로부터 선택의 여지가 전혀 없는 프롤레타리아의 지위로 변화되었다는 점이 1988년 소농에 대한 국가 청문회 보고서의 권고안 속에 반영되어 있다.

> 의회는 농업공정거래법(AFPA: Agriculture Fair Practices Act)을 수정해 사육자들이 협회를 조직하고 차별이나 거절의 위협 없이 조직을 통해 거래할 수 있도록 농무부의 행정력을 강화하고 민사 처벌 권한을 농무부에 부여해야 한다(필자 강조).

또한 생명 공학을 이용한 유전자 조작과 계약 영농이 결합되면서 제3세계 경제에 재앙적인 결과를 초래할 수 있다. 제3세계로부터 수입되는 농산물의 대부분은 커피, 향료, 에센스, 식용유 같은 질적으로 독특한 특성을 가진 물질들이다. 더구나 이러한 물질은 노동이 많이 투입되는 낮은 기술 수준에서 생산되며, 불안정한 정치 경제 체제를 가진 나라에서 생산된다. 그 결과, 예를 들어 필리핀에서 생산되는 야자유의 가격은 불안정하고 야자유의 이용 가능성도 안정적이지 못하다. 이러한 특징들 때문에 그러한 농산물들은 국내에서 생산되는 작물에 유전자를 전이해서 변형을 가하고자 하는 주요 대상 작물이다. 유전자 전이를 통해 조작된 작물은 가공업자와 계약을 맺고 특용 작물specialty crops로 재배된다. 칼젠은 유지油脂 작물인 카놀라를 유전자 조작하여 비누, 샴푸, 화장품과 식품에 사용되는 라우릭산 함량이 높은 카놀라 품종을 개발했다. 과거에는 이들 제품을 생산하는 데 수입 야자유가 필요했다. 필리핀의 대다수 농촌 주민은 경제적으로 야자유에 의존하고 있지만, 특수 카놀라는 계약 재배로 중서부에서 생산되어 필리핀산 야자수를 대체하고 있다. 또한 카페인을 자연적으로 합성할 수 있는 유전자가 대두에 성공적으로 전이되었다. 만일 커피 맛을 내는 에센스 오일 유전자가 주입될 수 있다면 중앙 아메리카와 남아메리카 그리고 아프리카는 분말용 커피콩 시장을 잃게 될 것이다.

농업이 고전적인 자본주의로의 이행 방식을 따라왔다고 생각하는 것은 잘못된 것이다. 공업 생산과는 달리, 자본에 의한 농업 침투의 첫 단계는 투입재 산업과 산출물 가공업자에 의해 크게 꽃피었다. 이들은 소규모 상업농이 필요로 하는 것을 팔았고, 그들이 생산한 것을 구매함으로써 농업 잉여를 전유하였다. 그러한 형태는 공업 부문에서는 나타나지 않았다. 이러한 전유의 가능성이 전부 소진된 후에야 완전히 새로운 기술이 제 역할을 발휘하게 되었다. 농업 생산의 핵심적인 물질적 연계 고리이며 동시에 농업의 자본주의화에 가장 저항하는 살아 있는 유기체에 집중함으로써 생명 공학은 자본 침투의 두 가지 임무를 완수하고 있다. 첫째, 생명 공학은 과거에는 투입재에 포함시킬 수 없었던 광범위한 유기체를 투입재 상품 생산의 영역에 포함시킴으로써 투입재의 영역을 넓혔다. 둘째, 그리고 보다 더 근본적으로 생명 공학이 수직적 통합을 가능케 함으로써 농민을 무산 계급화 하고 있다. 자본주의 농업의 미래는 바로 이 두 번째 임무에 의해 결정될 것이다. 그것은 농업 생산의 물리적 본질, 즉 농업 생산은 불가피하게 토

지와 연계되어 있다는 점에서 하나의 생산 과정으로서 독특한
구조를 간직하고 있기 때문이다.

(번역 : 박민선)

6장

세계의 식량 정치

필립 맥마이클

Philip McMichael

우루과이 라운드와 농업 관련 기업의 제국주의

1990년대 초에 미국 농무부가 예측한 바에 따르면, 미국의 농산물 수출액은 10년 안에 30억 달러 이상 증가하고, 이 증가액 가운데 2/3를 아시아 태평양 지역에 대한 수출이 차지할 것이라고 했다.[1] 또한, 미국 수출업체는 정부가 지원하는 농산물 수출 진흥 계획(Export Enhancement Program: EEP)을 통하여 아시아 태평양 지역의 수출분에 대하여 10억 달러의 보조금을 받을 것으로 예측했다. 돈벌이가 되는 시장(대부분의 농산물 수출품이 한국이나 대만에서 판매되는 쇠고기나 가공 식품이다)에 인도네시아나 말레이시아, 필리핀이 대량으로 수입하는 밀이나 옥수수도 포함될 것이라면서, 미국 농무부는 필리핀의 옥수수 농업에 대하여 다음과 같이 예측하고 있다.

> 필리핀이 옥수수 생산을 위해 농업 기반 시설에 대한 지속적이고 적극적인 투자와 경쟁력 향상을 꾀하지 않는다면, 필리핀은 10년 후면 만성적인 옥수수 수입국으로 전락할 것이다. … 이 확대되는 시장에서 미국산 옥수수는 큰 비중을 차지할 수 있을 것이다.

1994년의 우루과이 라운드 농업 합의 결과, 미국산 옥수수가 필리핀에 수입되면 2000년 필리핀산 옥수수의 현지 가격은 20퍼센트 정도 하락하게 되고, 이로 인해 필리핀에서 옥수수를 생산하는 50만 농가의 소득은 15퍼센트나 삭감될 것이라고 OECD는 예측했다. 이로 인해 파생되는 결과는 여러 가지 사회적 비용을 높이게 된다고 왓킨스Kevin Watkins는 지적하고 있다. 예를 들면, 교육에 대한 지출을 감소시키고, 아동 노동에 대한 의존도를 증대시키며, 영양 상태를 불충분하게 만들며, 감소된 소득을 보충하기 위해서 여성은 가사 외 노동에 힘을 기울이게 된다는 것이다. 그런데, 미국의 농민과 곡물 판매업체 등이 미국 정부로부터 받는 평균 보조금은 민다나오 Mindanao 섬의 옥수수 생산자가 벌어들이는 소득의 약 100배에 달한다. 왓킨스가 서술하고 있는 바와 같이, "자유 무역주의자들이 생각하는 상상 속의 세계와는 달리 현실 세계의 농산물 시장에서 살아남는 것은 비교 우위 때문이 아니라, 비교적 유리하게 취득할 수 있는 보조금 때문이다." 또한 그는 '제네바에 있는 이상한 무역기구'(WTO — 옮긴이)에 국가의 농업 정책에 대한 주권을 암암리에 인도했음에도 불구하고, 필리핀 정부는 우루과이 라운드 합의를 경제를 효율화하는 수단으로 간주하고 있다고 밝히면서 다음과 같이 결론을 맺고 있다: "법적인 엄밀성은 차치하고라도, 우루과이 라운드 합의는 정교한 기만으로 가득 찬 법조항을 승인하고 있다. 이 합의는 개발도상국에 대해서는 자유 무역의 이름으로 농산물 시장의 개방을 요구하고 있지만, 미국과 EU에 대해서는 농업 체계의 보호와 수출 보조금을 용인하고 있다."[2]

　우루과이 라운드의 교활함은 최근에 구축된 WTO 안에서 제도화되고 있다. WTO는 효율성과 시장의 자유화라는 이름 하에 정치적, 사회적, 환경적 보호까지 균일하게 하려는 도저히 도달할 수 없는 시도를 관장하고 있다. 그러나 위의 사례가 보여 주는 것처럼, "공평한 싸움터level playing field"는 실제로는 공평하지 않다 — 왜냐하면 미국과 EU는 정부가 농가 지출을 지원하여 (농산물의 덤핑 수출을 촉진하는) 농업 보조금을 지원해 주기도 하고, 광범한 영역에 걸친 농업 기반 시설을 확충함으로써 간접적으로 농업을 계속해서 보조하고 있기 때문이다. 이러한 보조금을 지원받는 가운데, 미국과 EU의 수출 상품은 인위적으로 낮춰진 가격으로 경합하고 있다. 그래서 시장 개념에서는 남반구의 농업은 상대적으로 효율이 없는 것처럼 보인다. 시장 가격을 농업 경쟁력의 판단 근거로 삼는 상황에서, 자유 무역이라는 미사여구는 세계의 소농을 희생하여 농업 관련 산업의 시장 확대를 위한 제도적 수단의 도입을 정당화하고 있다.

　시장을 공평하게 만든다는 사고방식은 1970년대에 나타난 신자유주의적 프로젝트의 부정적 유산이다. 이러한 사고는 처음에는 시장 법칙의 패권주의적인 담론에 불과했지만, 점차 신자유주의의 후퇴를 막기 위해 시장 법칙을 제도화하는 강제적인 정책으로 전개되기에 이르렀다. 1980년대에 재정 적자를 축소하기 위한 공채 관리 정책의 제도화가 시작되었는데, 당시는 제3세계의 정치 엘리트들이 긴축적인 구조조정 프로그램을 내놓은 시기였다. 1990년대에 들어서면서 WTO나 급증하는 자유 무역 협정 등과 같은 국제적 제도를 통하여 시장 법칙의 제도화가 일반화되고 있다.[3)]

　아래에서 논의하겠지만, '농업 관련 기업의 제국주의agri-business imperialism' 는 세계 농업과 식품의 유통을 독점적으로 지배하는 제도적 메커니즘을 강압적으로 활용한다. '농업 관련 기업의 제국주의' 는 세계 경제에서 중심적인 세 지역(서유럽, 북미, 일본)에 집중되어 있으며, 주로 기업 부문의 이익과 함께 전 세계 인구 중 소수에 속하는 약 6억 명의 부유한 소비자의 이익을 위해 봉사하고 있다. 그러나 세계적 차원에서 식품의 생산과 소비의 역사적 관계는 항상 지정학적 요인에 의해 구축되어 왔다. 식량의 지정학을 역사적으로 간략하게 살펴보더라도, 미국은 "세계의 곡창 지대breadbasket of the world" 전략을 계속 추진하면서, 현재의 자유 무역 체제를 매개로 기업에 의한 "식량 무기food power"를 제도화하려고 한다는 사실을 확인할 수 있다.

농업과 자본주의 − 농업 식민주의에서 농업 산업주의로

전 지구적 권력 관계에 대한 정치경제학적 이해의 대부분은 "국제 분업"이라는 개념으로 표현되는 이원적인 세계관에 묶여 있다. 세계 자본주의의 역사에서 중심부인 유럽 세계는 공업을 특화하고, "주변부peripheral"인 유럽 이외의 세계는 원자재나 식량으로 생산을 특화해 왔다. 제3세계 국가들이 국내

의 공업 부문을 지원하게 됨에 따라 이러한 분업 관계를 극복
하는 과정을 개발로 인식되게 되었다. 이 개발 시나리오에서
농업은 극복해야 할 특화 부문으로 간주되고 있다.

국제 분업 개념은 개발 패러다임에서 농업을 하찮은 존재
로 취급하면서 중심부의 공업을 강조해 왔다. 더욱이 이 개념
은 전 지구적 정치경제나 권력관계의 재편과 함께 이루어지는
농업 관련 산업의 정치적 전략을 모호하게 만든다. 이렇게 된
이유 중 하나는, 이상주의자들이 생각하는 "발전"이라는 틀
속에는 서로 다르지만 여전히 연관성을 가지고 있는 두 개의
역사적 맥락이 함께 섞여 있기 때문이다. 이 두 개의 맥락은
영국의 패권주의 및 미국의 패권주의의 전 지구적 전개이고,
이 각각은 서로 다른 두 개의 개발 모델을 형성했다. 이에 대
해서 순서대로 알아보자.

"세계의 공장workshop of the world"이라는 영국의 슬로
건이 보여 주는 것처럼, 영국의 패권주의는 고전적인 국제적
분업 체계에 따른 세계 분할을 포함했다. 영국의 특화는 열대
의 식민지나 온대에 위치한 신세계(미국이라는 장래의 "곡창
지대"를 포함)로부터 농산물을 수입할 수 있었기 때문에 가능
했다. 실제로 세계 자본주의는 식민지 농업을 기초로 탄생했
고, 대규모 노예제 플랜테이션은 공장제의 대두를 미리 보여
주었다. 노예 제도가 무산 계급의 등장보다 앞섰을 뿐만 아니
라, 식민지 제도는 근대 산업의 대두를 촉진하는 초기 자본의
대부분을 탄생시켰다. 보다 근본적으로는, 자본주의적 생산
(및 소비) 형태는 농업에서 처음으로 발생했고, 식량과 식품의

전 지구적 교역은 세계적 규모의 자본주의 조직에서 핵심 부분을 이루면서 오늘에 이르고 있다.

19세기에 영국은 (국내 농업을 보호하는) 곡물법을 폐지하고, 식료품을 수입했다. 이 전략은 국제 분업에 기초하여 전 지구적 시장을 구축해 영국을 "세계의 공장"으로 올려놓기 위한 것이었다. 세계를 중심부의 공장과 주변부의 농업용 배후지로 분리하려는 시도는 식민지 제도와 관련된 정치경제학의 핵심 부분이었다. 영국의 "자유 무역" 체제 하에서 영국의 경쟁 상대인 유럽의 여러 나라들과 이들 나라의 투자자들은 유럽 이외의 지역이 산업화된 지역에 (사탕이나 육류로부터 면화나 고무에 이르는) 식량과 원자재를 공급하는 수출 농업과 채취 산업으로 특화하도록 강요하면서 지배권을 강화했다.

19세기 중에 실크나 향신료 같은 사치품들이 공업 제품으로 대체됨에 따라 비유럽 세계가 수출하는 농산물의 구성도 변화하였다. 세계 무역에 새로 등장한 농업 및 기타 원자재는 유럽에 새로 등장한 산업 노동자에 의해 소비되는 것(설탕, 커피, 차, 코코아, 식용유 등)과 공장에서 원자재로 사용되는 것(면화, 목재, 고무, 황마 등)이었다. 이처럼 유럽과 아열대 지방 사이의 상호 관계가 심화됨에 따라, 이전의 식민 국가(미국, 오스트레일리아, 뉴질랜드, 캐나다)와의 사이에 20세기 세계 농업 형태를 변화시키는 또 다른 무역 패턴이 만들어졌다. 이들 지역에서 수출되는 온대성 농산물(곡물이나 육류)은 중심부의 농업을 보완하기도 하고 경합하기도 하면서 유럽 노동자들의 주요한 식품이 되었다.[4]

20세기에 미국은 제조업과 농업 부문의 국내적 통합에 기초를 둔 새로운 개발 모델을 추진했다. 영국 모델이 "외향적"인 것이라면, 미국 모델은 "내향적"인 것으로 볼 수 있다. 그러나 20세기 미국 중심의 정치경제에서는 농업 관련 산업과 식량 무기의 막강한 역할이 명확히 드러나지는 않았다. 19세기 말에 백인 이민자들에 의한 농업 경영(미국에서 전형적인 가족 농업 경영)이 세계 경제에서 새로운 농업의 핵을 형성하게 되는데, 이것이 이민 국가뿐만 아니라 유럽의 공업화를 가속화했다. 상대적으로 단위 면적당 주변부 인구 비율이 낮았기 때문에 이 전략적인 "곡창 지대" 역할은 높은 생산성을 갖는 에너지-자본 집약적인 농업을 출현시켰다. 사실, 이러한 공업적 농업 형태는 20세기의 농업 개발 모델이 되어 처음에는 유럽에서, 그 후에는 식민지로부터 독립한 세계로 확대되었다.

이러한 집약적 농업 모델은 시장을 통하여 외부로부터 공급되는 자재 — 예를 들면, 석유 · 유기 비료 · 교배종 종자 · 기계 · 농약 등과 같은 기술적 자재나 새로운 집약적 육류 생산을 위해 사용되는 옥수수와 대두 사료 같은 특별한 농업 산출물 — 를 끊임없이 필요로 한다는 점에서 중요한 의미를 갖는다. 이 집약적인 모델은 공업과 농업을 통합하면서 제2차 세계대전 후의 브레튼 우즈Bretton Woods 통화 체제(이 체제 하에서 고정 환율 제도와 자본 흐름의 관리를 통해 국민 경제는 안정되었다)라는 개념 안에서는 번영을 구가했다. 그러는 동안 초국적 수준의 거대 농업 관련 기업들은 농자재의 거래를 통하여 국경을 넘어 협동 보조를 취하기 시작했다. 이러한 거래의 대부분은 유럽과 동아시아 지역의 전후 처리에 기원을 두고 있는데, 이들 지역의 전후 복구는 미국과의 무역이나 수출 신용에 의존했다. 예를 들면, 일본의 축산 부문은 미국산 옥수수와 브라질의 대두 같은 수입 사료에 의존하게 되었다. 바꿔 말하면, 국가 차원에서 조직된 (농업을 공업적 과정에 종속시키고, 통합하는) '농산복합체agro-industrial complexes'가 국제적으로 활동했다고 할 수 있다.

이런 가운데 '농업의 공업화agro-industrialization'는 식민 지주의와 결합된 전 지구적 규모의 분업을 강화하였다. 19세기 말부터 고무나 섬유 및 (비누, 윤활유 및 페인트용) 식물 기름의 공업적 이용이 확대되었고, 20세기 중반에는 가공 식품이 급속도로 보급되어 식물 기름과 설탕 등 열대산 농산물에 대한 수요도 높아지게 되었다. 이러한 열대산 농산물의 수출은 독립 후의 개발 계획에 일시적으로 사용되었다. 그러나 열대산 농산물의 수출이 가져다준 전략적인 역할은 농업 관련 산업의 기술이 발전하면서 점차 불확실하게 되었다. 농업 관련 기업 복합체agribusiness complex가 발전하면서 고무와 섬유의 대체가 중심부에서 이루어졌고, 열대산 농산물의 대체품을 찾으려는 움직임도 일어나기 시작했다. 이들 기업은 옥수수 시럽과 대두유 같은 중심부의 농업이 만들어 내는 부산물을 설탕이나 열대산 식물 기름의 대체품으로 활용하게 되었다. 이러한 부산물은 식품 가공 산업에 중요한 요소가 되었다.

따라서 식민 정책에 의해서 수출을 통한 수입원으로 번성했던 남반구 국가의 몇몇 농업 부문은, 농업의 공업화로 인해서 잠식되었다. 바꿔 말하면, 북반구의 농산복합체가 갖는 기술과 정치력이 식품 경제의 전 지구적 구조를 형성하는 데 막대한 영향을 미쳤다. 미국의 농산복합체가 이러한 과정에서 수행한 정치적 역할에 대하여 간단하게 살펴보자.

전 지구적 정치경제 하의 농업 관련 산업
─ 농산물 수출 의존의 심화

미국의 농산복합체는 농업 부문에서 특히 심각했던 1930년대의 대공황에 대응하기 위해서 양차 대전 사이에 실시된 농업 관련 조정 장치를 배경으로 탄생했다. 1935년의 농업 조정법 Agricultural Adjustment Act 개정으로 국내 가격을 세계 시장 가격보다도 높게 설정하는 미국 농무부의 가격 지지 계획을 지키기 위해서 농무장관은 농산물 수입을 금지할 수 있게 되었다. 그러나 아이러니하게도 이 신중상주의적인 수입 관리 정책은 결국 세계적으로 중요한 의미를 갖는 농산물 수출 계획을 탄생시키게 되었다. 농가 보호로 생산 과잉을 가져왔고, 미국 정부는 이 잉여 농산물을 공법 480호(농산물무역개발원조법으로서 1954년 7월에 제정 ─ 옮긴이)에 의거해서 원조 물자로 해외에 처분했다. 처음에는 무상 원조로 시작해 나중에는 상업에 기초한 가격으로 유통시킨 이러한 식품 체계 속에서 카길이나 콘티넨탈 같은 거대 곡물상들은 부를 축적했다. 이 기업들은 전통적으로 미국의 가족 농장이 생산한 곡물을 거래했고, 식량 원조 계획이라는 보조금을 받는 수출을 통해 매혹적

인 시장을 획득해 갔다.[5)]

값싼 농산물에 더해서, 미국의 농업 관련 기업의 기술 수출도 해외 원조 계획 기관을 통하여 활발하게 이루어졌는데, 여기에는 마셜 플랜Marshall Plan과 제3세계의 특정 지역을 대상으로 한 녹색 혁명Green Revolution이 포함되었다. 이 두 계획은 유럽과 일본, 멕시코에 이르는 지역에 자본과 에너지 집약적인 미국식 농업을 모방한 근대적인 농업 부문을 만들어 냈다. 한국에서는 4개의 현지 기업이 미국의 (랄스톤 퓨리나와 카길을 포함하는) 농업 관련 기업과 합작 기업을 설립하여 한국의 식품 체계에 전문 기술과 마케팅 지식을 도입했다. 1970년의 PL480호 연차 보고서에는 이들 기업이 대응 자금을 획득하여 "근대적인 가축용 배합 사료 공장과 가축 및 가금 생산 시설, 육류 가공 공장의 건설이나 운영에 필요한 자금을 조달하게 되었다. 이러한 시설을 완전히 가동하게 되면, 사료 곡물과 기타 사료용 원료 시장이 실질적으로 확대될 것이다"라고 기술되어 있다. 2년 후에 발간된 연차 보고서에는 "이들 기업은 미국에서 개발된 기술의 한국 내 도입을 촉진하고, 미국산 옥수수, 대두박, 종축 및 기타 농자재·농기구의 대 한국 수출 급증을 가져오는 데 중요한 역할을 수행했다"라고 결론 내리고 있다.[6)]

이 보고서는 특화라는 특징을 갖는 미국식 농업 모델이 어떤 과정을 거쳐 한국의 축산업에 영향을 미쳐서, 한국이 해외(예를 들면, 미국이나 브라질, 태국)의 사료 제조업체에 의존하게 되었는가를 묘사하고 있다. 즉, 농업 관련 기업은 자사

기술을 판매할 새로운 국내 시장을 개척했을 뿐만 아니라, 특화된 농업 부문들을 국경을 초월하여 연결하는 전 지구적 상품 연쇄로 통합했다.

이들 기업이 여러 국가의 시장에서 활동하는 데 그치지 않고, 초국적 복합체로 전화하여 폭리를 취할 수 있었던 것은 특화와 함께, 1970년대에 세계 자본주의의 방향 전환에 따른 경제 지리학적 영향도 받았다. 즉, 달러화에 고정된 환율을 바탕으로 국가가 통제했던 안정적 경제는 변동 환율 제도와 역외 금융 시장과 금융 투기(다른 말로 표현하면, 금융의 세계화)의 지배를 받는 등 불안정하게 되었다. 자본 이동에 대한 국가의 규제가 완화됨으로써 초국적 기업의 활동이 확대되었고, 세계은행 같은 개발 기구도 세계 시장에 대한 수출을 국가나 기업에게 유망한 전략으로 인식하게 되었다.

흥미롭게도 1970년대 초에 미국 정부는 미국이라는 제국을 유지하는 데 필요한 비용(특히, 베트남 전쟁에 의해 발생한 비용)의 상승으로 발생한 국제 수지 적자를 타개하기 위해서 농산물 수출이라는 "식량 무기green power" 전략을 채택했다. 1970년대까지 미국의 농업 정책은 국내 농업 부문의 안정화에 초점이 맞춰졌기 때문에 수출과 식량 원조는 자국의 잉여 농산물 관리의 부산물 정도로 여겼다. 그러나 '1973년 농업법The 1973 Farm Bill'을 통하여 생산 제한을 해제하고, 상업에 기초한 수출을 장려함으로써 잉여 농산물을 처리하는 메커니즘을 바꿨을 뿐만 아니라, 세계 경제에 대한 미국 농업의 관계를 근본적으로 변화시켰다.[7]

1970년대 초부터 미국 농업은 수출 지향적으로 되어, 수출 시장을 겨냥한 값싼 기본 농산물(밀, 옥수수 및 대두)이 전체 경지의 1/3 이상에서 재배되었다. 식량 무기 전략은 세계의 가족농업 경영을 불안정하게 만들고, 수출 지향 생산을 강화하여 해외 시장 그중에서도 특히 제3세계의 중소득 국가, 중국, 구소련, 동구 등의 대외 식량 의존도를 높였다. 이런 가운데, 미국의 농업 정책을 모방하여 미국과 마찬가지로 과잉 생산 문제를 야기했던 서유럽도 유력한 곡물 수출국이 되었다.

1950년대의 밀 총수입량에서 제3세계가 차지하는 비중은 약 10퍼센트였지만, 1980년에는 57퍼센트로 상승했다. 이러한 식량의 대외 의존도 심화는 미국의 식량 원조 계획에 의해서 초래된 측면이 강하다. 미국의 식량 원조로 서구식 식습관이 장려되는 한편, 현지에서의 농가 판매 가격은 인하되었다. 또한, 수입 농산물에 의존하게 된 남반구 시장을 차지하려는 유럽과 미국의 쟁탈전은 더욱 격화되었다. 농업과 농산물 무역의 자유화에 역점을 둔 1980년대의 가트 교섭의 배경에는 전 지구적 식품 경제하에서의 초국적 기업의 역할 증대와 유럽과 미국 사이의 시장 쟁탈전이 자리 잡고 있었다.

가트의 형성과 북반구의 예외 조항

우루과이 라운드가 농산물 자유화에 역점을 두면서 가트에 새로운 영역이 추가되었다. 필리핀의 사례가 시사하고 있는 바와 같이, 자유화는 전 지구적 식품 경제하에서 결코 중립적인

"공평한 싸움터"를 제공하는 것은 아니다. 당초는 농산물 수출국으로 구성된 케언스 그룹Cairns Group[8]의 요구인 자유 무역과 미국이 추구하는 "세계의 곡창 지대"라는 중상주의적 전략을 통합한 것이 자유화였다.

흥미롭게도 우루과이 라운드 이전의 가트 교섭에서 미국은 일관되게 농업을 무역 자유화의 대상에서 제외시켜 왔었다. 1955년에는 농산물 무역을 가트의 조항에서 제외하여 수입 경쟁으로부터 미국의 농산물 공급 정책을 지켜왔다. 그러나 1980년대 중반 이후부터 미국은 이 입장을 뒤집어서 가트를 농업 보호에 대항하는 전선 구축에 이용했다. 이는 말할 것도 없이 미국의 수출 농산물이 지배해 온 기존 시장에 진입하기 위해 값싼 수출용 농산물에 보조금을 지급하던 유럽의 공동농업정책CAP이 직접적인 표적이었다. 미국 농업이 수출 시장에 크게 의존하고 있는 상태에서 미국과 유럽의 적대 관계는 부채에 허덕이는 미국의 농민과 수출 기업에게 큰 영향을 미치고 있다.

미국의 전략은 1970년대에 세계 시장에서 "식량 무기"를 창출하는 것으로부터 1980년대에는 가트 자유 무역 체제를 통하여 시장의 힘을 강화할 수 있는 보다 확대된 제도적 주도권을 확보하는 것으로 옮겨 갔다. 이러한 자유화 주도권 확보의 배경에는 농업 세력의 대폭적인 재편 또는 경제적 양극화 현상이 내재되어 있다. 1980년대의 농업 위기는 최종적으로는 대규모 생산자나 식품업체에게 유리하게 작용했다. 1994년에 이르면 미국의 상위 2퍼센트의 농장에서 농산물의 50퍼센트가 생산된 반면, 하위 73퍼센트 농장에서 생산된 농산물은 불과 9퍼센트에 머물렀다. 같은 해에 미국 쇠고기의 80퍼센트가 아이오와 비프 팩커IBP, 콘아그라, 카길 등 3대 메이커에 의해 가공되었다.

1970년대에 압도적이었던 주 정부에 의한 농업 신용 공여는 레이건 정권하에서 민간 융자로 대체되었다. 농가 갱생국 Farmer's Home Administration의 융자 폐지가 보여 주는 바와 같이 농업 정책에서 중요한 변화가 일어났다. 민간사업의 확대에 필요한 비용을 사회화하는 방향으로 농촌 지역의 복지 정책을 이동시켰을 뿐만 아니라, 농업 신용을 공여하는 권한이 민간 은행에게 주어졌다. 은행은 달러의 가치를 절상한 미국의 통화 정책으로부터도 혜택을 보았는데, 남반구의 농산물 수출국에게 미국 농산물 시장을 열어줌으로써 이들 국가가 부채를 상환토록 하는 정책을 용이하게 만들었고, 이는 결과적으로 미국 농산물 수출을 희생시킨 것이었다.[9]

1980년대 중반에 농업 위기에서 벗어나고 농산물 가격이 상승으로 전환되면서 새롭게 만들어진 미국의 농산물 수출 진흥 계획은 무엇보다도 EC의 수출업체와 경합하고 있는 농산물 수출업체에게 많은 보조금을 지급했다. 미국은 다음과 같은 메시지를 보냈다. "미국의 우선순위에 따라 정책 개혁에 착수하든가, 그렇지 않으면 미국은 EC와 세계 시장에서 직접 경합하고 있는 밀, 사료 곡물, 일부 축산물 등의 점유율을 회복하기 위해 EEP를 활용하여 수출 보조금을 조성한다."[10] 이 목적을 실현하기 위해 EEP의 대상이 되는 농산물은 구소련, 중국, 북아프리카, 중동 등의 시장을 표적으로 삼았다. 미국은 경쟁 상대국의 수출 보조금이나 기타 "불공정한" 무역 행위를 논의하는 가트 우루과이 라운드에서 EEP를 교섭 전략의 하나로 활용했다. 1994년이 되면, 미국산 농산물이 세계 시장에서 차지하는 비율은 밀은 36퍼센트, 옥수수, 보리, 수수, 귀리는 64퍼센트, 대두는 40퍼센트, 쌀은 17퍼센트, 면화는 33퍼센트에 이르게 되었다. 그러나 이러한 무역에서 미국(및 기타 식량 수출 국가들)이 얻은 노력의 결과는 그다지 값진 것은 아니었다. 농산물 무역의 자유화로부터 발생한 혜택은 식품 회사의 지배력 강화로 귀결되었다. 예를 들면, 1994년의 미국 곡물 수출의 50퍼센트가 카길과 콘티넨탈이라는 두 회사에 의해 이루어졌다.[11]

가트와 초국적 기업, 그리고 세계 농업의 재편

현대 세계 농업의 재편은 농업이 저부가가치와 고부가가치 생산물로 분할되는 상황에 기초하고 있다. 온대 지역에서 생산된 곡류나 유량 종자oilseed 같은 저부가가치 품목의 무역은 역사적으로 북반구에 의해 지배되었고, 고부가가치 품목의 무역은 점차 남반구에서 생산되는 농산물의 수출 기업(또는 계약 생산 농민)으로 넘어갔다. 예를 들면, 브라질산 쇠고기나 중국 및 헝가리산 돼지고기, 브라질과 헝가리 및 태국산 닭고기, 동남아시아의 새우, 남반구의 수출용 과일과 야채 등이다. (주의해야 할 것은 남반구의 나라들 중에서 아르헨티나와 태국, 우

루과이 같은 농산물 순수출국도 있지만, 기타 대부분의 나라들은
농산물 순수입국이라는 점이다). 농산물의 수출 성장 "노선"은
근본적인 변화가 진행 중이라는 것을 보여 주는 불안정한 전
략이다: 초국적 식품 회사에 의해서 조직되는 전 지구적 생산
및 소비 관계 속에서 생산 지역의 광범한 종속이 진행되고 있
다.

이로 인해서 농업은 사회나 국가의 기초를 이루는 조직에
서 더욱 멀어지게 되고, 기업이 전 지구를 대상으로 원료를 조
달하는 상황에서 더욱 보잘것없는 요소가 된다. 이로 인해 농
업은 식품 생산을 통해서 이윤을 획득하는 시스템으로 자리를
잡게 된다. 그 결과 식품이 농장으로부터 식탁에 이르기까지
평균 2,000마일이나 이동하는 시스템이 되었다. 더욱이 전 지
구적 생산 및 소비 관계 속에 지역을 통합하려는 기업의 전략
은 북반구와 남반구 양쪽의 국내 농업 부문의 조직 기반을 동
시에 파괴하고 있다.

농업 부문이 매우 급격하게 변화하자 미국 정부는 센서스
의 카테고리로서 "영농farming"을 삭제하는 문제까지 검토할
정도가 되었다. 이는 2퍼센트의 농장에서 농산물의 50퍼센트
가 생산되고, 평균적인 가족농의 농업 소득은 농가 소득의 14
퍼센트 정도에 불과하게 되고, 미국 식품의 95퍼센트가 기업
에 의해 제조·판매되고 있는 상황에서 발생하였다(예를 들
면, 필립모리스는 선골드 데어리스, 렌더스 베이글스, 톰스톤 피
자 및 크라프트 치즈 등의 브랜드로 상품을 판매하고 있다. 콘아
그라는 식사와 디저트용의 헬시 초이스, 땅콩버터의 피터 팬, 팝

콘의 오빌 레덴배처, 기름의 웨손, 육류인 버터볼, 아모르, 히브류 내셔널을 판매하고 있다). 3,000만 명이나 되는 미국인이 충분한 식사를 하지 못하고 있고, 식품의 안전성을 보장하지 못하고 있지만, 식품 산업은 현재 미국 최대의 공업 부문이다. 더욱이 식품 산업은 사실상 판매를 독점하고 있는 거대 복합체에 의해 지배되고 있다. 예를 들면, 콘아그라는 식품 · 사료 · 화학 비료의 판매 총액의 25퍼센트, 냉동식품의 53퍼센트, 식료 잡화의 22퍼센트를 차지하고 있다.[12]

식품 생산이 극소수의 거대 식품 회사로 집중되고 있기 때문에, 이들 기업은 농민에 대해서도 명령을 내리는 입장에 서 있다. 그러나 기업 집중은 가족농업 계획family farming program의 경제적 실현을 어렵게 만드는 것에 그치지 않고, 국가 차원의 농산물 소비 패턴을 안정적으로 만들어서 농업 관련 기업의 성장에 도움을 주었다. 국내 농업의 기초가 되었던 제도들이 이제는 상황이 바뀌어서 식품 회사의 초국적 전략과 국경을 초월한 구조에 장애가 되고 있다. 왜냐하면 국내의 가격 지지 정책에 의해서 식품 기업의 원료 가격이 인상되면 식품 가공업체나 곡물 거래업체는 세계 시장에서 불리한 입장에 처하기 때문이다.

남반구에서 초국적 기업은 한편으로는 값싼 식량을 수입하여 현지의 농민을 몰락시키면서, 다른 한편으로는 녹색 혁명 전략을 광범하게 전개하여 새로운 수출 농산물을 생산하는 신식민지주의적 프로젝트 전략을 추진하고 있다. 후자의 전략("제2의 녹색 혁명")을 통해서 도시 지역이나 해외의 부유한

시장에 팔기 위해서 작물에 육종 기술이나 화학 자재를 적용
한다. 잠재적으로 건강에 이로울 것이 없는 식생활로 바뀌거
나 편식으로 인해 체질이 허약하게 되는 것은 차치하고서라
도, 지역의 식량 안보에 대한 위협은 현실로 나타나고 있다.
세계 제3위의 식량 수출국이면서 "신흥 농업국"의 하나로 부
상하고 있는 브라질에서는 1퍼센트에도 못 미치는 사람들이
비옥한 농지의 약 44퍼센트를 소유하고 있고, 공식 발표로도
3,200만 명의 사람들이 빈곤에 허덕이고 있다.

초국적 기업은 전반적으로 자유 무역 체제로부터 이익을
획득할 수 있는 지위에 있다. 왜냐하면, 자유 무역은 자본 이
동을 확대하고, 이에 따른 이윤을 가져다줄 뿐만 아니라, 제도
화에 필요한 경비를 절감함으로써 자본의 이동을 촉진하기 때
문이다. 예를 들면, 카길은 이 세상을 돈벌이의 대상으로 보는
그런 기업 중의 하나이다. 이 회사는 세계 최대의 비상장 기업
이지만, 상장 기업을 더하더라도 세계 11위에 올라 있고, 60개
국, 800개소에서 70,700명의 종업원을 고용하고 있다. 곡물에
서부터 쇠고기 처리 가공, 비료, 땅콩, 식염, 커피, 수송, 철강,
고무, 과일, 야채 등 50개 이상의 사업 영역에서 활동하고 있
다.[13]

전 지구적 기업이나 농산물 수출국(케언스 그룹)은 무역
자유화를 위한 가트의 다자간 접근을 지지하는 유력한 멤버이
다. 실제로 우루과이 라운드의 미국 측 초안은 농무부 출신의
카길의 전직 부사장에 의해 작성되었다. 카길이 취급하는 미
국의 수출 곡물은 콘티넨탈과 합하면 거의 50퍼센트에 이른

다. 식품 회사와 곡물 거래업체 및 화학 기업 모두 WTO를 활용하여 농업 계획을 단계적으로 폐지하고, 공급 관리를 폐지하며, 세계 여러 지역의 차별화된 노동 비용에 생산자를 노출시킴으로써 농산물 가격을 인하하려 한다. 가격 지지를 축소함으로써 기업은 세계 시장에서 비교 우위를 구축할 수 있는 그들의 능력을 최대한 발휘하여 "자유로운" 세계 시장으로 통합된 세계의 여러 농업 생산 지역으로부터 원료를 조달하고자 한다.

대규모 곡물 거래업체(규모 순으로 나열하면, 카길, ADM, 콘티넨탈, 루이드레퓌스, 붕게, 미쓰이, 페루찌)는 곡물 가격을 조절하기 위해서 공급 체제를 정비하여 세계 시장에서 과점적인 힘을 발휘할 뿐만 아니라, 가트 교섭에서 농업 자유화 원칙의 내용에 대하여 권고할 수 있는 권한을 최대한 행사했다. 예를 들면, 세계 시장에서 농산물의 자유 무역에 개입한다는 근거를 가지고 가트 협정을 그들의 의도대로 활용하고 있다. 이는 특히 캐나다에 대하여 효과적이다. 캐나다에서는 20세기에 식품 가공업체로부터 농민을 지키기 위해 공급관리위원회가 만들어졌는데, 현재는 이 위원회에 이의를 제기하는 것은 단지 카길-캐나다 정도이다.[14] 카길 같은 회사는 국내외의 농민 단체의 집요한 항의에도 불구하고, 세계 시장에 대한 "왜곡"을 금지하는 교역 체제를 제도화하는 북미자유무역협정이나 가트를 지원해 오고 있다.

이들 기업은 생산 전략 측면에서 뿐만 아니라 무역 전략 측면에서도 국가의 규제 정책에 대하여 강하게 비난하고 있

다. 이들은 농산물이나 가공 식품을 직접 구매함으로써 새로
운 시장을 얻으려 하기도 하고, 농업 생산을 직접 조직하기도
한다. 복수의 지역에서 계약을 통해 생산된 농산물을 대량으
로 판매하는 새로운 방식이 과일이나 채소업계에서는 세계적
규모로 이루어지고 있다. 농민은 계약 관계에 의해 기본적으
로 산업체에 통합되고, 여기에서 다수확 품종과 화학 자재가
결합된다. 일 년 내내 신선한 작물을 공급하는 복수의 생산기
지를 전 지구적 규모에서 조정하는 것은 정보 기술을 통해서
가능하게 된다. 현재 칠레는 유럽과 북미가 제철이 아닐 때 과
일과 채소를 공급하는 최대 수출국이고, 초국적 기업 5개 사가
칠레 과일 수출의 50퍼센트 이상을 지배하고 있다. 이러한 "비
전통적인" 농산물 수출은 지역의 농업 사정을 일거에 바꿔 버
릴 뿐만 아니라, 농업 노동자에게도 영향을 미치고 있다. 멕시
코와 칠레에서는 농업 노동자의 거의 2/3가 저임금의 불안정
한 고용 상태에 있다. 멕시코에서는 "상업적 농업에 종사하고
있는 노동자의 경우 일급이 일반적이고, 최소한의 사회적 복
지, 예를 들면 질병 수당이나 출산 수당 등의 보호를 받을 권
리조차 없고, 기본적인 노동조합권도 없다."[15]

새로운 시장의 획득도 자유화로 가능한데, 현지 주민에게
예전부터 친숙한 상표명을 활용하기 위해 현지의 기업을 매수
하여 시장을 획득할 수 있다. 이런 방법을 통해서 미국의 기업
(새라 리/도우위 엑버트, 코카콜라)과 유럽의 기업(네슬레, 유니
레버, 페루찌, 몬테디슨)이 헝가리의 식품 가공 부문을 잠식하
고 있다. 한편, 태국에 본거지를 두고 있는 씨피(CP: Charoen

Phokp) 그룹은 동남아시아로부터 중국에 이르는 지역을 대상으로 "모든 냄비에 닭고기를 넣는 것"을 목표로 삼고, 사료, 축산, 양어, 패스트푸드 제국을 확장하고 있다.[16]

기업의 판매 전략에는 지정학적인 관계도 관련되어 있다. 예를 들면, 네슬레-브라질은 브라질을 본거지로 해서 남미 각지에 비스킷을 공급하고 있다. 한편, 멕시코는 1980년대를 통하여 식품 산업의 연평균 성장률이 제조업 전체의 성장률을 상회했다. 더욱이 식품 가공 부문은 수출용 제품에 압도적으로 집중되어 성장했는데, 전체 농산물 무역보다 더 빠르게 성장했다. 멕시코 경제의 자유화는 종종 멕시코 자본과 외국 자본 또는 다른 외국 자본 사이의 합병이라는 형태로 외국의 투자가들에 대하여 새로운 기회를 제공한다. 그 구체적 사례가 양계를 수직적으로 통합한 트라스고 그룹을 들 수 있다. 이 그룹은 멕시코와 미국 및 일본의 합병 자본으로서 일본의 소비자들을 목표로 하고 있다. 또한 북미자유무역협정을 적극적으로 지지하는 델몬트는 최근에 멕시코의 공유지ejido를 관리하고 있는 부동산 회사를 매개로 대규모의 상업적 토마토 생산을 시도하고 있다.

따라서 자유화가 진전되고 있는 상황에서 미국(예를 들면, 버드아이, 그린자이언트, 펩시코, 제너럴푸드, 켈로그, 캠벨, 크라프트)과 일본(예를 들면, 미쓰이, 미쓰비시, 이토, 스미토모) 및 유럽(유니레버, 네슬레)의 기업들은 멕시코에서의 식품 제조·가공 사업에 대한 투자 비율을 확대하고 있는데, 이는 멕시코가 외국인에 대한 투자 규제를 개정하여 100퍼센트 소유권을

허용한 시기와 일치하고 있다. 멕시코의 외무부 장관은 1990
년대를 예견하면서, "멕시코는 세계 신흥 무역 대국의 하나로,
세계 무역 체계를 야심적으로 개혁하는 데 공헌하고 있다"고
선언했다.[17)

WTO 체제하의 세계 식품 경제

무역 · 기업 활동 · 재산권의 자유를 세계적 규모로 제도화하
기 위해 1994년에 설립된 WTO는 우루과이 라운드의 종착점
이었다. WTO 체제는 단순히 상품 유통을 전 지구적 규모로
촉진하는 장치에만 머무는 것은 아니다. 이 체제는 초국가적
정치 형태이기도 하다. WTO 체제는 상품 유통에 관한 원칙과
국가 및 국가에 준하는 기관에 관한 원칙을 실행하는 조직으
로서의 명확한 입장을 견지하고 있다. WTO 체제는 강대국이
나 거대 기업을 위해 시장 원칙을 강제하는 기구로서 기능할
것이 분명하다. 북반구의 농업 부문에 대해서는 규제 완화 압
력을 행사하고, 남반구의 국가들에 대해서는 농산물 수출의
확대 압력을 가하는 것은 초국적 기업이 국가 수준의 경제 조
직(및 경제 제도)에 전면적으로 도전하는 것을 의미한다. 초국
적 기업은 전 지구를 대상으로 활동을 전개하기 때문에 북반
구와 남반구 사이의 불균형을 쉽게 이용할 수 있고, 전 지구적
규모에서의 조달 전략을 최대한 활용함으로써 북반구 측의 여
러 가지 권리 관계나 제도적인 지원책을 약화시키고 있다.
　WTO는 무역 자유화의 대리인일 뿐만 아니라, 소비를 관

리하는 기업의 권한을 강제하는 법정이기도 하다. 유전자 조
작 농산물과 관련되어 있는 6개의 복합 기업(몬산토, 노바티스,
애그로에보, 듀폰, 제네카, 다우)으로 대표되는 농화학 기업에
의한 세계 식품 생산 지배가 임박해 있다.[18] 유전자 조작 농산
물의 재배 면적이 이미 6,000만 에이커에 달한다는 기업들의
주장은 장차 논쟁을 야기할 것으로 보인다. 이들 기업은 새로
운 생명 공학에 의해 농약의 사용량은 감소하고, 기아는 반드
시 종결될 것이라고 주장한다. 기업 측의 이러한 주장에 대하
여 생명 공학은 소농을 차별하고, 사람들의 건강을 위협하고,
식품의 선택폭을 좁힌다는 비판이 제기되고 있다. 농업의 의
미를 영농 · 농자재 산업 · 가공 산업 등으로 확대하면 아직도
세계 경제에서 큰 비중을 차지하고 있는 상황에서, 이들 기업
이 세계 식품 안전 기준을 유전자 조작 농산물에 유리하게 개
정하기 위해서, 그리고 미국에서 근거를 얻고 있는 식품 부당
비방법food disparaging law(1997년 미국의 흑인 사회자 윈프리
Oprah Winfrey가 햄버거에 대하여 뚜렷한 근거 없이 비방한 것
에 대하여 육우 사육업체들이 제기한 소송을 참조)을 개정하기
위해서 로비 활동을 벌이는 것은 놀랄 일이 아니다. 또한 유전
자 조작 농산물에 대하여 우호적인 논의를 이끌어 내기 위한
홍보 활동을 전 지구적 규모로 벌이는 것에 대해서도 마찬가
지이다. WTO는 유전자 조작 농산물에 반대하는 정부와 싸우
기 위해 전열을 정비하고 있다. 예를 들면, 1997년 9월에 WTO
는 몬산토의 유전자 조작 성장 호르몬 중 하나인 포시락
Posilac을 사용한 쇠고기와 우유의 수입을 금지한 EU의 조치

에 불리한 판결을 내렸다.[19]

WTO가 다자간 자유 무역주의 노선을 명확히 하고 있는 배경에는 현재 진행되고 있는 기업 주도의 경제 통합에 부응하는(그리고 이를 심화시키는) 자유주의적 세계 질서 원칙을 제도화하려는 의도가 내재되어 있다. 이를 위해서는 자유 무역 협정이 급증한 때와 마찬가지로 국가 간의 무역 관계를 정식으로 성문화하는 것이 기업으로서는 필요하다. NAFTA 같은 자유 무역 협정은 WTO 체제와 똑같은 불균형을 보여 주고 있다. 예를 들면, 멕시코가 미국산 밀이나 옥수수, 쌀을 수입할 때 적용되는 무관세 할당 수량quotas on duty free이 단계적으로 축소되고 있다. 멕시코에서는 250만 세대가 관개 시설 없이 옥수수를 생산하고 있는데, 멕시코의 생산성은 미국 중서부의 1헥타르당 7-8톤에 비해서 훨씬 낮은 2-3톤에 불과하다. NAFTA의 조항이 완전하게 이행되는 2008년이 되면 멕시코의 옥수수 수입은 200퍼센트 증가할 것으로 예측되는데, 이렇게 되면 멕시코 옥수수 생산 농가의 2/3 이상이 경쟁에서 살아남지 못할 것이다.[20]

WTO는 여러 조항에 관한 협상을 통하여 훨씬 넓은 범위에 걸쳐서 효력을 갖는 실질적 권한을 강화할 것으로 보인다. 특히 투자에 관한 담당 영역에 관한 논쟁은 전 지구적 수준에서 소유 체제의 제도화와 관계가 있다. 무역 관련 지적 재산권(TRIPs: trade-related aspects of intellectual property rights)의 정서를 통해서, 외국인 투자자가 다양한 제품이나 제조 공정을 특허화할 수 있도록 하는 TRIPs가 강화되었다. 예를 들면,

전 지구적 기업은 이 의정서로 인해 종자의 생식질germplasm 같은 유전자 재료를 특허화하는 권리를 얻었다. 그 결과, 지적 재산권 위반을 이유로 스스로 채종하는 농민의 권리가 위협받을 상황에 처해 있다. 이는 수세기에 걸쳐 농민이나 삼림 거주자, 지역 사회 등이 재배하며 개발해 온 유전자원을 비정상적인 형태로 몰수하는 것이다. 이러한 유전자원의 약탈 또는 유전자 절도는 WTO 체제에 대하여 풀뿌리 수준에서 이루어지고 있는 저항의 쟁점이 되고 있다. 그리고 미국 농무부와 세계 최대의 면화 종자 회사인 델타 앤드 파인랜드가 이른바 "터미네이터 유전자" 특허를 공동으로 얻게 되었을 때, 저항은 급속하게 전개되었다(그리고 당연히 효과적이었다). 이 유전자는 식물의 생식 능력을 없애는 것이 가능하기 때문에 특허를 갖고 있는 종자 회사나 화학 회사에 독점적 권한이 부여되면 농민은 매년 새로운 종자를 구입하지 않으면 안 된다. 미국 농무부는 터미네이터 유전자를 다음 해 농사를 위해 농민이 종자를 보존하는 "개발도상"국에서 종자 회사의 시장 창출 수단으로 파악하고 있다. 그러나 유전자 조작 기술은 수백만 명에 이르는 소농에 의한 육종을 근절시켜 식량 안전 보장을 심각하게 저해할 것이라는 비판도 제기되고 있다.[21]

WTO는 무역 관련 투자 조치(TRIMs: Trade Related Invest-ment Measures) 의정서에 의거해서, "무역 관계"의 투자에 대해서만 결정을 내리는 권한이 부여되어 있을 뿐이지만, (미국과 일본의 지지를 얻고 있는) 유럽위원회European Commission 는 다자간 투자 협정(MAI: Multilateral Agreement on Investment)에 관한 초안을 작성하고 있다. 이 초안은 모든 가맹국에 대하여 외국 기업의 투자 규제를 전면적으로 완화하고, 모든 경제 부문을 투자 대상으로 허용하고자 한다. 또한 경쟁적으로 사업을 운영할 수 있는 법적 권리를 외국인에게도 부여하고, 초국적 기업이 가맹 국가의 기업과 동일한 권리를 갖는 것을 내용으로 하고 있다.

1998년 봄에 국내외로부터 상당한 저항을 받아 지연되었지만, 이 초안이 실행에 옮겨진다면, MAI(IMF에서도 이와 유사한 조항을 고려중이었다)는 국내의 규제를 투자가에 대하여 투명하게 하고, 국경을 넘는 자본 이동에 대한 규제를 배제하려 할 것이다. 또한 사회적 또는 환경적 목표를 위해서 투자 정책을 사용할 수 있는 정부의 권리도 제한할 것이며, 외국의 투자에 대하여 실적 조건을 부과하는 권리에 대해서도 MAI는 규제할 것이다. 초안의 조항에는 투자자로서의 기업과 금융기관의 권리를 제도화하고, 국가와 동등한 권리를 기업에게 부여하고, 정부에 대해서는 자국민들을 대신하여 손해 배상 소송을 제기할 수 없도록 하는 제안을 포함했다.

결론

농업의 자유화는 세계 경제의 통합을 제도화하려는 의도를 명확히 보여 주는 징표이다. 왜냐하면 농업은 역사적으로 지역 및 국가와 동일한 것으로 인식되어 왔기 때문이다. 통합의 확대는 무역 자유화를 통하여 모든 국가를 변화시키는 한편, 전 지구적 세력 관계 — 이 경우는 농업 관련 기업 제국주의와의 관계 — 를 강화해 가는 것으로 된다. 즉, (각국이 위임하는) 일반적인 무역 원칙으로서 제시되고 있는 것은 실제로는 현존하는 지정학적 이해와 기업의 권익을 강화하는 데 기여하고 있다.

무역과 투자의 자유화는 화폐와 상품의 전 지구적 유통에 특권을 부여하고, 공정성보다는 효율성을 우선시하는 전 지구적 기업 체제에 사회 정책을 종속시킴으로써 가맹국을 변화시켜 간다. WTO 체제하에서는 전 지구적 기업 체제가 의례화되어 국내의 정치적 논의나 국가의 법적 권한을 포기하는 대신, 국가를 WTO 체제에 전면적으로 고착시키는 수단으로 이용하려 한다. 이는 정부가 규제나 관리를 포기하는 것을 의미하지는 않지만, 더 강한 구속력이 있는 다자간 합의의 틀에서 실시되기 때문에 합의의 대부분은 시민이나 지역 사회보다는 초국적 기업 세력에게 특권을 부여한다. 정부가 WTO 가입에 서명하는 것은 무역이나 투자에 관한 결정과 그 사회적 영향력에 대한 시민의 감시와 규제를 더욱 배제하는 일련의 원칙과 규제에 합의하는 것이다. 실제로 시민권은 사적 소유권에 밀려나고 있다.

세계 전체의 농업에 한해서 볼 때, 제도적으로 추진되는 자유화 과정에서 식량 수입국은 국내의 농민을 보호할 능력을 상실하고, 식량을 포함한 식품은 상품화의 새로운 영역으로 전환된다. WTO 같은 전 지구적 규제 기관은 세계의 농민을 희생하여 북반구에 있는 농업 관련 기업의 권력을 확고히 함으로써 농촌 지역 사회를 불안정하게 만들고, 나아가서 지역의 식량 안전 보장을 위태롭게 할 우려가 있다. 이러한 과정이 어디까지 진행될 것인가는 확실하지 않다. 세계화는 이미 나와 있는 필연적인 결론이라기보다는 세계 인구 중에서 매우 작은 일부 사람들에 대해서만 철저하게 선별적으로 혜택이 주어지는 정치적 프로젝트라는 것이 일반 국민, 노동자, 농민, 소농들의 자생적 운동을 통하여 드러나고 있기 때문에 더욱 그렇다.

(번역: 윤병선)

주

1. 아시아 태평양 지역은 1991년부터 1997년까지의 기간 동안 미국 수출 증가의 45%를 차지했으나 아시아의 금융 위기로 인해서 단기적으로 수입 감소를 보였다. 장기적으로 미국은 농산물 수출을 촉진하기 위한 무역 개혁을 단행하는 위기 관리를 시행하고 있다. 한편, 미 농무부는 호주산 농산물에 대하여 경쟁력을 확보하기 위하여 한국과 태국, 말레이시아, 인도네시아, 필리핀 등에 21억달러의 수출 공여 자금을 제공했다. Martha Groves, "Asia's Woes Taking a Bite Out of U.S. Food Exports. Short-term drop-off in demand would be offset by reforms stemming from crisis," *Los Angeles Times*, 7 March 1998.

2. Kevin Watkins, "Free Trade and Farm Fallacies: From the Uruguay Round to the World Food Summit," *The Ecologist*, 26, 6 (1996), 244-255.

3. Philip McMichael, *Development and Social Change: A Global Perspective* (Thousand Oaks: Pine Forge Press, 2000).

4. Sidney Mintz, *Sweetness and Power: The Place of Sugar in Modern History* (Harmondsworth: Penguin, 1986); and Harriet Friedmann and Philip McMichael, "Agriculture and the state system: the rise and decline of national agricultures: 1870 to the present," *Sociologia Ruralis* 29 (1989), 93-117 참조.

5. Harriet Friedmann, "The political economy of food: the rise and fall of the postwar international food order," *American Journal of Sociology* 88S (1982), 248-286: Dan Morgan, *Merchants of Grain* (New York: Viking, 1979).

6. Susan George, *How the Other Half Dies. The Real Reasons for World Hunger* (Montclair, NJ: Allenheld, Osman and Co., 1977), 171-172 에서 인용.

7. Alain Revel and Christophe Riboud, *American Green Power* (Baltimore: The Johns Hopkins University Press, 1986).

8. 케언스 그룹은 아르헨티나, 호주, 브라질, 캐나다. 칠레, 콜롬비아, 피지, 헝가리, 인도네시아, 말레이시아, 필리핀, 뉴질랜드, 태국, 우루과이로 구성되어 있다.

9. Al Krebs, "Corporate agribusiness: seeking colonial status for U.S. farmers," *Multinational Monitor*, July-August (1988), 19-21.

10. G. Ames, "U.S.-EC Agricultural Policies and GATT Negotiations," *Agribusiness*, 6, 4 (1990), 283-95.

11. Karen Lehman and Al Krebs, "Control of the World's Food Supply," in *The Case Against the Global Economy, and For a Turn*

Toward the Local, eds., Jerry Mander and Edward Goldsmith (San Francisco: Sierra Club Books, 1996), 122-130.

12. Ibid; Barnaby J. Feder, "Cultivating ConAgra," *The New York Times*, 30 October (1997), D1, 1.

13. Brewster Kneen, *Invisible Giant: Cargill and Its Transnational Strategies* (London: Pluto Press, 1995), 10.

14. Ibid.

15. Watkins, "Free Trade and Farm Fallacies," 251.

16. Sarah Sexton, "Transnational Corporations and Food," *The Ecologist*, 26, 6 (1996): 257-8; Edward A. Gargan, "An Asian Giant Spreads Roots," *The New York Times*, November 14 (1995), D1, D4.

17. K. Schwedel and S. Haley, "Foreign Investment in the Mexican Food System," *Business Mexico*, special edition (1992), 49; L. T. Kuenzler, "Foreign Investment Opportunities in the Mexican Agricultural Sector," *Business Mexico*, special edition (1991), 47.

18. "푸드 체인 연합food chain clustering"은 공통의 경향을 가지고 있는데, 이들 생명 공학 기업들은 농업 관련 기업들과 조인트벤처를 형성하여 유전자 조작을 생산에 적용함으로써 이익을 얻는 것이 가능하게 된다. 헤퍼난은 "… 카길/몬산토 연합은 '터미네이터 유전자'를 조절할 수 있는 과정에 있다. 몬산토는 농민들이 다음 해에 사용할 종자를 남겨 두지 않았나를 확인하기 위해서 농경지에서 조직 샘플을 얻을 필요가 없게 되었다"고 밝히고 있다. William Heffernan, with Mary Hendrickson and Robert Gronski, "Consolidation in the Food and Agricultural System," Report to the National Farmers Union, www.nfu.org/whstudy. html, February 5, 1999.

19. John Vidal and Mark Milner, "A $400bn Gamble with World's Food," *Manchester Guardian Weekly*, 21 December 1997, 1; George Monbiot, John Harvey, Mark Milner and John Vidal, "How Monsanto Reaps a Rich Harvest," *Manchester Guardian Weekly*, 21 December 1997, 19.

20. Kevin Watkins, "Free Trade and Farm Fallacies," 251.

21. John Vidal, "Mr Terminator ploughs in," *The Guardian*, 15 April, 1998, 4-5.

7장

현대의 전 지구적 규모의 인클로저:
20세기 말 농민과 농업 문제

파샤드 아라기

Fashad Araghi

나의 생계 수단을 빼앗아 가는 것은
나의 목숨을 빼앗아 가는 것이다.
셰익스피어, 〈베니스의 상인〉, 4막 1장

세계적인 농촌 공동화

지난 50년 동안 세계 인구의 대다수가 농지 소유권을 상실하
고 삶의 뿌리가 뽑힌 채로 농촌에서 쫓겨났다. "그들의 생계
수단"을 개발, 근대화, 산업화, 성장, 세계화, 진보 그리고 이윤
이라는 이름으로 빼앗겼다. 이 기간 동안 생계 수단을 직접 소
유하고 농업에 종사했던 막대한 다수의 사람들이 농지를 빼앗
기고 농촌에서 쫓겨나서 도시의 거대한 잉여 인구를 형성하였
다. 1950년과 1990년 사이에 농업에 종사하는 인구 비율은 전
세계적으로 33퍼센트 감소하였고, 제3세계에서는 40퍼센트
감소하였다. 동시에 전 세계적으로 도시화는 전례 없는 규모
로 진행되었다. 1800년대에는 세계 인구의 98퍼센트가 농촌에
거주하였다. 1950년까지는 전 세계 인구의 70퍼센트와 제3세
계 인구의 82퍼센트가 농촌 지역에 살았다. 그러나 1950년대,
특히 1970년대 이래로 전체 인구 중 농촌 인구의 비율은 극적

으로 감소하였다. 오늘날 세계 인구의 55퍼센트(라틴아메리카와 카리브해 연안에서는 27퍼센트, 중동과 북아프리카에서는 45퍼센트, 그리고 더 발전된 지역에서는 25퍼센트)가 농촌 지역에 살고 있다.

1950년까지만 해도 뉴욕 메트로폴리탄 지역은 세계 유일의 초대형 도시Megacity(천만 명 이상의 주민이 살고 있는 지역)였다. 1995년에는 세계적으로 14개의 초대형 도시가 있었는데, 그중 10개가 제3세계에 있었다. 1950년과 1995년 사이에 백만 명 이상의 인구를 가진 도시 수數가 252퍼센트 이상 증가하였고, 제3세계에서는 447퍼센트 증가하였다. 1950년에는 백만 명 이상의 인구를 가진 도시의 41퍼센트가 제3세계에 위치하였지만, 1995년에는 그러한 도시의 63퍼센트 이상이 제3세계에 있었다.[1)]

제3세계 도시의 어마어마한 인구 증가는 부분적으로는 자연 증가(사망을 능가하는 출산) 때문이다. 그러나 더 많은 부분은 이농을 통해 농촌에서 도시로 거주지를 바꾼 구조적 전환에 의해 야기된 것이다. 전 세계적으로 매년 2천만에서 3천만의 빈민이 농촌 마을을 떠나 제3세계 도시로 향했다. 뒤에서 언급하게 될 이유들 때문에, 지난 20년간 전 지구적 재구조화로 인해 수백만의 사람들이 시장을 통하지 않고 생계 수단에 접근할 수 있는 수단들이 사라졌다. 식량과 생계를 농업에 의존하는 세계 인구의 비율은 불과 지난 15년 동안 50퍼센트에서 45퍼센트로 떨어졌다. 중국 정부가 "농촌 공업화"를 통해 국내에서의 대이동exodus을 통제하려고 했음에도 불구하고

지난 7년 동안 중국에서만 8천만 농민이 도시에서의 일자리
— 주로 건설 노동, 공장 노동 혹은 비공식 노동casual labors
등의 일자리 — 를 찾아 이농했다.

19세기 후반 이후로 농민 농업peasant agriculture의 미래
에 대한 논쟁은 농업 자본주의의 성장에도 불구하고 소농
peasant owners이 살아남을 것인지에 초점이 맞추어져 왔다.[2]
이 장에서 필자는 "농민 문제peasant question"를 우리 시대의
사회적 현실과 연관 지움으로써 그에 대한 대안적 분석을 제
안하려고 한다. 필자의 분석은 농민의 탈농민화dispossession
의 두 가지 형태를 구분하는 것에 기초를 두고 있다. 두 가지
형태는 (1) 농민층 분해를 통한 탈농민화dispossession
through differentiation, (2) 농지로부터의 추방에 의한 탈농민
화dispossession through displacement이다.

농민층 분해를 통한 탈농민화는 주변부에 자본주의가 침
투함에 따라 국가와 국가가 대변하는 계급 동맹이 세계 시장
세력들로부터 국내 시장을 보호함으로써 농지의 자유화
liberalization를 저지하려고 했던 시기에 나타났다. 국민 국가
가 전 세계적 경쟁 세력으로부터 자신들의 국내 시장과 국내
농업을 보호하는 수준을 협상하는 데 성공한 정도에 따라 농
민의 탈농민화는 국내 시장의 맥락 속에서 농민층 내부의 점
진적 분해라는 형태를 취한다. 예를 들어, 19세기 후반 유럽
대륙이 그러한 사례이다. 한 국가 내에서의 "농촌 분해" — 농
업 인구가 자본가와 프롤레타리아로 분해되는 것 — 라는 개
념 자체가 이 시대의 산물이다. 이러한 농촌 분해라는 관념이

1950년대부터 농민 연구를 크게 지배하게 되었고, 오늘날에도 그 영향이 많이 남아 있다.

그와 대조적으로 폴라니Polanyi의 용어를 사용하면, "농지의 유동화mobilization of agricultural land"를 촉진하는 국가의 정책들은 농민을 농지로부터 추방함으로써 탈농민화를 초래한다. 농민이 농촌에서 도시로 대량으로 내몰렸고, 도시에서 그들의 무산 계급화가 나타났다. 농지로부터 추방에 의한 탈농민화의 역사적 예로는 영국의 튜더 왕조와 엘리자베스 왕조 시대, 유럽 대륙에서는 1850년에서 1870년 사이에 있었던 인클로저 운동이 있었으며, 필자가 이 글에서 주장하는 것처럼 1950년대에 시작되어 1980년대 이래로 더욱 가속화되고 있는 신자유주의 무역 체제 하의 제3세계 대부분에서 나타나고 있는 농민의 농지로부터의 추방의 물결이 바로 그러한 예이다.

이 논문에서 필자는 주로 두 가지를 논의하려고 한다. 첫째, 전 지구적 재구조화와 시장 자유주의로 인해 19세기 말과 20세기 초의 일국적 맥락national context 하에서 논의되던 농촌 분해에 대한 관념은 시대에 뒤떨어진 것이 되었다. 오늘날 농민의 탈농민화를 분석하는 가장 적절한 개념은 한 국가 내에서의 농촌 분해national rural differenciation가 아니라 전 지구적 규모에서 일어나고 있는 농촌으로부터의 농민 추방displacement이다. 둘째, 20세기 초 몇 십 년 동안 "농민 문제"는 민주주의 혁명 혹은 사회주의 혁명에 있어서 농촌 민중의 역할과 관련된 정치적 문제였다. 2차 세계대전 이후 "농민 문제"는 제3세계의 "저발전"에 대한 관심으로 전환되었다. 농민 문제와 농촌 분해에 대한 전후의 논쟁은 20세기 초의 일국적 준거 틀을 이어받았지만, 동시에 논쟁의 본래 정치적 "교훈"을 전혀 다른 목적, 즉 제3세계 발전에 관한 논쟁에도 적용하였다. 우리 시대의 농민 문제(들)를 이해하기 위해서는 20세기 초의 정치경제적 차원을 복원할 필요가 있다. 나는 이 장의 결론 부분에서 이러한 점들이 함의하는 것들에 대해 논의할 것이다.

사회주의, 자본주의, 그리고 "농민 문제"

1960년대 초 미국은 "농민 문제"에 대해 최초로 계획에 입각한 해결책*programatic* solution을 고안해 냈다. 그것은 기본적으로 레닌의 농업 문제를 염두에 둔 것이었다. 즉, 어떻게 제3세계 농민들을 탈동원화 할 수 있는가? 농민 운동과 도시의 민족주의 운동의 연계를 어떻게 단절할 수 있는가를 고려한 것이었다. 미국 자체의 과거에서 차용하고 일본, 한국, 대만에서의 전후 초기 경험을 근거로 하여 만들어진 미국의 해결책은 가족 규모의 소규모 사유 농장을 만들어 간다는 전반적 전략의 일부로 추진되었다. 냉전의 수사학 속에서 가족농업은 "개인의 존엄을 보전하고" "세계 민주주의의 미래"를 보장할 것으로 기대됐다. 따라서 1950년과 1980년 사이에 라틴아메리카에서 평균 2헥타르 정도 규모의 "가족 농장" 수는 92퍼센트로 증가하였다. 그러나 이러한 개혁은 가장 생산적이고 가장 이용이 용이한 토지의 대부분을 대규모 소유자의 소유로 남겨둔 채 적은 양의 토지만을 재분배한 것이었다. 1980년 라틴아메리카에서 소토지 소유자의 80퍼센트 정도가 경작지의 20퍼센트를 차지한 반면, 20퍼센트의 대규모 상업적 소유자가 경작지의 80퍼센트를 차지하였다.[3]

새로운 농민들이 창출되었고 지원을 받았음에도 불구하고, 그와 상반되는 두 가지 요인들이 농민층을 서서히 몰락시켰다. 첫째, 개혁으로 인해 농촌에 상품 생산관계의 침투가 촉진되어 소규모 소유자들이 시장의 힘에 점점 더 많이 노출되었다. 둘째, 전후 식량 체제(1945-1972년)가 세계 곡물 가격을 낮추었고, 제3세계의 수입 식량 의존도를 높였다.[4] 전체적으로 제3세계에서 수출 식량 대비 수입 식량 비율은 1955-60년 50퍼센트에서 1980년 80퍼센트로 증가하였다. 식량 수입은 "균형 잡힌 국가 발전"이라는 정치적 이념과 제3세계 농촌 지역에서의 소자본가의 소유권을 확대하려는 시도와는 모순된다.

결국 2차 세계대전 후에, 농지 재분배를 통한 국내에서의 "농민 창출"과 전 세계적인 도시로의 추방에 의한 "탈농민화"가 동시에 진행되었다. 이러한 모순적 과정으로 인해 두 가지 결과가 나타났다. 첫째, 제3세계 농촌에서의 계급 분해가 매우 느리게 진행되었는데, 이는 추방에 의한 농민의 탈농민화가 분해를 통한 탈농민화에 비해 우세하였기 때문이다. 1950년과 1975년 사이에 제3세계 농촌으로부터의 이주자 수는 1925년과 1950년 사이의 25년 동안에 비해 230퍼센트 증가하였다. 둘째, 이 시기에 추방에 의한 농민의 탈농민화가 대량 발생했지만, 투입재에 대한 재정 지원, 가격 지지, 보조금 지급을 통한 국가의 농업 보호 정책 때문에 그 영향은 축소되었다. 그 결과, 이 기간 중에는 대부분의 제3세계에서 절대적이기보다는 상대적인 농민의 감소가 목격된다. 제3세계 농민들의 절대적 감소 과정은 전 지구적 재구조화와 제3세계 농업의 탈국가화denationalization와 함께 시작되었다.

세계화와 농민 문제

부분적으로 인민 해방 전선에 의한 농민의 성공적 동원 때문에 베트남 전쟁에서 패배한 이후, 미국은 군사적 수단을 통해 사회주의적 민족주의를 제압하는 것의 실효성에 대해 의문을 가지게 되었다. 미 국무부 장관이었던 로버트 맥나마라Robert McNamara는 세계은행 총재로 자리를 옮기기 위해 미 국무부를 떠나기 전까지 병력과 군사적 파괴 수단들을 단계적으로 더 많이 투입하는 것이 베트남 전쟁에서 승리하기 위한 전략이라고 생각했다. 그러나 1968년에는 이 전략의 실패가 명확해졌다. 세계은행 총재(1968-80년)로서 맥나마라의 정책은 일반적으로 "농촌 개발"과 대규모 대출을 통해 남반구 국가들의 "빈곤을 경감하는 것"이었다.

　세계은행의 농촌 빈민 지원 프로그램들은 불평등 구조를 무시한 신고전주의적 가설에 기초를 두었다. 사실상 이들 프로그램은 현재 제3세계 농업에 광적狂的으로 적용되고 있는 농-산업 수출 모델의 선조 격이다. 녹색 혁명 기술 사용을 장려하는 농촌 지원 프로젝트는 (1) 소토지 소유자들을 화학적 · 생물학적 투입재와 공업 기술에 더욱 의존하도록 만들었고, (2) 기초 식량 작물 대신 수출을 위해, 특히 가축 사료, 신선 과일과 채소 같은 환금 작물 생산과 축산을 장려했다. 이러한 농촌 개발 프로젝트가 자급적이었던 농업의 쇠퇴를 촉진했고, 전 세계적으로 소농의 대규모 탈농민화와 도시로의 추방을 야기했다.

세계은행의 개발 프로젝트를 위한 대출은 1968년 9억 5,300만 달러에서 1981년 124억 달러로 늘어났다.[5] 이것이 상업 은행의 남반구에 대한 대출 분위기를 결정하였다. 대출액은 1972년과 1981년 사이에 4,400퍼센트 증가하였다. 그 결과, 우리가 지금 알고 있는 것처럼 남반구는 막대한 국가 채무를 안게 되어, 그 부채액은 현재 1조 5,000억 달러에 이른다. 그리고 소위 "채무 노예제"가 전 지구적 재구조화를 이끄는 초석의 하나가 되었다.

전 지구적 재구조화는 서로 관련을 가진 두 개의 구성 요소를 가지고 있다. 두 가지 구성 요소는 (1) 전 지구적 금융 자본과 그 대리인인 국제기구들의 후원 아래 초국적 기업의 이익에 부합하도록 노동 분업의 전 지구적 재조직화, (2) 전 지구적 빈민에게서 전 지구적 부자에게로 근본적인 부의 재분배이다. 첫 번째 구성 요소는 진정한 의미의 전 지구적 노동 분업이 구축되어 그 안에서 남(비록 내부의 분화는 이루어지지만)은 북에 종속된다. 반면 북은 초국적 규제 체제에 종속된다. 정치적으로 2차 세계대전 이후 최초로 세계화로 인해 제3세계의 민족주의와 북의 부유한 자본주의 국가 사이에 신식민주의적 관계가 새롭게 형성되고 있다. 그리고 무역 자유화라는 신자유주의적 프로그램을 둘러싸고 남과 북의 유산 계급 집단이 점차 통합되고 있다.

세계화의 두 번째 요소는 1945년과 1975년 사이에 이루어진 농민, 노동자 그리고 중간 계급의 소득 감소가 포함된다. 과도한 부채를 지고 있는 국가들에게 "구조 개혁"을 이행하는 조건과 연계하여 대출을 늘려주는 "정책 대출"이 새로운 세계 경제를 구성하는 중요한 수단의 하나가 되었다. 따라서 구조 조정 대출의 두 가지 구성 요소 — 탈국유화 정책과 긴축 정책 — 는 위에서 제시한 전 지구적 재구조화의 두 가지 구성 요소에 상응하는 것이다.

세계의 농민들에게 특별히 중요한 것은 전 지구적 재구조화가 2차 세계대전 이후 초기 25년 동안 농민에 지지 기반을 두었던 사회주의적 민족주의 운동의 확산을 저지하는 기능을 수행했던 "농업적 복지 국가"를 분쇄하는 과정이라는 점이다. 농업–수출 체제를 제도화하는 것, 농지 시장에 대한 규제를 철폐하는 것, 농장에 대한 보조금과 가격 지지를 급격하게 삭감하는 것은 생계유지를 위해 농사를 짓는 수백만의 농촌 소생산자들로 하여금 선진국에서 과도하게 보조금을 받는 초국적 식품 기업들과 선진국의 고도로 자본화된 생산자들과 경쟁하도록 강요하는 수단이었다. 즉, 노동 집약적 지역 농업으로 하여금 전 지구적 조직인 농–산업 기업들에 맞서 싸우게 하는 것이다. 따라서 과거에는 보호받던 자국 시장에서 세계 시장 세력의 압력을 느끼게 됨에 따라 생산자들은 점차로 과잉화되어 농지를 잃거나 농촌을 떠나서 주로 "이주 노동자 산업 예비군"이라고 불리는 집단의 일부가 되었다.

이주 노동자 예비군이라는 개념의 중요성을 이해하기 위해 우리는 생산 수단의 소유와 생존 수단의 소유를 구분할 필요가 있다.[6] 농민은 생산 수단의 일부는 소유하고 있지만(즉, 소규모 농지에 대한 소유권은 가지고 있지만), 생존 수단에 대한 비시장적 접근을 상실했을 수도 있다. 농지 소유권은 보유하고 있지만 노동 과정에 대한 통제력을 상실한 농민들이 그러한 예이다. 무엇을 생산하는가, 어떻게 생산하는가, 그리고 누구를 위해 생산하는가 하는 것은 농-식품 기업들 혹은 그들의 중간 계약자에 의해 결정된다. 농민들에 의해(농민들은 생산 수단의 일부를 소유할 수도 있다) 농업 생산이 이루어지지만, 농민을 위해 생산되는 것은 아니다. 이들은 생산에 대한 비시장적 접근을 상실한 소토지 보유자이며, 따라서 그들은 온전히 생계유지를 위한 농업 생산에 참여할 수 없다. 바로 동일한 이유 때문에, 그들은 부분적으로 혹은 잠재적으로 이동 가능하다. 그런 점에서 그들은 이주 노동자의 산업 예비군을 형성한다. 탈농민화와 추방으로 인한 이주가 실제로 일어나는 것은 농지 매각, 방치, 혹은 몰수를 통해 생산 수단의 소유권을 상실해야 가능하다.

세계화와 채무 노예의 상황 속에서 농민의 추방이 다시 재현되는 것의 심각성은, 신자유주의적 무역 체제가 완전히 구축된다면 전 세계적으로 20억 인구가 과잉될 것이라는 추산을 통해서도 그 의미를 미루어 짐작할 수 있다.[7] 필자의 계산

에 따르면, 현재 전 세계 도시 인구 증가의 65퍼센트는 농촌에
서 도시로의 이주에 의한 것으로 추정된다. 더 중요한 것은
1950-75년과 1970년부터 현재까지의 두 시기를 비교해 보면
농촌으로부터 이주로 인한 도시 인구의 비율 증가가 1975년
이래로 가속화되어 왔다. 지난 25년간 도시 인구 증가율은 라
틴아메리카에서 약 14퍼센트, 아시아에서 약 10퍼센트, 그리
고 아프리카에서 약 5퍼센트로 빠르게 증가하였다. 마찬가지
로 이용 가능한 최신 자료를 분석해 본 결과, 1950년부터 1975
년 사이에 제3세계 전체적으로 농촌 인구는 연평균 20.6퍼센
트 증가하였다.[8] 1975년부터 1995년 사이에 극적인 반전이 일
어나서 농촌 인구는 연평균 38퍼센트 감소하였다. 이러한 자
료들은 위에서 살펴본 두 시기의 분석과 정확하게 일치한다.

우리 시대의 "농민 문제"

"농민 문제"에 대한 대안적 해석은 농민의 "운명"에 대한 20
세기 담론의 한계를 벗어날 것을 요청한다. 필자는 "농민 문
제"(혹은 "농업 문제")는 그것의 정치, 역사, 지정학적 맥락을
분석하지 않거나, 지역 수준과 전 지구적 수준의 경제적, 정치
적, 이데올로기적 세력들 간의 복합적 상호 작용의 맥락 속에
서 그것을 보지 않고는 완전히 이해할 수 없다고 주장해 왔다.
"농민 문제"를 분석 단위의 문제(일국주의nationalism 혹은 전
지구주의globalism)와 연관 지으면서 나는 두 가지 형태의 탈
농민화를 구분하였다. (1) 농민층 분해를 통한 탈농민화, (2)

추방을 통한 탈농민화가 그것이다. 탈농민화의 과정은 본질적으로 두 개의 서로 다른 형태의 "농민 문제"를 포함한다. 첫 번째 유형의 농민 문제는 본질적으로 (카우츠키의 『농업 문제 *Agrarian Question*』, 차야노프의 『농민 경제의 이론*The Theory of Peasant Economy*』, 그리고 레닌의 『러시아에서 자본주의의 발전*The Development of Capitalism in Russia*』에서 볼 수 있는 것처럼) 한 국가 내에서의 발전론적 준거 틀*developmentalist frame of reference* 내에서 제기되는 유형이다. 두 번째 유형의 농민 문제는 자본주의 혹은 사회주의로의 전환의 정치학을 다루는 맥락(마르크스의 원시적 축적에 대한 분석, 엥겔스의 『프랑스와 독일에서 농민 문제*The Peasant Question in France and Germany*』 그리고 레닌의 『러시아에서 자본주의의 발전』과 이 주제와 관련된 그의 다른 저작을 정치적 관점에서 독해하는 것)에서 제기되는 유형이다.

농민 문제와 관련된 이러한 해석들은 오늘날에도 여전히 유용한가? 이 문제에 답하기 위해서 필자는 (1) 농민 문제 이면에 있는 본래의 정치적 의도 — 현대적인 개념으로 바꾸면 "계급 동맹 형성"의 가능성을 다루는 — 를 다시 복원하고, (2) 농민 문제를 19세기 후반의 국내 시장의 맥락에서 떼어낼 것을 제안한다. 따라서 "농민 문제"를 제기함으로써 우리가 만일 "저발전된undeveloped 국가"의 농민이 농촌 프롤레타리아트와 일국의 "발전"을 주도할 부르주아로 분해되어 갈 것인가의 여부를 묻거나 농민이 항상 분화에 저항할 것인가의 여부를 묻는 것을 의미한다면, 그 질문은 점점 더 유용성을 잃어갈 것이다. 그러나 만일 우리가 "농민 문제"를 정치적이고 실질적인 의미에서 GATT 이후 전 지구적 계급 구성class formation을 분석함으로써 계급 동맹을 형성하는 문제를 다루는 것으로 제기한다면, 농민 문제는 과거보다 더욱 유용하다. "농민 문제"는 다음과 같은 일곱 개의 상호 관련된 문제들로 변형되거나 분화되어 왔다.

(1) 주거/홈리스 문제

전 지구적 수준에서 농민의 추방에 의한 탈농민화로 제3세계 도시 중심부로 대량의 인구가 점점 더 집중되는 결과를 낳았다. 1950년과 1990년 사이에 아프리카, 아시아, 그리고 라틴아메리카 대부분 국가의 도시 인구는 300퍼센트 증가하였다. 같은 기간 동안 백만 명 이상의 인구를 가진 제3세계의 도시 숫자는 34곳에서 170곳으로 늘었다. 오늘날 10억 명 이상의 사람들이 적절한 주거지를 가지고 있지 못하다. 1억 명의 사람들은 주거지가 전혀 없으며, 점점 더 많은 사람, 주로 농촌에서 새로 이주한 사람들은 도시의 빈민가나 판자촌에서 살고 있다. 많은 제3세계 도시에서 인구의 대다수는 무단 거주지에서 살고 있다. 무단 거주자가 야운데와 아디스아바바 인구의 90퍼센트를 점하고 있다. 보고타와 멕시코시티 그리고 아크라 인구의 60퍼센트를 점하고 있다. 다카와 루사카에서는 50퍼센트를 점하고 있다. 그리고 마닐라와 나이로비, 이스탄불, 그리고 델리 인구의 30퍼센트를 점하고 있다.[9] 빈민가slum가 팽창하는 한편, 상업적·산업적 수요에 의해 유용한 부동산을 활용하기 위해서 제3세계 도시에서는 두 번째 유형의 이주가 일어나고 있다. 세계은행에 의해 "도시 인구 재배치"란 고상한 이름으로 미화되고 있지만, 도시에서의 강제 이주는 수백만 슬럼 거주자에게는 고통스런 현실이 되고 있다. 세계은행 토의 문건에 따르면, 42만 5천 명이 1981년과 1990년 사이에 "세계은행이 재정 지원하는 비자발적 인구 재배치를 포함하는 도시 하부 구조 프로젝트"의 희생자가 되었다.[10] 세계적으로 매년 천만 명이 주거지 부족과 열악한 주거 환경으로 인해 사망하고 있다.[11] "주거지에 대한 갈망housing hunger"은 20세기 초반 농민층 분해로 인한 "토지에 대한 갈망"만큼이나 심각하다. 집 없는 사람들의 집을 위한 투쟁은 우리 시대 "농민 문제"의 본질적 측면이다.

(2) 비공식 노동자 문제

현재 세계적으로 7억에 달하는 실업 인구가 있으며, 그 가운데 6억 명이 절대적 빈곤 속에서 살아가고 있다. 예를 들어, 멕시코에서는 인구의 50퍼센트 이상이 현재 실업 상태이거나 불완전 고용 상태이다. 추방을 통한 탈농민화는 제3세계의 비공식 경제의 성장과 연결된다. 농촌에서 쫓겨나고 뿌리 뽑힌 사람들이 비공식 일자리를 통해 생계를 이어가고 있다. 이러한 일자리는 국가에 의해 규제되지 않고 어떤 보호도 받지 못하며, 고용의 지속성도 없으며, 직업과 관련된 어떤 혜택도 받지 못하는 다양한 경제 활동들이다. 정치적 프로젝트라고 볼 수 있는 전 지구적 재구조화는 노동의 비공식화casualization, 하청,

현대적 선대제도modern putting-out systems, 값싼 노동의 여
성화, 아동 고용, 예속적인 스위트숍 노동이 확산되면서 임노
동 체제가 붕괴되는 과정이라고 볼 수 있다.[12] 공식적이고 상
대적으로 보호받는 도시 임노동 체제의 붕괴는 대량의 이주
노동자라는 전 세계적 산업 예비군이 존재하기 때문에 가능했
다. 우리 시대에 새롭게 등장하는 농민 문제의 하나는, 따라서
비공식 노동자들의 절실한 요구는 무엇인가, 그리고 비공식
노동자의 자발적 운동은 어떻게 도시/노동 운동과 연계될 수
있는가 하는 것이다.

(3) 난민/이민 문제

세계 역사상 가장 큰 인구 이동이 현재 일어나고 있다. 실업,
빈곤, 그리고 과도한 도시화로 수백만의 사람들이 그들의 조
국에서 내몰리고 있다. 1965년부터 1995년 사이에 국제 이민
자 수는 38퍼센트 증가하여 1990년대 중반에 1억 2,500만 명
에 달하였다. 이들 중에서 적어도 4,200만 명이 이주한 국가에
서 "방문 노동자guest worker"로서 값싼 미숙련 혹은 반숙련
노동의 원천이 되고 있다고 국제노동기구ILO는 추정하고 있
다.[13] 합법적인 노동 이민은 제3세계 이민자의 25퍼센트에 불
과하다. 1990년과 1995년 사이에 국제적 인구 이동이 제1세계
인구 증가의 45퍼센트를 차지하고, 유럽과 미국의 전체 외국
인 이민자의 30퍼센트 이상을 난민이 차지하고 있다. 전 세계
적으로 1,900만의 난민이 존재한다.[14]

(4) "정체성" 문제

여기에서 가야트리 스피박Gayatri Spivak이 "정체성주의Iden-titarianism"라고 불렀던 특별한 측면에 대해 언급하려 한다. "익숙하지 않은" 국가 혹은 국제 문화와 정치적 맥락 속에서 이민 생활을 하고 있는 전 세계의 노동 근로 계급에게 근본주의적 정체성이 형성되는 정치적 상황, 즉 "정체성주의"가 점차 중요해지고 있음을 발견할 수 있다. 이란에서의 이슬람 근본주의뿐만 아니라 다른 어딘가에서 다른 형태의 근본주의가 부상하는 것은 전 세계적 억압과 사회 통제의 정치에 대한 대응으로만 설명할 수 없다는 것을 필자는 다른 저작에서 지적한 바 있다.[15] 이슬람 근본주의는 1960년대 후반과 1970년대에 극적으로 이주자가 늘어난 이란의 계급 구조에 그 실존주의적 근거를 가지고 있다. 세계의 노동 계급 운동이 성차별, 이성애주의, 민족적 정체성, 종교성 그리고 전통적 인종주의로 인한 분파성을 극복하지 못한 상황에서, 자본주의 체제에서 나타나는 국제적 노동 이동은 새로운 형태의 인종주의와 종교적 근본주의가 발전할 수 있는 비옥한 토양을 제공하고 있다. 외국인 노동자의 유입으로 인한 경쟁의식과 문화적/이념적 마찰로 인해 대도시의 본국 노동자들이 "외국" 이민 노동자와 스스로를 구별하는 것이 이주 노동자의 근본주의적 정체성 형성을 강화하는 경향이 있다. 이들의 근본주의적 정체성은 다시 본국 노동자가 "외국인 노동자"를 멀리하는 것을 정당화함으로써 외국인 노동자의 근본주의적 정체성과 본국 노동자의 이들에 대한 차별을 강화한다.[16]

(5) 전 세계적 기아 문제

과거 자급자족하던 농업 인구가 급격하게 대량으로 전 지구적 시장 관계로 통합되고 수백만의 인구가 생계 수단의 생산에 필요한 비시장적 접근 수단을 상실하면서 기아는 독특한 전 지구적 성격을 띠어 가고 있다. "결핍 속의 기아"는 "풍요 속의 기아"에 자리를 내어주고 있다. 현대의 식량 문제는 식량 부족에 의한 것이라기보다는 점차 증가하고 있는 식량의 전 지구적 상품화에 그 근거를 두고 있다. 모든 경제학 개론 수강 생들이 배우는 것처럼 시장 관계 속에서의 상품의 교환은 시장 참여자들의 사고팔려는 의지와 사고팔 수 있는 능력에 의존하게 된다. 현재 전 세계적으로 식량은 과잉이며 배고픈 사람들은 기꺼이 먹으려 할 것이라고 가정한다면, 오늘날 전 세계적 기아의 성격을 설명해 주는 것은 바로 사람들이 상품이 된 식량을 구매하지 못한다는 것과 생계 수단 생산에 직접 접근할 수 없다는 것(탈농민화)이다.

식량의 전 지구적 상품화는 다른 말로 하면 농업의 전 지구적 상품화의 자연스러운 대응물이다. 1980년대 이래로 세계은행과 국제통화기금IMF이 농업의 전 지구적 상품화를 지원하였으며, 대출(구조조정) 정책을 매개로 제3세계 국가들이 지역 자급 작물에서 수출 작물로 농업 구조를 전환하도록 압력을 가했다. 따라서 브라질과 태국의 가장 생산적인 토지에서 북반구 국가들의 집약적 축산에 사용되는 환금성 사료 작물인 수백만 톤의 카사바와 콩을 생산하고 있다. 이와 비슷하게 세계은행, IMF, 미국국제개발국USAID의 요구에 따라 짐바브웨는 "구조조정 국가"로서 옥수수 생산을 89만 5천 에이커에서 24만 5천 에이커로 줄이고 품질 등급이 높은 담배 생산을 늘렸다. IMF의 충고에 따라 짐바브웨는 자국 곡물 보유고의 대부분을 현금을 얻기 위해 팔아 치웠다.[17] 그 결과, 한때 아프리카의 곡창이었던 이 나라는 기아에 직면해 있다. 한 저자가 지적하고 있는 것처럼, 구조조정 정책을 추구한 결과 "아프리카의 가장 건강하고 잘 교육받은 나라의 하나가 휘청거리는 나라로 변모되었으며," 1986년에서 1991년까지 매시간 이자로 5만 달러를 지불했다.[18] 코스타리카에서는 구조조정을 통해 쌀, 콩, 옥수수를 심는 대신 화훼, 멜론, 딸기, 그리고 고추를 심도록 장려하고 있다. 마찬가지로, 부풀어 오른 배를 가진 굶주린 어린이의 이미지를 불러일으키는 대륙에 위치하고 있는 케냐와 보츠와나는 대對 유럽 쇠고기 주主 수출국이다. 그리고 레소토는 아스파라거스의 주요 수출국인데, 그 나라의 국민들은 심각한 영양실조를 겪고 있다. 1980년대 이래로 대부분의 아프리카 국가에서 인구 1인당 식품 소비량은 계속 줄어들고 있다. 세계보건기구와 세계식량농업기구가 공동 발간한 자료에 따르면, 1990년대 제3세계의 7억 8,600만 명이 만성적 영양 부족 상태에 있는 것으로 추산된다.[19] 알제리에서 요르단에 이르는 지역에서 일어난 식량 폭동에서 보듯이 식량 문제가 우리 시대의 "농민 문제"의 또 다른 측면이다.

(6) "녹색 문제"

전 세계적 농업의 상업화와 식량의 상품화로 경작 가능한 토

지가 가축용 초지로 지속적으로 전환되어 가고 있다. 지난 몇
십 년 동안 중앙아메리카 산림의 25퍼센트 이상이 가축 방목
을 위한 초지로 개발하기 위해 베어졌다. 지난 수십 년 동안
케냐는 숲의 50퍼센트를 잃었으며, 태국의 산림 면적은 40퍼
센트 줄었다. 과잉 경작, 과잉 방목, 산림의 소멸과 사막화로
인해 놀랄 만한 속도로 경작지가 유실되고 있다. 1950년과
1990년 사이에 세계의 1인당 곡물 경작지는 50퍼센트 줄어들
었다. 세계의 보다 더 풍요로운 계급과 사회의 증가하는 육류
소비를 맞추기 위해 국제적 소 사육 단지cattle complex가 늘
어났고, 이것이 농지의 집중과 농지로부터 농민의 추방을 초
래하고 있다. 제레미 리프킨Jeremy Rifkin이 지적한 것처럼,
"미국 소비자들이 중앙아메리카에서 수입되는 고기로 만든
햄버거 한 개당 평균 단돈 5센트를 절약하는 동안, 그 지역 환
경이 부담하는 비용은 엄청나며 회복할 수 없는 것이다. 수입
된 햄버거 고기 한 개에 필요한 초지를 얻기 위해 6제곱 야드
의 산림이 베어지고 있다."[20]

최근 몇 십 년 동안 이러한 환경 파괴의 대부분은 국제기
구들의 정책과 대출 행태에서 그 원인을 찾을 수 있다. 브루스
리치Bruce Rich는 세계은행 대출 정책이 미치는 사회적 · 환
경적 영향의 심각성에 대하여 보고서를 작성하였다. 그에 따
르면, 대부분 가난한 대중과 권력 없는 사람들에게 환경 파괴
의 영향이 미친다. 뿐만 아니라 1986년 세계은행의 국제 관계
부총재가 지적했던 것처럼, 가난한 대중과 그 지지자들이 벌
이는 사회 운동이 세계은행에 대한 "가장 중요한 이미지 문

제"를 제기하고 있다.[21] 외부로 유출된 세계은행 내부 보고서에 따르면, 세계은행의 다양한 프로젝트를 수행하기 위해 1999년까지 남반구에서 4백만의 사람들이 자신들의 토지에서 강제로 이주해야 했다. 댐 건설 프로젝트가 강제 이주의 주요 원인이 되었다. 그러나 집약 영농과 증가하고 있는 도시 인구의 물 수요와 전력 수요에 맞추기 위해서라고 정당화되었다. 세계은행의 "녹색화"는 수백만의 사람들의 수년간의 저항 이후에야 비로소 실현되었는데, 치코 멘데스Chico Mendez는 "단어의 의미조차 모른 채 수백만의 사람들이 환경주의자가 되었다"라고 지적하고 있다.[22] 국제 풀뿌리 환경 운동의 등장이 입증하는 것처럼 녹색 문제는 우리 시대 "농민 문제"의 한 측면이 되고 있다.

(7) 토착민/무토지 문제

세계적으로 10억의 농촌 인구(1억 8천만 가구)는 토지가 전혀 없거나 거의 없다. 중앙아메리카 전체로 보면, 94퍼센트의 농장이 9퍼센트의 농지만을 이용한다. 과테말라에서는 대토지 소유자가 보유하고 있는 1,200만 헥타르로 추정되는 농지를 투기 목적으로 혹은 경작하기에는 환금 작물 가격이 너무 낮다는 이유 때문에 놀리고 있다. 코스타리카에서는 2,000명의 가장 부유한 소사육자가 경작 가능한 토지의 50퍼센트 이상을 차지하고 있다. 반면 농촌 가구의 55퍼센트는 토지가 없다.[23]

필리핀에서는 1,000만 농촌 노동력 가운데 650만이 토지 없는 노동자이다. 브라질에서는 경작 가능한 토지의 45퍼센트를 상위 1퍼센트의 지주가 소유하고 있다. 하위 80퍼센트는 농지의 13퍼센트만을 보유하고 있으며, 5백만의 무토지 가구가 존재한다. 북미자유무역협정NAFTA의 이행과 더불어 멕시코에서는 에히도스 시스템(공동 보유 농지 제도로 멕시코 농민의 70퍼센트가 관련되고, 남아 있는 산림의 7퍼센트가 포함된다)이 해체되어 매년 백만에 달하는 농민들이 토지를 잃고 앞으로 20년 내에 1,500만에 달하는 농민이 농업을 포기할 것으로 추정된다. 자유 무역 협정, 농업의 세계화/탈국가화, 그리고 전 세계적 경쟁으로 인해 생계형 농지 보유자들의 궁핍이 만연하고 파산이 증가할 것으로 보인다. 다른 한편으로는 토지 보유 계급의 토지 취득과 토지 집중이 강화될 것이다. 위로부터 촉발되고 있는 계급 전쟁으로 인해 이미 소유권을 상실한 농민들로부터 격렬한 대응이 일어나고 있다. 특히 브라질(720만 헥타르의 농지를 재탈취하는 데 성공한 농촌 무토지 노동자 운동), 멕시코(지역의 빈곤을 전 지구적 자유 무역 체제와 정확하게 연관지우고 있는 치아파스Chiapas 운동), 그리고 (무단 점거자가 농장의 22퍼센트를 차지하고 있는) 과테말라에서 현저하다.[24]

결론

저명한 역사학자 에릭 홉스봄Eric Hobsbawm은 『극단의 시대 The Age of Extremes』에서 20세기의 만화경과 같은 역사, 즉 두 차례의 세계대전, 탈식민주의와 국가 간 체제interstate의 등장,

놀랄 만한 산업화의 전파, 국가 사회주의의 등장과 쇠퇴, 비정상적인 기술 발전, 커뮤니케이션 혁명 등 20세기의 격심한 사회 변화 가운데 가장 근본적인 변화는 농민과 농촌적 삶의 소멸passing이라고 언급하고 있다.[25]

20세기 초반 세계 인구의 압도적 다수는 농민이었으며, 농촌 지역에 살았다. 그러나 20세기 말에 농민의 삶은 급격히 사라지고, 세계는 압도적으로 도시적이 되었다.

그러나 농민과 농촌적 삶의 소멸은 세계가 거대 도시라는 렌즈를 통해서 완전하게 혹은 정확하게 이해될 수 있다는 것을 의미하지는 않는다. 수천만 명의 농촌 인구가 매년 어떤 형태로든 이동하고 있지만, 여전히 수십억의 인구가 농촌에 남아 있다. 비록 전 세계적 식량 상품화의 파고에 떠밀려 이주 노동자, 비상시적/비공식적 노동자, 난민, 위협받고 있는 토착민, 집 없는 사람, 토지가 없는 농민이나 소토지 보유 농민들이 늘어나고 있지만 말이다.

이와 같은 극적이고 근본적인 변화는 20세기 초반에 제기되었던 농민과 농업 문제의 형태가 변화되어 왔다는 사실을 나타내고 있다. 그러나 농민 또는 농업 문제의 본질은 ― 항상 다양한 양태로 표출되고 있는 사회 운동들을 연계하는 프로그램을 만들려는 시도였다 ― 그것의 전 지구적 성격 때문에 오늘날에도 여전히 유용한 것이다.

(번역 : 박민선)

주

1. 유엔에서 발간한 *World Urbanization Prospects: The 1996 Revision*
   (New York: United Nations, 1998), 20-29, 88-94, 104-110에서 계산
   하였음.

2. 이 논쟁과 관련된 논의와 비판을 보려면 Farshad Araghi, "Global
   Depeasantization: 1945-1955," *The Sociological Quarterly* 36
   (Spring 1955), 337-368와 Philip McMichael and Frederick Buttel,
   "New Directions in the Political Economy of Agriculture,"
   Sociological Perspectives 33 (1990), 89-109를 볼 것.

3. Araghi, "Global Depeasantization: 1945-1995," 347.

4. Harriet Friedmanna and Philip McMichael, "Agriculture and the
   State System: The Rise and Decline of National Agricultures: 1870
   to Present," *Sociologia Ruralis* 29(1989), 93-117.

5. 세계은행의 대출 증가는 브레튼 우즈 체제Bretton Woods system의
   붕괴로 국제 금융 자본 규모가 급격하게 증가한 것과 정확하게 일치
   한다.

6. 다른 말로 하면, 생산 수단의 소유권을 상실하는 것은 동시에 생계 수
   단에 대한 비시장적 접근을 상실하는 것이지만 그 역이 항상 성립되
   는 것은 아니다. 즉, 생계 수단에 대한 비시장적 접근의 상실은 반드
   시 생산 수단 소유의 상실을 요구하지는 않는다. 이러한 구분은 이 책
   의 5장 르원틴이 제기하는 쟁점의 일부를 명확하게 해줄 것이다.

7. James Goldsmith, *The Trap* (New York: Carroll & Graf Publishers,
   1994), 39.

8. United Nations, *World Urbanization Prospects*.

9. World Health Organization, "International Year of Shelter for the Homeless: Shelter and Health," WHO Features, No. 108 (June 1987), 1.

10. Michael Cernea, "The Urban Environment and Population Relocation," World Bank Discussion Papers (Washington, D.C.: The World Bank, 1993), 25쪽의 자료로부터 계산함.

11. United Nations, "Habitat II: City Summit to Forge the Future of Human Settlements in an Urbanizing World," UN Chronicle 33, No. 1 (September 1996), 40-48.

12. Philip McMichael, "The Global Crisis of Wage-labour," Studies in Political Economy 58 (Spring 1999), 11-40.

13. International Labor Organization, "As Migrant Ranks Swell, Temporary Guest Workers Increasingly Replace Immigrants," ILO Press Release, 18 April 1997.

14. United Nations, "Your Papers, Please: International Migration: What Prompts It? What Problems Arise?," UN Chronicle 34, No. 3, (1977), 15.

15. Farshad Araghi, "Land Reform Policies in Iran: Comment," American Journal of Agricultural Economics 74 (1989), 1046-1049.

16. 이와 관련해서 정체성주의의 성장은 과거의 "민족 문제national question"에 대해 의문을 제기한다. "탈민족주의denationalism"와 "민족 문제"처럼 보이는 유고슬라비아 등의 구舊 다인종 사회의 붕괴는 사실은 정체성주의의 한 측면일 수 있다. 20세기 초반의 "농민 문제"와 마찬가지로 민족 문제 그 자체는 점차 그 의미를 상실해 가고 있다.

17. 역사적으로 이와 유사한 경우가 있었는데, 가장 악명 높은 사례가 아일랜드의 감자 대기근이었다. 감자 수확 실패를 야기한 직접적 원인은 마름병이었지만, 아일랜드 농민들을 감자에 의존케 했던 것은 영국 식민주의가 만들어 낸 것이었다. 우리는 여기서 아일랜드의 경우와 같이 "가시적인 식민주의"(영국이 국가라는 "가시적인 손"을 통해 식민지를 지배하는 아일랜드의 경우)와 20세기 후반의 "보이지 않는 식민주의"(초국적 기업과 그 대리인들이 시장과 부채 정권이라는 "보이지 않는 손"을 통해 약한 국가를 지배하는 경우)를 구별할 수 있을 것이다.

18. Susan George and Fabrizio Sabelli, *Faith and Eredit: The World Bank's Secular Empire* (Boulder: Westview Press, 1994), 61-67; Jim Naureckas, "The Somalia Intervention: Tragedy Made Simple," *Extra!* 26, No. 2 (March 1993), 10-13.

19. World Health Organization, "Malnutrition and Diet-Related Death Rates Remain Rampant in Some Nations," *WHO Press* 20 (November 1992), 1-5.

20. Jeremy Rifkin, *Beyond Beef* (New York: Plume), 192.

21. Bruce Rich, *Mortgaging the Earth: The World Bank, Environmental Impoverishment, and the Crisis of Development* (Boston: Beacon Press, 1994), 160-181.

22. Marlise Simons, "Brazilian Who Fought to Protect Amazon Is Killed," *New York Times*, 24 December 1988, 1.

23. Nicholas Hildyard, "Too Many for What? The Social Generation of Food, Security, and Overpopulation," *Ecologist* 26 (November/December 1996), 282-289.

24. 윗글, 285.

25. Eric Hobsbawm, *The Age of Extremes* (New York: Pantheon, 1994).

8장

미국 농장 노동자의 조직화: 끝없는 투쟁

린다 마즈카, 테오 마즈카

Linda C. Majka , Theo J. Majka

미국 농장 노동자들 사이에 두 번의 격렬한 노동조합 행동주의union activism 시기가 있었다. 이 두 시기 모두 강력한 저항, 공공 개입 그리고 적어도 주state 수준의 정부 지원이 뒤따랐다. 첫 번째 시기는 1930년대의 대공황 시기로, 처음에는 공산당이 그리고 이어서 CIO(Congress of Industrial Organizations: 미국 전기, 자동차, 철강 산업 등의 노동자 연맹으로 1955년 경쟁하던 AFL과 합병하고 AFL-CIO가 됨 — 옮긴이)가 농장 노동자 운동을 이끌었다. 그러나 이러한 노조 활동은 도시에서 일자리가 늘어나면서 갑작스런 결말에 이르게 되었다. 미국이 제2차 세계대전에 참전하면서 막대한 농업 잉여 노동력을 흡수하게 되었고, 멕시코로부터 계절 농장 노동자braceros의 유입을 촉진하게 되었다.

두 번째 시기는 지금까지 가장 성공적이었는데, 1965년부터 1980년경까지 캘리포니아에서 번창했던 농장노동자연맹 The United Farm Workers이 이끄는 농장 노동자 운동이었다. 10년에 걸친 조직화, 파업, 시위, 불매 운동, 노동조합들 간의 경쟁이 이어진 후 1975년 캘리포니아에서 캘리포니아 농업노사관계법California Agricultural Labor Relations Act이 통과되어 농장 노동자에게 노동조합을 조직할 권리가 주어졌다. 1979년 시저 차베스Cesar Chavez 위원장 휘하에서 농장노동자연맹은 캘리포니아 양상추 산업과 채소 산업에서 중요한 협약을 체결하기 위한 파업을 성공적으로 이끌었다. 그 결과 농장에서 일하는 노동자의 임금을 상당히 인상시켰고, 노사가 합의해서 기계를 도입하기로 하는 노사 협상을 체결하였다. 이에 덧붙여 1980년대에 캠벨 사 제품의 불매 운동 이후로 발데마르 벨라스케스Baldemar Velasquez 위원장 휘하에서 농장노동자조직위원회(Farm Labor Organizing Commitee: FLOC)는 캠벨, 하인즈 같은 대규모 가공/식품 기업, 그리고 오하이오와 미시간에서 토마토와 오이를 생산하는 다수의 농장주 간의 3자 협약을 체결했다. 이 협약은 7천 명의 노동자에게 적용되었다. 농장 노동자 조직과 이들의 지원 조직은 1970년대와 1980년대 초 다른 주에서도 그 여세를 몰아가는 것처럼 보였다.

상승세를 타고 있는 동안 농장노동자연맹은 캘리포니아 식용 포도 생산 농장주의 80퍼센트, 상당히 많은 캘리포니아 양상추 생산 농장주, 그리고 채소 생산 농장주, 와인용 포도 생산 농장주와 협약을 맺었다. 이에 덧붙여서 소비자 불매 운동이 성공하면서 위에서 언급한 농업노사관계법의 통과를 촉진하였다. 캘리포니아 주에서는 전미노사관계법National Labor Relations Act이 적용되지 않았기 때문에 이 법은 다른 주와의 법적 격차를 메워 주었고 농장 노동자들 사이에서 노조가 인정하는 선거에 대한 지침을 명문화하였다. 캘리포니아 농업노사관계법에 따라 농업노사관계위원회Agricultural Labor Relations Board가 만들어져서 선거를 감시하였고, 농업노사관계법을 시행했다. 조직화 캠페인과 협약 조건에 따라

농장노동자연맹은 캘리포니아와 다른 지역에서 한 세기가 넘
도록 농장 노동의 특징이 되었던 노동 조건과 고용 조건의 많
은 부분을 바꿈으로써 농업 노동자의 지위를 변화시키려고 했
다. 노조는 농장 노동 청부 제도farm labor contractors를 없애
려고 했으며, 노동자의 이동을 줄이고 농장 노동력을 안정화하
여 새로운 이민자의 수를 줄이려고 노력했다. 사실상 1979년
양상추 노동자와 채소 노동자 파업을 해결한 것은, 농장주들
사이에서도 성과를 보였지만, 캘리포니아의 농장 노동자 노동
조합의 제도화를 향한 의미 있는 진전을 의미하는 것이었다.

1980년대 초반 농장노동자연맹은 수세에 몰려 있다가 쇠
퇴하기 시작하였다. 농장노동자연맹의 내부 논쟁으로 많은 노
조 조직가와 상당수의 법률 전문가들을 포함한 핵심 인력이
연맹을 떠나게 되었다. 또한 1983년 민주당의 제리 브라운Jerry
Brown 주지사가 공화당의 조지 듀크메이언George Deukmejian
주지사로 바뀌면서 농업노사관계법의 실행이 퇴조했고, 농장
주들의 저항은 더욱 강력해졌다. 그 결과 농장노동자연맹의
영향력이 급격하게 줄어들었고, 노조 협약의 적용을 받는 노
동자 수도 급격하게 줄었다.[1] 대체로 1990년대에는 진전이 한
계에 다다르고, 그동안 이룩했던 성과의 많은 부분이 역전되
었다. 농장노동자연맹은 1980년대 초에 120건의 협약을 체결
하였는데, 6만 명 이상의 노동자가 이 협약의 적용을 받았다.
그러나 1993년 3월 차베스 위원장이 사망하였을 때에는 5,000
명 정도의 노동자에게 적용되는 몇 건의 협약만을 보유하게
되었다. 농장노동자조직위원회는 오하이오와 미시간에서 여

전히 유효한 협약을 보유했지만, 자신들의 기반을 중서부 이
북 지역으로 확장하지는 못했다. 양대 노조는 최근(2000년 봄
현재) 대규모 조직화를 시도하였는데, 농장노동자연맹은 캘리
포니아 딸기 노동자의 조직화를 시도했고, 농장노동자조직위
원회는 노스캐롤라이나의 오이 수확 계절노동자들의 조직화
를 시도했다. 그러나 주로 이하에서 서술하려는 상황 때문에
괄목할 만한 성과를 거두지는 못했다.

역사적으로 보면, 임금 상승 그리고/혹은 조직화 캠페인
및 새로운 이민자의 유입 사이에는 밀접한 상관관계가 있다.
즉, 새로운 이민자가 유입되면 그동안의 진전이 역전되는 사
태가 나타난다.[2] 새로운 이민은 새로운 조직화를 어렵게 만드
는 주요 요인이다. 대부분의 농촌에서 지난 20년 동안 농장 노
동자는 멕시코로부터 새로 이주해 오거나 혹은 이주해 온 지
얼마 되지 않은 이민자들로 채워지고 있다. 이 기간 동안 임금
과 농업 노동 조건은 상당히 쇠퇴하였다.

농업 노동력의 구성이 변화되고 노동 상황이 변화되면서,
농장 노동자의 지위는 프롤레타리아 계급에 속하면서도 완전
히 프롤레타리아의 일부가 되지 못한 채 더욱 악화되고 있다.
그들은 시민권자인 경우도 있지만, 이민자로서 주변화 되고
있을 뿐만 아니라 극히 낮은 임금, 열악한 노동 조건, 불규칙
한 고용에 시달렸다. 어떤 측면에서는 농장 노동자는 의류 생
산 노동자와 유사하다. 20세기 초 농장 노동자와 의류 생산 노
동자는 갓 이민 온 사람들로 채워졌는데, 최근 의류 생산 노동
자는 다시 갓 이민 온 사람들로 채워지고 있다. 그러나 대부분

의 일자리와는 달리 농업 노동은 노조화 수준이 극히 낮고, 전
미노사관계법의 보호에서 계속 제외됨에 따라 더욱 주변화 되
었다. 이러한 모든 특징들이 농장 노동자들을 미국 노동자 계
급 가운데 "초과 착취되는super-exploited" 분파로 계속 남아
있게 하는 원인이 되고 있다. 이 장에서 다루고 있는 노동 형
태들 이면에서 작동하고 있는 추동력은 대부분 절대적 잉여
가치를 증가시킴으로써 이윤을 극대화하려는 시도이다.

이민의 역사적 역할

1870년대 이래로 캘리포니아 주의 특화된 대규모 농장의 저임
금 노동력에 대한 계절적 수요는 지속적으로 유입되는 이민자
에 의해 채워져 왔다. 이러한 이민자의 물결 가운데 가장 많은
숫자를 차지한 사람들을 보면 시기별로 다양한데, 중국인, 일
본인, 인도인, 멕시코인, 필리핀인들을 포함한다. 이러한 집단
들이 모두 경제적으로 착취당하고 인종적으로 억압받았다고
말하는 것이 결코 과장은 아니다. 예를 들어, 19세기 말과 20
세기 초반에 유입된 중국인들처럼 많은 이민자들이 인종 차별
로 인해 도시의 숙련 직종에서 배제되었다. 그 대신 도시에 정
착한 이민자들은 저임금 계절 농업 노동자로 일할 수 있는 산
업 예비군으로서 기능했다. 수확 노동 시장은 만성적으로 노
동력 과잉 상태를 유지하였다. 그리고 때때로 다양한 인종적
배경과 다양한 언어를 사용하는 집단들이 취업 가능한 자리를
두고 서로 경쟁했다. 노동자들은 고용주나 그들의 하수인의

엄격한 감시를 받으며 열악한 막사camp에서 살았으며, 저임금과 인종적·민족적 차별 때문에 다른 숙소와 서비스를 제공받지 못했다. 만일 농장 노동자들이 어떤 형태로든 서로 연대해서 저항하려고 하면, 고용주들은 종종 집단적으로 저항함으로써 무노조 노동 시장을 유지하려고 노력했다. 지역 경찰뿐만 아니라 농장주들과 그 지지자들은 조직화를 저지하고 파업을 봉쇄하기 위해 폭력적인 전략을 자주 사용했다. 때때로 당국은 시민권이 없는 사람들에게(특히 멕시코 사람들에게) 강제 추방 위협을 가했고, 일부 농장주들은 노동자들의 단결을 저지하기 위해 인종 간의 적대감과 갈등을 조장하기도 했다.

이민자들이 농업에 지속적으로 공급됨으로써 다음과 같은 세 가지 결과가 초래되었다. 첫째, 일을 찾아 밀려들어오는 새로운 이민자들의 행렬 때문에 임금 하락 압력이 나타났고, 농장 노동자와 도시 노동자 사이의 임금 격차가 계속 유지되었다. 둘째, 새로운 이민자들로 인해 단체 협약 시도는 무력화됐고, 종종 이들이 앞서 이민 와 조직화되어 가던 사람들을 대체하였다. 셋째, 저임금 노동을 계속 이용할 수 있었기 때문에 노동 집약적 작물의 경작 면적은 확대될 수 있었던 반면, 수확 작업과 다른 농작업의 기계화는 지연되었다.

비록 이러한 노동 형태와 전략들은 지속적이고 현저한 것처럼 보였지만, 주기적으로 이러한 시스템은 계속 유지되지 못하고 곧 소멸될 것처럼 보이기도 했다. 때때로 어떤 지역에서는 민족적 연대감을 발휘함으로써 성공적인 단체 협약을 체결하기도 했다.

농업 노동력의 최근의 변화

1980년대 내내 멕시코의 경제적 어려움, 개혁과 사회적 혼란, 그리고 중앙아메리카의 정치적 봉기로 인해 수십만의 새로운 이민자들이 미국, 특히 캘리포니아로 몰려들었다. 카를로스 살리나스Carlos Salinas 치하에서 멕시코 정부는 경제 개혁을 단행하여 많은 공기업을 민영화했고 시장의 힘을 강조하였다. 그 결과 수만 개의 일자리가 사라지는 사태를 초래했다. 멕시코의 농업 근대화로 인해 농장 노동력 수요는 줄어들었고, 농민들의 농지 소유는 더욱 어려워졌으며, 소토지 소유자들의 국제 시장에서의 경쟁력은 약화되었다. 반면 1992년 실시된 신자유주의적 개혁으로 "에히도스ejidos"(국가가 보호하는 공유 형태의 농지)에서 기업이 경영할 수 있는 경작 규모가 2,500 헥타르(6,000에이커)까지 확대되었다. 반면 농민들이 국가의 금융 지원과 기술 지원에 접근할 수 있는 가능성은 급격하게 축소되었다.[3] 이러한 경제적 변화로 인해 농촌에 거주하는 멕시코인들을 그곳에 계속 남아 있게 만들 유인이 약화되었다. 그리고 가족이 생활하는 데 충분한 소득을 얻기 위한 중요한 전략으로서 이민이 늘어났다. 이러저러한 요인들과 인구 폭발 boom, 멕시코 도시에서의 구직난, 그리고 북미자유무역협정 NAFTA에 의해 야기된 구조적 혼란dislocation 같은 요인들이 결합되어 대규모 인구가 미국으로 계속 흘러 들어오게 되었다.

특히 캘리포니아에, 새로 이민 온 많은 농장 노동자들은 전통적으로 이민자를 "보내던 지역인" 과달라하라 인근의 멕시코 서부 6개 주 출신이 아니다. 그들은 멕시코의 남서부 3개 주에서 온 이민자들이다. 가장 눈에 띄는 것은 오아싸카 지역과 그 인근 지역에서 온 믹스텍 원주민 이민자들이다. 이 지역은 빈민들이 집단 거주하는 지역이며, 실업률이 높은 지역이다. 대부분의 믹스텍 출신자들은 불법 이민 독신 남성으로, 일부는 스페인어를 거의 하지 못한다. 믹스텍 사람들은 미국에서 뿐만 아니라 멕시코에서도 인종적으로 가장 낮은 계층으로 농업 노동자 내부에서도 분화가 진전되는 현상을 낳고 있다.[4]

미국의 어떤 지역에서는 저임금 이민 노동자가 끊임없이 공급됨으로써 노동 집약적 농업 생산을 촉진해 이 부문의 경작지가 늘어났다. 예를 들어, 캘리포니아의 과일과 채소 수확 면적은 1988년 이래로 41퍼센트 확대되었다. 그리고 과일 생산량과 채소 생산량은 지난 20년간 1,500만 톤에서 3,000만 톤으로 두 배가 되었다. 또한 상대적으로 낮은 급여와 열악한 노동 조건, 그리고 낮은 직업 안정성 때문에 상당수의 노동자들이 농업으로부터 대규모로 이탈하고 있다. 특히 청부업자나 고용인들에 의해 미국 농장에 공급되는 멕시코 노동자들의 규모는 지난 15년에서 20년 사이에 계속 증가하였다. 20년 전과 비교할 때 더 많은 노동자가 필요함에도 불구하고, 1990년대에는 농업 노동 시장에 만성적으로 노동력이 과잉 공급됨으로써 일자리를 찾는 사람의 수와 취업할 수 있는 일자리의 수 사이의 불일치 규모가 훨씬 커졌다. 지나치게 많은 노동자들이 일을 그만두는 사태에 대비해서 많은 농장주들은 에이커 당 실제 필요한 노동자보다 더 많은 노동자를 고용했다. 그러나 이것이 고용된 노동자의 평균 노동 시간을 단축시키는 결과를 초래했다. 노동 시간이 단축됨에 따라 농장 노동자의 평균 연간 소득이 급격하게 떨어졌고, 1990년과 1994-5년 사이에 전국적으로 농장 노동자의 빈곤율이 50퍼센트에서 61퍼센트로 늘어났다.[5] 같은 기간 동안 캘리포니아 농장 노동자들의 빈곤율도 거의 비슷하게 증가하였는데, 1990-91년 48퍼센트에서 1994-7년에는 61퍼센트로 증가하였다.[6]

1988년 이래로 노동부는 전국 농업 노동자 조사National Agricultural Workers Survey 프로젝트를 실시하여 매년 3회에 걸쳐 미국 전역에서 "계절적 농업 노동"에 고용되었던 사람들 가운데 무작위로 추출된 사람들과 일련의 인터뷰를 실시했다. 전국 농업 노동자 조사는 미국 농장 노동자의 변화 상황을 가장 잘 보여 주는 자료인데, 이 자료에 따르면 새로운 이민자가 계속 유입됨으로써 미국 농업 노동자들 가운데 외국, 특히 멕시코에서 출생한 사람의 숫자가 급격히 늘어났다. 불법 이민자의 지속적인 유입으로 인해 전국적으로 그리고 캘리포니아에서 농장 노동자는 점차 라틴아메리카 이민자들, 특히 젊은 멕시코 남자들로 그 구성이 변하고 있다.

가장 최근에 발표된 전국 자료인 1994-1995 회계 연도 중에 실시된 인터뷰 자료에 따르면, 인터뷰에 응한 노동자 가운데 69퍼센트가 외국에서 출생했고, 65퍼센트가 멕시코에서 출생했다. 단지 10퍼센트만이 미국에서 태어난 남미계였으며, 18퍼센트는 미국에서 태어난 백인이었다. (1989-91년 사이에 실시된 전국 농업 노동자 조사 인터뷰에 따르면, 외국에서 태어난 사람의 비율은 60퍼센트였으며, 멕시코 출생자들의 비율은 전체 계절 농업 노동자의 53퍼센트를 차지했다. 1989-91년에 처음 농장 노동일을 시작한 사람 가운데 88퍼센트가 외국에서 태어났는데, 이것은 농업 노동력이 변화하고 있음을 더욱 잘 보여 준다). 더구나 미국에서 일자리를 찾기 위해 이민 온 농장 노동자들 가운데 85퍼센트는 외국, 그것도 대부분 라틴아메리카에서 출생하였다. 또한 농장 노동자 집단의 성비性比는 매우 놀랄 만한 특징을 가지고 있다. 1994-5년 인터뷰 자료는 농업 노동자 중 여성 노동자 비율이 조사 기간 동안 25퍼센트에서 19퍼센트로 떨어졌다는 것을 보여 준다. 또한 외국에서 태어난 사람들 가운데 13퍼센트만이 여성이었다.

최근 추산치에 따르면, 전국적으로 농업 내 불법 이민자는 작물별 그리고 지역별로 30퍼센트에서 50퍼센트에 이르고 있다. 전국 농업 노동자 조사의 인터뷰에 응한 사람들 가운데 불법 노동자의 비율은 1989년 7퍼센트에서 1994-5년에는 37퍼센트로 급격하게 늘어났다. 1994-5년 최초로 미국 농장에 고용된 농장 노동자의 비율은 18퍼센트였는데, 그 가운데 70퍼센트가 불법 이민자였다.[7]

캘리포니아 주 자료도 이와 유사한 경향을 보여 주는데, 최근 이민자 비율과 불법 이민자 비율이 전국 자료보다 훨씬 더 높다. 전국 농업 노동자 조사에 따르면, 1995-97년 회계 연도 중 캘리포니아 계절 농업 노동자의 95퍼센트가 외국에서 태어났고, 53퍼센트가 미국에 거주한 기간이 10년 미만이었다. 더구나 노동자의 42퍼센트가 불법 이민자였다.

농업 노동과 그와 유사한 직업들은 전통적으로 흑인과 백인에 의해 수행되었다. 그런데 이러한 농업 부문에서 멕시코 출신 노동자 비율이 현저하게 늘어났다. 이러한 현상이 동부 연안 지역, 예를 들어 노스캐롤라이나, 버지니아, 델라웨어, 메릴랜드, 조지아, 사우스캐롤라이나 지역으로 퍼져 나가고 있다. 더구나 농촌 지역의 다른 직업에서도 점차 멕시코에서 출생한 노동자의 비율이 늘어가고 있다. 예를 들어, 중서부 지역의 쇠고기 포장, 남부 주들과 델마바 반도Delmarva Peninsula 지역의 가금류 가공, 동부 연안의 수산 식품 가공, 그리고 캘리포니아 주와 남서부 지역과 남부 지역의 건설 부문에서도 점차 멕시코 출신 노동자의 비율이 늘어 가고 있다.

농장 노동자의 임금은 매우 낮은 수준에 머무르고 있다. 1989-91년 전국의 계절 농업 노동자의 평균 연간 개인 소득은 6,500달러였다.[8] 캘리포니아 주에서는 1994-97년 농장 노동자의 연간 개인 소득의 중위값median은 5,000달러에서 7,500달러 사이였다. 그리고 75퍼센트가 일만 달러 이하를 벌었다. 불법 이민 노동자의 연간 소득의 중위값은 더욱 낮아서 2,500달러에서 5,000달러 사이였다.

전국적으로 최근에 영주권을 갖게 된 농장 노동자와 불법 이민 농장 노동자들은 합법적 영주권자인 농장 노동자와 미국 출생자에 비해 고용주가 제공하는 혜택을 덜 받고 있다. 1986년 이민개혁통제법Immigration Reform and Control Act의 조항에 따라 임시 비자를 가진 농업 노동자 가운데 18퍼센트에게 의료 보험이 제공되었고, 14퍼센트에게 유급 휴가가 제공되었다. 그러나 불법 노동자의 경우에는 5퍼센트에게 의료 보험이 제공되었고, 4퍼센트에게만 유급 휴가가 제공되었다. 합법적인 영주권자는 30퍼센트에게 의료 보험이 제공되었고, 20퍼센트에게 유급 휴가가 제공되었다. 반면 미국 출생자는 32퍼센트에게 의료 보험이 제공되고, 27퍼센트에게 유급 휴가가 제공되었다.

노동 청부 제도

농장 노동 청부 제도는 19세기에 캘리포니아에서 시작되었는데, 역사적으로 보면 그 당시에 막 출현하고 있던 농업의 산업화industrialization of agriculture 현상을 반영한 것으로서, 수확 노동은 가능하면 값싸게 구입해야 할 투입재로 간주되었다. 20세기 내내 노동 청부 제도가 지속된 것은 자본에 의한 농업 지배가 더욱 진전되었음을 나타낸다. 즉, 대규모 농장주들은 농장 노동자를 더 많이 통제하고 그들의 경제적 · 사회적 진보를 늦춤으로써 이윤을 계속 확보하려고 했다. 농장주들이 대부분의 노동 조직에 저항했다는 것은 이민 노동자가 일자리를 얻고 농장주가 노동자를 구하는 데 노동 청부 제도가 중요한 수단을 제공하였다는 것을 의미한다. 최근 수십 년간 수확 노동자를 고용했던 거의 모든 집단들은 대규모 농장주와 개별 노동자를 중개하는 중개인을 필요로 했다. 청부업자들은 노동자를 공급한 대가로 농장주로부터 수수료를 받고 노동자로부터는 서비스 수수료를 받음으로써 사업가로서의 틈새시장을 발견했다. 농장주와 청부업자가 농장 노동자의 임금, 노동 시간, 작업 조건을 결정했다. 청부업자들은 농장 노동자와 거래할 때에는 고용주의 편에 섰다. 청부업자는 노동자에게 임금을 지불하고 허용되는 한도 내에서 그들의 고충을 처리했다.

노동 청부 제도는 자기 영속적인 주기를 만들어 냈다. 노동 청부 제도는 임금을 낮게 유지함으로써 고용주의 이해관계에 유리하도록 작동했으며, 생계유지에 충분할 정도의 노동 일수를 확보하기 위해 노동자들이 계속 유입되도록 했다. 이민 노동자들이 더욱 광범위한 지역으로 흩어지면서 농장주들은 청부업자 같은 노동자 모집책의 서비스를 더욱 필요로 하게 되었다. 청부업자는 기본적으로 자신을 고용주와 동일시하고 있다. 그들은 농장주를 위한 대리인으로서 고용주와 마찬가지로 노동 조직가를 말썽을 일으키는 사람들이라고 생각한다. 농장주는 노동 시간, 직무 배치, 생산량을 결정하고 전반적인 감시와 감독을 행한다. 청부업자는 작업조의 훈련과 감독을 책임진다. 이들은 작업조에 리더를 둠으로써 고용 관계를 전반적으로 모호하게 만들었는데, 이것이 농장주들에게 유리하게 작동했다. 농장주가 노동 과정에 대한 기본적인 통제권을 가지고 있었지만, 노동자들에게는 청부업자가 고용주로 간주되었고 가장 눈에 띄는 감독자이자 책임자로 비쳐졌다. 노동자들은 청부업자 외에는 자신들의 고충을 표현할 수 없었지만, 고충을 유발하는 조건들은 대체로 이미 청부업자와 농장주가 합의하여 확정한 사안이었다. 따라서 대부분의 고충 해결은 청부업자들의 권력 밖에 있었다.

농업 관련 산업에 더욱 유리했던 것은 노동 청부 제도 하에서 "계약"이라는 용어는 본질적으로 미사여구에 불과했다는 점이다. 농장주와 청부업자 간의 계약이 꼭 문서화될 필요는 없었다. 일반적으로 협상은 구두로 이루어지거나 암묵적인 양해의 형태를 취했다. 합의 사항이 문서화되었을 때에도 양편 모두 문서를 법적인 것으로 간주하지 않았다. 협상은 법적으로 "명확한 양해" 정도의 구속력만을 가진 것으로 간주되었고, 농장 노동자들은 결코 협상에 끼어들지 못했다.

노동자의 관점에서 보면, 청부업자들은 고용을 보장하고, 농장주와의 모든 거래를 성사시키고, 임금을 받아서 개별 노동자에게 지급하고, 노동자들에게 식료품과 기타 생필품을 판매함으로써 이윤을 얻는다. 심지어 그들은 대출을 해주고 거래 장부를 관리하기도 한다. 청부업자들은 고용주들에게 어느 정도 노동자들을 대변하기도 하지만, 이들의 생존은 농장주와 거래를 확보할 수 있는 능력에 따라 좌우된다. 때때로 청부업자들은 싼 값에 청부 맡는 것을 피하기 위해 다른 업자의 지역을 침범하지 않기로 합의하기도 한다.

역사적으로 보면, 노동 청부 제도에는 농장 노동자들을 더 착취할 수 있는 많은 기회가 있었다. 청부업자들은 가끔 수확 후에 농장주들이 "보너스"로 지불하는 몫을 가로챘다. 그리고 병이나 부상으로 수확을 다 끝내지 못한 노동자들의 몫을 차지하기도 했다. 이민자들의 일부는 주택 시장에서 거래를 할 수 없었기 때문에 청부업자들이 이득을 취하는 다양한 방법들이 생겨났다. 청부업자들은 대부분 막사에서 식사를 독점 공급하고, 들판에서 음식과 음료를 독점 공급했다. 청부업자들은 노동자들에게 양量을 기준으로 급료를 지불할 경우에는 용기에서 흘러넘치게 했으며, 무게를 기준으로 급료를 지급할 때는 무게가 덜 나가는 것처럼 꾸미기도 했다. 지금까지 청부업자들에 의해 행해진 가장 큰 사기 행각은 노동자들에게 지불할 임금을 전부 가지고 사라지거나 임금을 적게 지불하는 것이었다. 노동자들이 청부업자를 고발할 법적 근거를 발견했을 때에도 생산적 자산을 거의 가지고 있지 않은 개인을 고발해서는 어떤 보상도 받을 수 없었다.

노동 청부 제도라고 하는 구조 자체가 조직을 통해 결정되는 형태의 노동자의 요구를 제한했다. 청부 제도는 농장주들로 하여금 자신들은 직접 노동자를 고용하지 않았으며 청부업자가 실질적 고용인이라고 주장할 수 있게 만든다. 조직된 노동자들을 대신할 수 있는 농장 노동자의 대체 자원이 있었기 때문에 농장주와 청부업자들은 노동 조건에 대한 노동자의 기본적 요구에 응해 주어야 할 어떤 유인도 없었다. 농장 노동자들이 단결할 수 있었던 가장 유리한 시기에도 청부 제도로 인해 제한된 작업에서 제한된 임금 상승만을 얻어낼 수 있었는데, 그것도 농장 노동자들의 오랜 투쟁을 대가로 얻어낸 것이었다.

현대적인 농-산업 생산의 연쇄chain of production 내에 노동 청부 제도가 존재한다는 것은 근본적으로 물질적 풍요가 극심한 노동 착취와 결부되어 있다는 매우 모순적인 상황을 보여 주는 것이다. 불평등과 빈곤이 더욱 심화되고, 사회적, 환경적, 경제적 제반 문제들이 서로 얽혀 있다. 노동 청부 제도 하에서 농장 노동자들은 저임금, 농약 중독의 위험, 비참한 생활과 노동 조건, 그리고 인종 차별로부터 어떤 보호도 받지 못하는 상황을 감내하고 있다.

농장 노동자들의 노동 조건을 둘러싼 저항은 청부 제도 그 자체만큼이나 오래되었지만, 두 개의 농장 노동자 조합, 즉 농장노동자연맹과 농장노동자조직위원회만이 노조로서 인정받았고, 노동 청부 제도에 내재되어 있는 착취 관행에 도전하여 성공적으로 노동 협약을 체결하는 성과를 거두었다. 농업 노동 조건을 인간적으로 만들기 위한 투쟁은 노동조합 조직화를 전제로 한다. 고용 협상에서 노동 청부업자를 배제할 것을 요구하는 것은 노동에 대한 통제권을 되찾고 노동 청부 제도의 일부인 저임금과 이주 노동에 대항하려는 농장 노동자들의 노력에 있어 필수적인 것이었다. 이들 노조가 결성된 지역과 작물에서는 노동 청부 제도가 약화되고 사라지기 시작했다. 그러나 노동조합이 약화되자마자 노동 청부 제도는 농-산업 체계에 노동자를 공급하는 주요 수단으로 다시 등장했다.

농장 노동 청부 제도의 재등장

최근 멕시코인의 이민으로 인해 캘리포니아와 다른 지역에서 일자리를 노동자와 연계해 주는 중개업자로서 노동 청부 제도가 극적으로 재등장하게 되었다. 어반 인스티튜트Urban Institute가 발간한 보고서에서는 "노동 청부 제도가 1990년대 미국 농업에서 주요한 이민 스토리이다"[9]라고 결론짓고 있다. 오늘날 많은 농장주들은 노동 청부 제도를 선호한다. 그것은 노동 청부 제도가 그들에게 서류 작성의 번거로움을 피할 수 있게 해주고, 때때로 이민법과 노동 규제, 예를 들어 최소 임금을 준수하고 농업노사관계법이나 이민개혁통제법의 규정을 따르는 등의 법적 의무를 피할 수 있게 해주기 때문이다. 더구나 수십 년 동안 그랬던 것처럼 노동자와 노동 중개업자의 과잉 공급이 확대되는 기간에는 청부업자들 간의 경쟁이 고조되어 농장주의 생산비를 낮추고 그것을 노동자에게 전가할 수 있었다. 그러나 청부업자들은 단순한 고용주가 아니다. 그들은 본질적으로 새로운 이민자들을 미국, 특히 캘리포니아의 농장 노동 시장에 공급하는 민간 업자이다. 캘리포니아에서 노동 청부업자는 전형적으로 30명에서 50명의 노동자로 구성된 작업조를 구성하여 농장에 수송하고, 때로는 숙식과 다른 서비스를 제공하기도 한다. 새로운 이민자들, 특히 불법 이민자들은 청부업자의 서비스가 무엇보다도 필요한 사람들이다. 농장노동자연맹이 관여하는 대부분의 협약에서 노동 청부 제도를 금지하고 있지만, 청부업자는 여전히 건재한데, 캘리포니아에서는 수확 작업의 대부분이 농장노동자연맹의 조항을 적용받지 않기 때문이다. 더구나 팀스터즈Teamsters 같은 경쟁 노동조합에 의해 체결된 대부분의 협약은 농장주가 청부업자를 이용하는 것을 허용했다. 노동조합이 쇠퇴한 이후 노동 청부업자들이 급격히 늘어났고, 과거에는 없었던 지역에도 나타나게 되었다. 예를 들어, 살리나스 밸리 지역의 채소 재배

자들은 청부업자들을 더 많이 활용했고, 산요아킨 밸리 지역
에서는 청부업자들이 농번기에 과일과 채소 노동자 공급을 장
악하고 있다. 노동 청부 제도의 중요성이 커지면서 농장 관리
회사들을 고용 중개업자로서 활용하는 현상도 늘고 있다. 농
장 관리 회사 가운데 노동조합을 가진 많은 회사들은 파산을
선고하고, 조직되지 않은 노동자로 기존의 노동자를 대체함으
로써 조직을 재구성하고 있다.

노동 청부업자들은 캘리포니아에서 가장 중요한 농업 고
용주이다. 그들은 연중 특정 시기에는 농장에서 일하는 90만
노동자의 1/3 이상을 공급한다. 또한 계절 농업 노동을 하는
60만 노동자의 반 이상을 공급한다. 노동 청부업자에 의해 고
용되는 계절 농업 노동자의 비율은 전국 평균 11퍼센트인데,
캘리포니아에서는 그 비율이 훨씬 더 높다.[10] 캘리포니아에서
노동 청부업자가 지급하는 연간 임금 총액은 1978년 1억 6,000
만 달러에서 1990년 5억 4,000만 달러로 지속적으로 늘어났다.
노동 청부업자는 현재 농업 노동 시장의 기능과 구조에 가장
큰 영향을 미치는 요인이다.

노동 청부 제도의 이용이 늘어나는 것은 몇 가지 이유 때
문에 중요하다. 첫째, 농장주의 노동 비용이 노조와 계약할 때
에 비해 상당히 줄어든다. 노동자 급여에 대한 연구에 따르면,
1976년 이후 체결된 농장노동자연맹과의 계약에 의해 지급한
임금 및 부가 급여는 증가했지만 계약 체결 건수는 감소했다.
캘리포니아 주 전체로 보면, 농장노동자연맹 규약 108조에 따
라 "일반 노동"으로 분류되는 노동자들의 시간급은 1978년에

3.38달러였다. 1985년에는 6.20달러로 상승했지만, 계약 건수
는 단지 28건에 불과했다. 부가 급여는 1978년 당시 18퍼센트
에서 계속 늘어나서 15퍼센트 더 늘었다.[11] 그러나 이 기간 동
안 농장 노동자의 임금은 가파르게 하락하였다. 1980년대의
임금 하락 추정액은 작물과 지역에 따라 20퍼센트에서 35퍼센
트에 이른다. 그리고 1990년대에도 하락세가 계속 이어졌다.
전국적으로, 1989-91년에 인터뷰를 실시한 전국 농업 노동자
조사 보고서에 따르면, 청부업자에 의해 고용된 농장 노동자
의 평균 시간당 임금은 1989년에 4.92달러였는데, 청부업자를
통하지 않고 고용된 노동자의 시간당 임금은 5.14달러였다.

　　노동 청부업자의 이용이 늘어나는 것은 두 번째 이유 때
문에도 중요하다. 개별 농장주들에 의해 직접 고용된 노동자
들과 비교해 보면, 청부업자에 의해 공급된 노동자 가운데 새
로운 이민자의 비율, 특히 불법 이민자의 비율이 더 높다. 그
결과는 충분히 예상할 수 있다. 농업 경제학자들의 연구에 따
르면, 캘리포니아에서 노동 청부업자에 의해 고용된 농장 노
동자들은 다른 농장 노동자와 비교할 때 수입이 더 적고, 같은
농장주와 일한 경험이 더 적고, 동일 농장주에 의해 연속 고용
된 기간이 더 짧으며, 고용된 경우에도 노동 시간이 더 짧고,
일하지 않은 시간이 더 길었다. 노동 청부 제도의 영향력이 증
대되면서, 노동조합과의 계약이 만료되면서 하락한 임금을 더
욱 낮추는 압력으로 작용했다. 농장노동자연맹이나 이들과 경
쟁하는 팀스터즈 같은 노동조합에 의해 제도화되었거나 혹은
노조화를 피하기 위해 농장주들이 제공했던 의료 보험, 퇴직

연금, 상해 보장, 유급 휴가, 병가 혜택은 이제 더 이상 일상적인 것은 아니다. 더구나 노동 청부업자들은 농장주들이 직접 노동자를 고용하고 서비스를 제공할 때 노동자에게 청구하는 것보다 많은 비용을 숙소비, 식사비, 통근비로 청구하기 때문에 이 비용을 공제하고 나면 노동자들이 집에 가져가는 소득은 더 줄어들게 된다.

결론

이민자가 곧바로 농업 노동자로 유입되는 수준이 매우 높은 것, 그리고 이에 동반되어 나타나는 농업 노동 청부 제도는 농장 노동자의 임금과 노동 조건을 개선하려는 시도를 매우 어렵게 만들고 있다. 농업 노동 청부 제도는 특히 열악한 노동 조건을 지속시키고 이민자들의 잦은 교체를 촉진한다. 그러나 매우 높은 수준의 노동자 유입이 계속 이어지면서 노동 청부업자 혹은 노동 모집책들은 잠재적인 노동자를 일자리로 연결해 주는 수단의 하나가 되고 있다. 더구나 새로운 이민자들은 이미 자리를 잡은 노동자들보다 일반적으로 더 절망적이고 다른 대안은 더 적기 때문에, 이들이 노조를 지지할 경우 필연적으로 따르게 될 위험을 감수할 가능성은 더 적다. 또한 작업장을 옮겨 다니는 농장 노동자의 이동 고용 형태로 인해 한 작업장에서 단체 협약을 통해 얻은 이익은 그들의 연간 수입 가운데 적은 부분에만 적용된다. 이러한 요인들이 농장 노동자 노조를 특별히 어렵게 만드는 것들이다.

그러나 역사적으로 보면, 농장 노동자의 파업과 조직화 시도에 이민자, 특히 미국에 수년간 거주한 이민자들도 참여했다. 현재의 이민자들도 기회가 있으면 유사한 경향을 보일 것이라고 기대할 수 있다. 그러나 최근 이주한 노동자에 의해 지속적으로 노동자가 교체되면 그들의 저항 행위는 촉진되지 않을 것이다. 그럼에도 불구하고 캘리포니아에서는 농업노사관계법에 따라 노조가 공식적으로 인정하는 선거 방식이 도입되었고, 농장노동자연맹은 지난 4년 동안 선거에서 승리하고 협약을 체결함으로써 조합원 수를 서서히 늘려 왔다. 더구나 농장노동자조직위원회는 중서부 북쪽 지역에서 끈질기게 세력을 과시하고 있는데, 농장주들이 노조와 협약을 체결하고 농업 노동 청부 제도의 이용을 상당히 줄이고, 착취적인 도급제 exploitative sharecropper arrangement 방식의 급여 제도를 근절케 하는 성과를 거두었다.

노조에 의한 과거의 성공적 시도는 상당 부분 공적인 지원에 의존한 것이었다. 농업 노동자의 구조적 지위 자체가 상당히 낮기 때문이다. 공적인 지원은 1960년대 농업노동자연맹의 소비자 불매 운동과 1980년대의 캠벨 사 제품에 대한 농장노동자조직위원회의 불매 운동이 성공할 수 있었던 기반이었다. 불행하게도 긍정적인 변화를 제도화하는 것은 쉽지 않다. 그리고 지난 20년간의 형태를 다시 되돌리기 위해서는 과거에 필적할 만한 공공의 관심을 끌어내는 것이 무엇보다 필요할 것 같다.

(번역 : 박민선)

주

1. Theo J. Majka and Linda C. Majka, "Decline of the farm labor movement in California: Organizational crisis and political change," *Critical Sociology* 19 (1993), 3-36; Patrick H. Mooney and Theo J. Majka, *Farmers' and Farm Workers' Movements: Social Protest in American Agriculture* (New York: Twayne Publishers, 1995.)

2. Linda C. Majka and Theo J. Majka, *Farm Workers, Agribusiness, and the State* (Philadelphia: Temple University Press, 1982).

3. Alain de Janvry, Gustavo Gordillo, and Elisabeth Sadoulet, *Mexico's Second Agrarian Reform: Household and Community Response* (La Jolla, CA: Center for U.S.-Mexican Studies, University of California, San Diego, 1997).

4. Carlo Zabin, Michael Kearney, Anna Garcia, David Runsten, and Carole Nagengast, *Mixtec Migrants in California Agriculture: A New Cycle of Poverty* (Davis: California Institute for Rural Studies, 1993)

5. Richard Mines, Susan Gabbard, and Anne Steirman, *A Profile of U. S. Farm Workers: Demographics, Household Composition, Income, and Use of Services* (Washington, D.C.: U. S. Department of Labor, Office of Program Economics, Research Report No. 6, April 1997).

6. Howard G. Rosenberg, Anne Steirman, Susan M. Gabbard, and Richard Mines. "Who Works on California Farms? Demographic and Employment Findings from the National Agricultural Workers Survey" (Washington, DC.: U. S. Department of Labor, Office of

Program Economics, 1998).

7. Richard Mines, Susan Gabbard, and Anne Steirman, "A Profile of U.S. Farm Workers: Demographics, Household Composition, Income, and Use of Services." (Washington, DC.: U. S. Department of Labor, Office of Program Economics, Research Report No. 6, April 1997).

8. Richard Mines, Susan Gabbard, and Ruth Samardick, U. S. *Farmworkers in the Post-IRCA Period* (Washington, DC.: U.S. Department of Labor, Office of Program Economics, Research Report No. 4, March 1993)

9. Philip L. Martin, and J. Edward Taylor, *Merchants of Labor: Farm Labor Contractors and Immigration Reform* (Washington, DC.: The Urban Institute, 1995).

10. Richard Mines, Susan Gabbard, and Jimmy Torres, "Findings from the National Agricultural Workers Survey (NAWS), 1989: A Demographic and Employment Profile of Perishable Crop Farm Workers" (Washington. DC: U. S. Department of Labor, Office of Program Economics, Research Report No. 2, November 1991).

11. Philip L. Martin, Daniel Egan, and Stephanie Luce, "The wages and fringe benefits of unionized California farmworkers: 1976-1987" (Davis: Department of Agricultural Economics, University of California, 1988).

9장

지역 식품 체계, 풀뿌리 수준부터 재건하기

엘리자베스 헨더슨

Elizabeth Henderson

지속가능한 식품·농업 체계를 위한 풀뿌리 운동이 지난 수십 년에 걸쳐 힘을 얻고 있다. 각지에 흩어져 대안적 농업 방법을 실천하던 개인들과 소규모 지역 단체들로부터 시작된 이 운동은 이제 전국적인 네트워크는 물론 효과적인 정책적 지향까지 지닌 주요 사회 운동으로 떠오르고 있다. 이 운동은 정파와 종교 등과 연관돼 있지 않으며, 시민의 권리와 사회 정의, 마음속 깊은 곳에 존재하는 영성spirituality의 가치를 믿는 인민주의자이기만 하다면 누구나 환영한다. 이 운동은 유기농과 저투입 농가는 물론이고, 식품·농업·농민·지역 식품 안전망·기아 운동 단체, 동물 보호 운동가, 환경·소비자·종교 단체들을 아우르면서 미국 전역에 뿌리내리고 있다.

제2차 세계대전 이후 기업의 지배 아래 재건된 세계 식품 체계는 환경적, 경제적, 사회적 측면에서 위기를 불러왔다. 이런 위기의 징후는 농장과 농민 수의 감소(특히, 미국의 경우 소수 인종 농민이 크게 감소했음), 농촌 경제의 빈곤화와 소도시의 몰락, 식품 가격 중 농민이 차지하는 비중 감소, 토양 침식, 대기 오염과 농약으로 인한 수질 오염, 탈농, 단작 체계의 확산과 이로 인한 생물 다양성의 감소 등 열거하기조차 힘들 정도로 수많은 문제들만 봐도 알 수 있다. 여러 개인과 단체들은 통일된 목소리 없이 이러한 문제들의 여러 측면과 맞서면서 나름대로의 대안을 내놓기도 했다.

세계 곳곳에서 민중들은 이런 문제들에 저항했지만, 농지 반환과 북미자유무역협정NAFTA 체결에 저항하던 사파티스타 당원들Zapatistas처럼 명료하고 설득력 있게 투쟁하지는 못한 듯하다. 미국의 경우, 세계 식품 체계를 재편하려는 기업의 움직임에 대한 저항은 크게 가족농 보호, 환경 보호, 식품 안전성 향상에 초점을 맞춰 이루어졌다. 이러한 세 가지 흐름은 유기농 식품에 대한 소비자들의 욕구로 귀결된다. 가혹한 농업 현실에서 가족농을 살리려는 연구와 농촌 사회를 재건하려는 노력, "자유(전 지구적) 시장"에 대한 의존도를 줄이는 방안을 찾으려는 시도, 제3세계의 유전자원에 대한 농업 관련 기업들의 특허권 발동을 막으려는 운동이 활발하게 이루어지고 있다. 그럼에도 많은 단체들은 한 가지 주제에만 집중한 나머지 그들이 직면한 문제의 구조적 본질을 파악하지 못하거나, 종합적인 분석과 다각적인 대응 방법의 필요성을 잊기도 한다. 하지만 더욱 심각한 문제는, 이들 단체들끼리 관심사를 공유하지 못해 대립을 일으킬 때 발생된다. 그 예로, 몇몇 대형 농장의 오염 물질 배출을 조절하기만 하면 오염 문제를 쉽게 풀 수 있다는 그릇된 결론을 내린 몇몇 주요 환경 단체가 기업과 결탁해 소농들이 생산한 농산물 가격 지지 정책을 반대한 경우가 있었다. 낮은 농산물 가격이 농장 노동자의 저임금과 밀접하게 관련돼 있다는 점을 망각한 채 몇몇 소규모 농장들은 농장 노동자들의 근로 조건 개선을 공격하는 데 동참하기도

했다. 지속 가능한 식품과 농업 체계를 위한 운동의 성장 역사
는 이렇게 각기 다른 단체들이 공유할 부분을 찾고 공통의 이
익을 찾아나가는 복잡한 이야기에 다름 아니다.

바로 이러한 탈중심화와 위계적 지도력의 부족은 운동의
집중도를 떨어뜨리는 원인이기도 하지만 동시에 운동에 인민
주의적 활력과 영향력을 증대시키는 근원이 되고 있다. 어두
운 방에 흩어져 있는 거대한 퍼즐 조각들처럼 각기 다른 단체
들은 서로를 발견하고, 마침내는 공유점을 찾아내야만 했다.
이들 중 많은 단체들이 지속가능한 농업을 위한 국민운동
(NCSA: National Campaign for Sustainable Agriculture)에 참여
해 왔다. 이 운동은 지속 가능한 농업을 "경제적 실효성이 있
으며, 환경적으로 건전하며, 사회적으로 공정하고 인간적인
식품과 농업 체계"로 광범위하게 정의 내리고 있다. 다시 말
해, 웬델 베리Wendell Berry(1934년 출생, 한국에는 『희망의 뿌리』
등이 번역·출간됐음 — 옮긴이)의 말처럼 "지력이나 노동력을 착
취하지 않는 농업"인 것이다. 웬델 베리는 켄터키 주에 있는
자신의 농장에서 시와 소설, 에세이를 저술하면서 이 운동을
이끄는 '행동하는 지성' 중 한 명이다. 그는 공업화되고, 기업
적이며, 전 지구적인 농식품 체계의 비인간적 관계가 갖고 있
는 무책임성을 통렬히 비판하는 한편, 땅에 대한 헌신, 지역
주민과 그들의 농장, 일과 상호 의존적인 삶에 대한 존경 같은
가정적인 가치를 고취시키는 글들을 발표했다(The Unsettling
of America: Culture and Agriculture (1977), The Gift of Good
Land, Further Essays (1981) 참조).

1996년 농업법에 관한 의회 로비가 끝나갈 무렵, NCSA에 동참한 단체는 무려 500여 개나 되었다. 이 운동을 이끌어 나가는 위원회는 새로운 단체들을 참여시켜 활동 범위를 넓히고, 과거의 분쟁으로 인한 상처를 보듬어 보다 깊은 연대를 외부에 과시한다는 과제를 계속 수행하고 있다. 이 글에 서술될 내용들은 지속 가능한 식품과 농업 체계를 구성하는 네트워크가 지닌 활력과 다양성의 극히 일부만을 보여 주고 있을 뿐이다. 각 단체들이 추구하는 주요 목표에 따라 이러한 단체들을 살펴보도록 하겠다.

직접적인 농장 문제에 대응하는 단체들

이러한 여러 단체의 주요 목표는 농민들로 하여금 보다 친환경적인 방법으로 농사를 짓게 하고, 농업 관련 기업들에 의해 지배되는 가혹한 경제적 환경에서도 살아남을 수 있는 농장 경영 방안을 제공하는 데 있다.

가족농의 몰락에 맞선다: 농촌문제센터
(CRA: Center for Rural Affairs, www.cfra.org)
1973년에 설립돼 네브래스카 주 월트힐에 본부를 둔 농촌문제센터는 농업 정책의 실상을 널리 이해시키는 동시에 효과적인 지역 농장 프로그램을 제정하는 데 앞장서 온 단체이다. 센터는 가족농과 농촌 사회가 몰락하는 것을 우려하던 네브래스카 주의 농촌 주민들이 주축이 돼 설립했다. 척 해스브룩Chuck

Hassebrook과 돈 랠스턴Don Ralston이 쓴 센터의 1997-98년 도 보고서에는 다음 같은 내용이 실려 있다.

이제 우리는 미국 전역에 있는 사람들이 미국 농촌에서 정의 와 기회, 희생정신을 강화시켜 나갈 수 있는가를 결정지을 중 대한 시점을 맞이하고 있다. 농촌문제센터는 가족농과 농촌 사회의 몰락이 "필연적"이라는 주장을 강력히 거부한다. 우리 주변에서 일어나고 있는 붕괴는 결코 필연적이지 않으며, 사 람들이 내린 결정일 뿐이다. 반대로 이는 지역 사회의 선도 단 체들이 열정적으로 나서고, 시민들의 참여와 인내만 있다면 뒤집을 수도 있는 결정이기도 하다. 우리 센터는 바로 이런 일 을 하고 있는 것이다!

농촌문제센터는 농장 외부에서 비싸게 들여와야 하는 농 자재 대신, 곡물용 태양 건조기와 질소 비료를 대체할 콩과 피 복 작물(땅을 덮도록 재배하는 작물 — 옮긴이)처럼 재생 가능한 자 원을 이용하는 방법을 사용토록 기술적인 지원을 펼치고 있 다. 센터는 지역에서의 기업적인 돼지 사육에 반대하는 운동 에 앞장서며, 전국적인 돼지 도축과 판매 독점에 저항하는 한 편, 가족농의 소규모 양돈 시설을 위해 비용이 적게 드는 신기 술인 간이 돈사hoop house 사용을 장려하고 있다. 지역 경제 지원을 위해 센터는 농가와 기타 소규모 경영체를 운영하려는 지역민들을 교육하고 지원하는 지역 기업 원조 프로젝트를 후 원한다. 센터의 초보 농민을 위한 지속 가능한 농업 사업은 초보 농민들이 환경적·사회적으로 건전한 방법으로 농사 짓는 방법을 배움으로써 지속 가능한 농업을 쉽게 실천할 수 있도록 돕는다.

농촌문제센터는 많은 지역 선도 단체들과 더불어 주 및 연방 정책을 지지하며 발전시키는 데 중요한 역할을 한다. 센터는 중서부지역 지속가능한 농업 실천연합(MSAWG: Midwest Sustainable Agriculture Working Group)의 창립 멤버이며, 농업 및 환경 단체들과 공조를 맺고 있다. 또한 센터의 사업이사인 해스브룩은 NCSA의 공동 의장을 역임하기도 했다. 센터가 매달 펴내는 소식지는 농업계의 쟁점을 분석하는 최고의 자료로 꼽힌다.[1]

흑인 농민들의 투쟁: 남부협동조합연맹/농지지원기금
(The Federation of Southern Cooperatives/Land Assistance Fund, www.federationsoutherncoop.com)

1960년대 민권 운동 과정 중에 조직되고 만들어진 지역 단체들과 지도자들은 주로 흑인들이 소유한 농지를 보전하고 확대하기 위해 남부협동조합연맹을 만들었다. 오늘날, 미시시피, 앨라배마, 조지아, 사우스캐롤라이나 주의 2만여 회원 농가들이 70개가 넘는 협동조합에 가입해 있다. 회원 협동조합은 농산물 생산과 판매, 지역 개발 신용조합 사업과 소비자, 노동자, 주택 문제 등에 관여하고 있다.

연맹은 흑인 지주들이 농지를 지켜 나가도록 돕는 것을 주요 목표로 삼아 왔다. 변호사들과 100여 명의 훈련받은 자원 봉사자들이 농민들에게 법률적 지원을 펼치고 있다. 계속 되는 기술적 지원은 농민들로 하여금 보다 효율적으로 농장을 경영하고 전통적인 작물에서 특수 채소, 유기 농산물 생산, 가 축 사육 등 보다 좁은 농지에서 많은 소득을 낼 수 있는 작목 을 선택하도록 한다. 조지아에 있는 한 협동조합은 회원 농가 들이 농산물을 보다 큰 시장에 팔 수 있도록 채소 포장 시설을 공동으로 세우고 있다. 미시시피 주의 농협은 시카고의 흑인 가정들과 농산물을 직거래할 수 있도록 돕고 있다.

연맹은 1980년대부터 전국의 유색 인종 가족농을 지원하 기 위한 "소수 인종 농민 권리법"을 제정토록 노력을 기울여 왔다. 1992년, 연맹은 의회 의사당과 농무부 청사 앞에서의 시 위로 절정을 이루었던 "흑인 및 미국 원주민 농민 대장정" 행 사를 후원했다. 연맹의 주장에 힘입어 1990년 농업법에 소수 인종 농민의 문제를 인식하고 사회적으로 곤경에 처해 있는 농가들의 구제, 교육, 기술 지원을 위해 1,000만 달러를 투자하 는 내용을 담은 2501항(section 2501)이 추가됐다. 연맹은 1997 년에 "민권 청문회" 개최를 지원해 수백 명의 농민들이 미국 농무부에 무시받고 차별받는 상황을 토로할 수 있는 자리를 마련했다. 그 결과로 미국 농무부에 농업 융자와 인종 문제에 대한 시민운동 팀이 설치되었으며, 소농위원회도 함께 설치되 었다. 연맹과 NCSA는 소농위원회에서 의견을 피력했다. 연맹 의 역사적 보고서인 『이제는 행동할 때 A Time to Act』(1998년 1 월 출간)에서는 소농들이 공정하게 시장에 참여토록 보호하는 효율적인 정책을 제정하고 농업 관련 기업들 중심으로 편향돼 있는 현행 연방 농업 자금 사업을 바로잡을 것을 촉구하고 있다.

유기농 운동: 북동지역 유기농업협회

(NOFA: Northeast Organic Farming Assosiations, www.nofa.org)

자연유기농민협회(후에 북동지역 유기농업협회로 개칭)는 농민, 정원사, 유기 농산물 소비자들을 규합해 1971년에 결성됐다. J. I. 로데일과 로버트 로데일의 글과 저서, 벨푸어 부인이 영국에 설립한 토양연맹, 앨버트 하워드 경의 토양과 건강에 관한 저술에 영향받아 NOFA에 가입한 회원들은 건강한 토양에서 재배한 건강한 먹을거리를 섭취하길 원했다. 농과 대학과 현장 영농 기술 지원 사업extension services은 대부분 화학 농업을 전파하는 데 분주했기 때문에, NOFA는 우선 워크숍, 농장 견학, 시연회, 회의 등을 통해서 지역에 유기 농업 기술을 전수하는 데 초점을 맞췄다. 농민들과 정원사들은 서로에게 기술을 전수해 주었고, 상거래 상의 비밀로 여겨지던 무독성 경작 및 병해충 관리 방법을 공유했다. 연맹은 버몬트 주와 뉴햄프셔 주를 대표하는 단일 기구에 불과했지만, 1980년대 초에 북동부 지역의 7개 주에서 자발적으로 지부가 결성됐다. 메인 주에는 NOFA의 자매 단체인 메인 유기농 및 정원사 연맹MOFGA이 계속 활동중이다. 몇몇 지부들은 직원을 고용할 수 있는 여력이 있지만, NOFA의 활동 대부분은 자원 봉사자들에게 의존하고 있다. 주간州間 협의회는 각 주 지부들을 느슨하게 조정하고, 분기별로 소식지인 『자연 농민The Natural

Farmer』을 펴내며, 매년 여름에 열리는 연차 총회와 농촌 생활 축제를 지원한다.

1998년까지 NOFA는 8개 주 750곳에 달하는 농장을 인증했다. NOFA는 정부 기관의 입장에 경도되지 않고, 미국 농무부의 전국 유기농 프로그램의 바탕이 된 1990년의 유기농 식품 생산법Organic Foods Production Act에 소극적인 반응을 보였다. 농무부의 인증이 시장에서 국가적으로 일관되게 유기 농산물임을 입증해 준다는 점은 인정하지만, NOFA 회원들 대부분은 농무부를 농업 관련 기업들을 위한 진부한 도구로 보는 동시에, 유기 농산물 인증의 탁상 행정을 우려하고 있다.

최근 5년간 유기농 식품 시장이 성장하면서 서부 지역 주들과 국경 남부 지역에서 유입되는 농산물 양이 늘어나고 있다. 이러한 경쟁에서 살아남기 위해, NOFA 회원 농가들은 농민 시장, 농가 판매장, 지역 사회 지원 농업 사업 등을 통해 농산물을 직거래로 판매하고 있다.

농민-지역 사회의 연대를 향해: 지역 사회 지원 농업
(CSA: Community Supported Agriculture)

1985년에 처음으로 도입된 '지역 사회 지원 농업CSA'의 개념은 유기 농업 농장들의 열광적인 지지를 받았는데, 특히 이 현상은 북동부 지역에서 두드러졌다. CSA 사업에서는 소비자 집단이 개별 농장이나 몇몇 농장과 더불어 일종의 협동조합을 결성한다. 회원들은 농민들과 함께 농사에 따르는 위험 부담을 진다. 농산물이 많이 생산되면 회원들에게 돌아가는 몫도 많아지지만, 농사가 실패하면 돌아가는 몫도 적어지게 된다. 여타 신선 채소 판매 방식과는 달리 CSA는 미리 농산물 값을 지불하겠다는 계약을 맺거나 농산물 가격을 수확철 전에 할부로 납부한다. 농민들은 예산을 수립하고 연간 생산비를 소비자 회원 구좌 수로 나눠 회원 1구좌당 지불해야 할 금액과 비슷하도록 맞춘다. 소득이 낮은 회원들을 위해 많은 CSA는 회원별 지불 금액에 차등을 두거나sliding scale 부유한 회원들로 하여금 장학 기금을 출자토록 하고 있다. 대부분의 CSA는 긴급 식량 공급에도 한몫을 하고 있다. 모든 지역의 CSA가 저마다 다름에도, 이들 대부분은 회원들로 하여금 농장의 업무를 기획하거나 농사 체험에 참여하도록 요청하며, 대부분은 유기 농법이나 바이오다이나믹biodynamic(생명 역동 농법, 천체의 움직임을 보고 농사를 짓는 방법 — 옮긴이) 재배법을 통해 농산물을 생산한다.

CSA를 도입한 농가들은 오랜 기간 동안 유대를 맺은 소비자들에게 먹을거리를 직접 판매한다는 점에 크게 만족하고 있다. 회원들에게 CSA는 신선한 유기 농산물을 저렴하게 구입하면서도 지역 농장을 돕는 일로 인식되고 있다. 또한 일부 회원들은, 필자의 농장과 연계를 맺고 있는 기네스 밸리 CSA의 회원인 조쉬 테넌바움이 말한 것처럼, CSA가 정치적 · 영성적 가치를 함께 담고 있다고 믿고 있다.

세상에는 전쟁, 빈곤, 환경 파괴 같은 끔찍한 일들이 수없이 일어나고 있지만, 바로 오늘, 여기서 하는 간단한 실천 한 가지로도 큰 효과를 거둘 수 있습니다. 우리 모두가 촉촉한 갈색 흙을 만진다면, 온 세상이 감동받을 지도 모릅니다. 지속 가능한 농업을 통해 씨를 뿌리고, 김을 매고 지역 사회를 만들어 나가는 것이야말로 근원적인 평화 운동입니다. CSA에 참여함으로써 우리는 먹을거리 생산에 통상적으로 쓰이는 독성 물질을 농민들과 함께 즉각 줄일 수 있었으며, 그 결과 보다 건강한 흙과 물을 얻게 됐습니다. 조금만 시간을 투자하면, 우리 가정과 지역 사회, 더 나아가 전 세계를 감싸안는 노력에 일조할 수 있을 것입니다.

식품에 접근할 권리의 보장

식품 공급의 불평등과 싸운다: 지역사회식량보장연합
(Community Food Security Coalition, www.foodsecurity.org)

이 단체의 창설자 중 한 명인 앤디 피셔Andy Fisher는 "식량 보장은 개인의 곤경이라는 측면보다 지역 사회가 필요로 하는 것이라고 볼 수 있다"고 역설한다. 그는 하트포드 푸드 시스템 Hartford Food System의 마크 위니Mark Winne와 UCLA 도시 계획과 교수인 밥 고틀리브Bob Gottlieb와 함께, 미국 전역의 식품 및 농업 관련 운동가와 학자들을 초청해 네트워크를 구성하고 저소득 계층이 거주하는 지역 사회의 식량 보장을 돕는 법안을 지지하도록 했다. 이들이 정의 내린 바에 따르면, 지역 사회의 식량 보장은 "지역 사회의 모든 사람들이 지역의 비상 (식량 공급) 체계를 동원하지 않고도 언제나 문화적으로 받아들일 수 있고, 영양적으로 적절한 식품을 공급받는 것"이다.

NCSA에 동참함으로써 CFS 연합은 지역 사회 식량 보장법을 1996년 농업법의 일부분으로 채택시킬 수 있었다. 연합은 이러한 네트워크를 국가 기구화시키는 동시에, 법률을 통해 자금이 필요한 집단에 교육과 기술적인 지원을 펼치는 데 중점을 두었다.

연합은 코네티컷 주에 있는 비영리 단체인 하트포드 푸드 시스템HFS을 모델 삼아 구조적인 식량 보장 해결책을 모색하고 있다. HFS는 1978년부터 하트포드 지역의 먹을거리 문제 해결을 위한 계획을 수립하고 이를 실천해 왔다. 도시민에게 신선하고 영양 많은 먹을거리의 공급을 늘림으로써 지역 농민의 소득을 향상시켜 농지를 보전하는 한편, HFS는 하트포드 시의 기관과 지역 사회 단체들과 협력해 코네티컷 주 최초로 농민 시장을 세웠다. 이 농민 시장에 참여하는 농장 수는 이제 48곳으로 늘어났다. 저소득층 시민들의 상품 구매와 지역 농장들의 매출을 증대시키기 위해 HFS는 매년 39만 6,000달러를 들여 주의 저소득 주민 5만 명에게 지역 농민 시장에서 농산물만을 구입할 수 있는 쿠폰을 나눠 주는 '코네티컷 주 농민 시장 식료품 공급 사업'을 시행했다. 1987년 이 사업 계획을 수립하는 데 참여했던 마크 위니는 농무부의 지원을 얻어 농민 시장 식료품 공급 사업을 전국으로 확산시키는 데 이바지했다.

1994년, HFS는 하트포드 시가 운영하는 코네티컷 주 그랜비에 있는 홀콤 농장과 CSA 결연을 맺어 이 농장에서 생산되는 농산물 중 절반은 CSA 계약을 맺은 근교 주민들에게 판매하고, 나머지 절반은 하트포드 시의 저소득층 지역 사회 단체들에게 돌아가도록 했다. 일부 HFS 회원들은 저소득층 청소년들에게 농산물 수확을 맡긴 뒤 이들이 수확한 농산물을 판매할 수 있게 농산물 판매대를 운영하는 방법을 지도했다. 엘리자베스 휠러 HFS 회장은 하트포드 시의 공립학교들과 지역에서 생산된 유기 농산물을 학교 급식에 이용토록 하는 방안을 모색하고 있다. 또한 HFS는 도시 안에 슈퍼마켓을 신설하는 데 도움을 주고 있으며, 식량 안보를 강화하도록 하트포드 시와 주 전역에 걸쳐 식품정책위원회를 창설했다.

농장 노동자를 자영농으로: 농촌개발센터
(The Rural Development Center)

호세 몬테네그로Jose Montenegro가 1985년 설립한 농촌개발센터RDC의 주 목적은 농장 노동자들을 독립적인 농민이 되도록 훈련시키는 데 있다. 캘리포니아 주의 살리나스 밸리에 있는 112에이커 규모의 농장에 자리 잡은 센터는 저소득층 농장 노동자들이 자신의 농장을 경영하는 데 필요한 기술을 익혀 농장 경영 경험을 쌓도록 돕고 있다. 5개월에 걸친 농업 생산 기술과 농장 경영 수업 과정을 마친 참가자들은 3년 동안 농촌개발센터의 농지, 농업 용수, 농기자재와 기술적인 지원을 받을 수 있으며, 센터 직원인 루이스 시에라가 이들의 작목 선택을 돕는다. 이 센터의 첫 교육생 중 한 명인 마리아 이네즈 카탈란은 시에라의 도움으로 30개 구좌를 받아 CSA에 뛰어들기도 했다. 매년 70-80농가가 농촌개발센터의 프로그램에 참여하고 있으며, 수료생 중 84%가 자영농이 되기 위해 독립하는 것으로 밝혀졌다.

지속 가능성에 대한 연구

자연의 상품화를 거부한다: 토지연구소
(The Land Institute, www.landinstitute.org)

캔사스 주 샐리나 시의 대평원에 자리 잡은 토지연구소는 지속 가능한 농업을 연구하는 독립 연구소이다. 1970년대 후반 창설자인 웨스 잭슨과 다나 잭슨Wes Jackson & Dana Jackson이 시작한 토지 연구소의 '태양 농장 프로젝트'는 재생 가능한 에너지 기술을 이용해 농업을 발전시키는 데 목표를 두고 있다. 평원을 주의 깊게 관찰해 우수한 형질을 지닌 변종들을 선별해 내면서, 웨스 잭슨과 동료들은 해마다 밭을 갈아 토양을 침식에 쉽게 노출시키지 않아도 되는 다년생 곡물을 개발하는 데 노력을 기울이고 있다. 맨 처음 이 연구는 농업 관련 연구 기관들에게 꽤나 회의적으로 받아들여졌지만, 이제는 이들 기관들도 잭슨의 의견을 진지하게 받아들이고 있다.

평원에서의 연설을 통해, 웨스 잭슨은 지속 가능한 농업 부문에서 존경받는 지식인으로서 목소리를 내고 있다. 수필과 연설을 통해, 그는 환원주의적 과학과 산업주의적 사고방식을 거침없이 비판하면서 기술보다 자연에 대한 겸손을 우선시해야 한다고 역설한다. 그는 계속해서 과학적인 결정에 근거하고 있는 지식만으로는 충분치 않다고 외친다. 매우 영적인 인물인 웨스 잭슨은 먹을거리는 공업적인 것이 아닌 문화적 산물이라고 단언하면서, "자연의 상품화"를 맹렬히 비난한다 (*The New Roots for Agriculture* (1980), *Meeting the Expression of the Land: Essays in Sustainable Agriculture and Stewardship* (1984) 참조).

정책 제시와 분석

가족농이여, 단결하라! : 전국농민연맹
(NFU: National Farmers Union, www.nfu.org)
24개 주의 농민 30여만 명을 대표하는 전국농민연맹NFU은 미국농장연맹(AFBF: American Farm Bureau Federation)에 이은 제2의 농민 단체이다. AFBF처럼 NFU는 정책을 개발하고 워싱턴에서 회원들을 위한 로비 활동에 많은 에너지를 쏟는다. 그러나 AFBF와 달리, NFU는 가족농의 이익을 지키고, 다국적 농업 관련 기업에 명백히 반대하는 입장을 취하고 있다. NFU는 매년 농민들을 워싱턴에 집결시켜 식품 산업의 집중 현상과 NAFTA와 GATT 등의 조치에 반발하는 한편, 낙농가의 수취값 인상을 위한 하한 가격 설정과 북동지역 낙농조약North-east dairy compact 체결, 원산지 표시제와 더불어 농민들이 타이슨이나 퍼듀 같은 계열화 사육업체와 보다 유리한 계약을 맺을 수 있는 공정거래법 등에 지지를 보내는 로비를 벌이고 있다.

농촌으로 눈을 돌려 보면, NFU는 몇몇 "신세대new wave 농협"들의 결성을 주도하고 있다. 1993년부터 가동되기 시작한 노스다코타 주의 '다코타 그로워즈 파스타 사' 조합에는 3개 주 1,000여 명의 밀 재배 농민이 참여하고 있다. 이 협동조합은 지역의 200명에게 일자리를 제공하고 있으며, 총 투자액도 5,100만 달러에 달한다. 마운틴뷰 하베스트 협동조합은 1997년에 문을 열었다. 콜로라도의 밀 재배 농민 220명이 500만 달러를 출자해 제빵 장비와 곡물 엘리베이터를 들여왔다. 같은 해에 위스콘신 주 NFU는 고급 치즈를 제조하는 협동조합을 세웠다. 유럽의 치즈 공장처럼, 이 협동조합은 여러 종류의 최상급 치즈를 생산해 낼 계획이다.

GATT와 NAFTA에 반대한다: 농업·무역정책연구소

(The Institute for Agriculture and Trade Policy, www.iatp.org)

1986년에 설립된 농업·무역정책연구소IATP는 다른 어떤 농업 관련 단체보다도 농촌 사회에 GATT와 NAFTA의 심각성에 대한 경각심을 높이는 데 사명감을 갖고 있다. 창설자인 마크 릿치Mark Ritchie 소장은 진보적 농촌 운동이 통상 문제에 대한 관심을 환경, 노동, 소비자 운동 등을 포함한 다른 운동에 내어줬다는 견해를 갖고 있다. 연구소는 더욱 광범위한 농업 통상 운동을 촉진하고 만들어 나가는 데 공헌했다. NFU 및 기타 농업 단체와 연합해 IATP는 '공정 무역 캠페인'을 주창하고, NAFTA에 반대하는 선봉에 서서 정력적인 정보 공격을 펼쳤다.

무역 정책에 관한 정보 센터로서의 기능뿐 아니라, IATP 의 직원 18명은 전국 "농민 주도의 수계 보호" 네트워크를 창설해 리우 지구 정상 회의(1992년 브라질의 리우 데 자네이루에서 지구 온난화 방지 대책을 논의하기 위해 열린 회의 ─ 옮긴이)와 "세계 식량 정상 회의(1995년)"의 후속 조치를 취하고 있으며, 지속 가능한 농장을 위한 컴퓨터용 마케팅 프로그램을 운영하고 있다. IATP의 사업들은 "농민들이 생계를 제대로 꾸려갈 수 있다면, 지속 가능한 농업은 물론이고 지역 사회 역시 발전해 나갈 것"이라는 것을 염두에 두고 꾸려진다. IATP는 또한 리고 베르타 멘추(1992년 노벨 평화상을 수상한 과테말라 출신의 여성 인권 운동가 ─ 옮긴이) 재단과 공동으로 치아파스 지역, 멕시코, 과테말라의 소농들이 생산한 유기농 커피를 수입하는 수익 사업을 펼치고 있기도 하다. 1970년대부터 마크 릿치는 미국의 공공기관들이 저지르는 파괴적인 농업을 가장 명료하게 파헤쳐 온 인물이었다. 그가 낸 소책자 『가족농의 상실: 필연적 결과인가? 의도적 정책인가?』는 독자들로 하여금 기업의 이익만을 대변하는 집단들이 농업 인구를 격감시키는 데 어떤 역할을 하고 있는지에 대해 인식하게 했다.

전국 캠페인 ─ 농업법 관련 투쟁

이 글에 언급한 대부분의 단체들은 자신들의 지역 조직을 보다 공고하게 하기 위해 공공 정책 수립에도 참여하고 있다. 이들 단체와 공공기관들의 성공적인 협력에 힘입어 1985년에 통과된 '지속 가능한 저투입 농업 사업LISA'을 통해 지역 농업이 장려됐으며, 환경 단체들과 미국 연방 정부의 농업 정책에 대해 보다 역동적인 공조를 펼칠 수 있게 됐다(LISA는 후에 '지속 가능한 농업 연구 및 교육 사업SARE'으로 명칭이 바뀌었다). 1987-88년에 창설된 '중서부지역 지속가능한 농업 실천 연합MSAWG'도 다른 지역들에게 이러한 본보기를 제공했다. 1996년 농업법이 개정될 무렵, 미국 전역에는 이 같은 지역 혹은 주 모임이 4곳으로 늘었다. MSAWG는 35개 단체들이 농업 연구와 기술 지도, 농산물의 상품화와 판촉, 농촌 개발 및 환경 보전을 위한 정책 제안을 이끌어내기 위해 만든 네트워크이다. 회원들은 그들이 선택한 정책을 승인한다. 이러한 제안 내용에 대한 교육과 정책 통과를 위한 로비 활동은 각 회원 단체의 몫이다. 이 네트워크는 직원을 두지 않는다. 다만 이 중에서 워싱턴에서의 직접적인 정책 업무를 위해 자발적으로 자금을 출연한 12개 회원 단체가 모여 '지속가능한 농업연합 Sustainable Agriculture Coalition'을 운영하고 있다. 이 연합회는 자신들의 공식적 입장을 의회 측에 전달하기 위해 프레드 회프너를 워싱턴 상주 로비스트로 두고 있다.

1990년 농업법 개정 이후부터 MSAWG 회원들은 미국 내의 다른 지역에도 '지속가능한 농업을 위한 전국조정위원회'를 설치할 것을 요구했다. 전직 낙농가였던 켄터키 주 출신의 농촌 개발 기획자인 헬 해밀턴과 척 해스브룩이 위원회의 공동 위원장에 임명됐다. 위원회는 1996년 농업법 수립을 위한 정책 제안을 이끌어내는 범국민적 운동인 '국가 대토론회

National Dialogue' 기획을 핵심 목표로 삼았다. 위원회는 풀 뿌리 모임에서 논의할 만한 제안을 내놓을 수 있는 단체들을 전국에서 초청했다. 이렇듯 농민, 환경 운동가, 학자, 식품 체계 개혁 운동가 등 다양한 집단들이 연대해 이와 비슷한 집회를 확대하기 위해 다시 작업에 착수했다. 제안 내용을 최종 검토하고, 지속 가능한 농업을 위한 전국 캠페인에 우선순위를 두도록 하기 위해 지속가능한 농업 실천연합SAWG과 여러 국가 단체의 각 지역 대표들이 워싱턴에 집결했다. 참가자들은 그들이 대표하는 단체가 정책 입안을 위해 필요로 하는 일들을 적어 표결에 부쳤다. 이러한 일들 중에서 가장 많은 표를 얻은 요구 사항이 전국 캠페인의 우선순위가 되었다. 농업 구조, 가족농 보호 및 확대, 농촌 개발, 지역 균형 발전과 역량 강화, 환경 보호 등의 문제가 거의 비슷한 비중으로 꼽혔다.

　의회의 우호적이지 않은 분위기에도 불구하고, 1996년 농업법 개정 협상은 전화 릴레이, 행동 촉구, 지속 가능한 농업 사업의 존속을 요구하는 단체들의 집단 방문 등을 통한 민초들의 로비 활동을 통해 성공을 거뒀다. 이러한 단체들에는 사회적으로 불리한 농민들의 삶의 질을 향상시켜 주는 SARE, 농민 시장 식료품 쿠폰 사업, 농촌 지역을 위한 대안 기술 전환 사업ATTRA 등이 포함되어 있다. 농업법 개정에서 가장 주목할 만한 승리는 바로 지역 사회 식량 보장법의 제정이었다. 농민에 대한 모든 가격 지원을 단계적으로 철폐하라는 의회의 빗발치는 압력으로 인해, 농산물 지불금에 쓰이던 돈의 상당 부분을 유럽에서 도입되고 있던 환경 보호 직불금(1999년 공동 농업정책CAP 개정을 거쳐 도입됨 — 옮긴이)으로 전환하려는 캠페인의 본래 의도는 실현되지 못했다. 대신, 캠페인 제안서의 주요 내용은 미국 농촌과 농장 보존을 위한 자금 선택 조항에 포함돼 있다. 1996년 농업법 통과를 계기로, 캠페인은 앞으로 예산 확정과 이행 감시를 통해 의회와 농무부에 지속적으로 압력을 행사하는 국가적 정책 네트워크로 자리 매김하기 위해 조직 기구를 재편했다.

결론: 더욱 광범위한 운동을 향해

지속 가능한 농업 운동의 범위도 농업 생산 부문에만 중점을 두던 초기 단계에서 벗어나 점차 확대되고 있다. 지속 가능한 농업 역시 일부에서 시작됐지만, 동심원처럼 파문을 일으키며 농장 전체를 넘어 주변 마을로 계속 확대되면서, 식품 체계와 관련을 맺고 있는 모든 사람들의 경제적 관계와 삶의 질에까지 영향을 미치고 있다. 이 운동에 참여하는 사람들은 지역 내에서의 식품 생산 조절을 전반적인 지속 가능성과 지역 민주주의를 존속시키는 데 기본적인 요소로 보고 있다. 운동에 참여하던 이들 중 일부는 너무 범위가 넓은 이 운동에 무력감을 느껴 등을 돌리고, 스스로 소규모 농장을 꾸려가면서 주변에 산적해 있는 곤경에서 떠나 있기도 하다. 그러나 훨씬 많은 사람들은 앞으로 두 가지 길이 열려 있다고 전망한다. 사람들이 자본주의의 공세에 복종해 슈퍼마켓에 뿌리는 달러로만 자신들의 의사를 표명한다면, 우리 식탁에는 몬산토 사가 특허받

은 유전자 조작 곡물 종자를 카길(세계 최대 곡물 메이저)이 가장
낮은 원가로 생산·운송한 뒤, 필립모리스, 아처 다니엘즈 미
들랜드(ADM: 세계 제2대 곡물 메이저), 미쓰이-쿡 같은 회사들이
실제로 소유하고 있는 유명 상표를 붙인 빵만이 올라올 것이
다. 이런 경우, 다국적 기업은 가족농과 저소득 가족의 생계
혹은 환경에 대한 고려 없이 자신들의 이익만을 극대화하려
할 것이다.

반면, 지속 가능한 농업 운동은 대안적인 길을 제시하고
있다. 지역 자원을 충분히 조절할 수 있을 만큼 많은 사람들이
힘을 모은다면, 국지적 혹은 지역적 식품 체계 조직의 구성이
가능해질 것이다. 이는 여러 규모의 농장과 정원들을 근간으
로 해 가장 생태적인 방법으로 농사를 짓고, 농민과 농장 노동
자들에게 적절한 임금과 존중, 안전한 근무 환경을 제공하며,
이윤을 공정하게 나눠 모든 이들이 신선하며 영양 많고 안전
한 식품을 지불 능력과 관계없이 공급받을 수 있는 시스템이
될 것이다. 이 글 전체에서 보았듯 먹을거리는 정치적인 쟁점
이 된다. 지역 농장에서 농산물을 직접 사들이는 일이야말로
공정한 거래 행위이며, 집안의 텃밭, 가족 농장, 부가가치 창출
형 협동조합을 공정하고 지속 가능한 사회를 위한 투쟁을 이
끌어내는 '해방구liberated territory'로 변신시키는 일이기도
하다.

대부분의 좌파 운동가들은 두 번째 전망에 동감하겠지만, 민중 운동가들
이 선택한 주요 전략은 기업적 농업과 자유주의적 시장 경제를 구조적

으로 비판하는 데 부족하다고 생각할 것이다. 농가에서의 농산물 가공 혹은 농민들 간의 협동을 통해 생산한 농산물의 부가가치를 높이고(밀로 파스타를 만들거나, 우유로 치즈를 만드는 일 등), 소비자와 직거래함으로써 농민들은 오늘날의 자본주의 시스템에서 약간 비껴나 그들이 생산한 농산물의 가치를 더 얻어낼 수 있게 된다. 또한 농민과 도시민 간의 직접 교류 및 여러 노력을 통해, 빈곤층은 보다 영양가 높은 먹을거리를 공급받을 수 있게 된다. 운동가들은 당장 하루하루의 생계에 위협을 받고 있는 사람부터 도와야 한다고 믿는다. 그러나 좌파 운동가들은 이러한 방법이 현재의 문제를 해결하기보다는 기업이 공고히 지배하고 있는 식품 체계에 미미한 충격을 주는 정도에 지나지 않을 것이라고 비판한다. 이들은 농업과 식품 체계를 완전히 바꾸려면 사회를 완전히 바꿀 필요가 있다고 주장한다. 어쨌든, 보다 인간적이고, 공정하고도 생태적인 사회를 만들기 위한 모든 시도는 지속 가능한 농업을 위한 투쟁 역시 포용해야 할 것이다 ─ 편집자.

(번역: 류수연)

주

1. '지속 가능한 농업을 위한 국민 운동'의 연락처는 다음과 같다. P.O box 396, Pine Bush, N.Y. 12566,

10장

부족과 과잉:

기아에서 불평등까지

재닛 포펜딕

Janet Poppendieck

" **굶**주림은 스카우트가 그냥 보아 넘길 수 없는 일입니다."[1] 미국 보이스카우트 저지 쇼어 지부장이 뉴저지 주 탐스 강변에 있는 시바가이기(스위스의 의약·화학업체. 1996년 노바티스(제약 부문)와 1999년 신젠타(농약·종묘 부문) 등으로 분리됐으며, 현재는 시바 스페셜티 케미컬즈만이 남아 있다 — 옮긴이) 사의 구내식당 입구 앞에서 내게 이런 말을 던졌다. 이곳에서는 수백 명의 보이스카우트 대원과 이들의 부모, 조부모, 일가친척과 이웃들이 '1994년 보이스카우트 식품 수집' 활동을 통해 지역에서 모아온 28만 파운드에 달하는 통조림을 분류하고 포장하고 있었다. 경영 규모 축소로 비어버린 시바가이기 사의 건물에 쌓아둔 이 통조림들은 지역 식품 배급소로 배분된 뒤 다시 굶주린 사람들에게 전달될 예정이었다. 이 스카우트 간부는 필자가 미국에서 긴급 식량Emergency Food으로 불리는 식품 기증 제도에 대한 연구를 수행하면서 인터뷰했던 수백 명 중 한 명이다. 1980년대 초반, 문자 그대로 수백만 명의 미국인들은 그런 자선 식품 사업에 의존해 살아가는 처지에 내몰렸다. 이런 사업의 선봉에는 무료 급식소soup kitchen, 식품 저장소food pantry가 있었고, 이들은 통조림 모으기 운동, 푸드뱅크, "식품 구호food rescue" 사업 등을 통해 식품을 조달했다.

굶주림, 해결책은 있다

앞서 말했던 보이스카우트 대원들을 비롯한 수많은 미국인들이 굶주림을 묵과하지 못하는 이유는 과연 무엇일까? 바로 엄청난 초과 생산을 달성하고 있는 미국 농업 때문이다. 국민들역시 미국에는 식량 부족이란 있을 수 없다고 믿는다. 20세기중 상당 기간 동안 잉여 농산물 처분을 염두에 두고 수립된 미국 정부의 농업 정책과는 반대로, 국민들은 과식으로 인해 발생하는 건강 문제를 예방 · 해결하거나 은폐할 방도를 찾는 데골몰했다. 미국인들은 국가 전체로 보나 개인으로 보나 지나치게 많은 식료품을 섭취하고 있다. 버리는 음식도 어마어마하다. 최근 농무부가 발표한 연구 결과에 따르면, 식품의 생산부터 최종 소비 과정까지 미국 전역에서 생산되는 농산물 중25% 이상이 수확되지 않은 채 방치되거나 곰팡이 슨 빵이나냉장고 채소칸 안에서 시드는 양상추 등과 같은 양상으로 버려지고 있는 것으로 추정된다. 1995년만 해도 농장, 수송 · 가공, 도 · 소매, 급식 시설 및 가정 내 소비 과정에서 버려지는식품과 음식 쓰레기 양은 무려 960억 파운드에 달했다. 매일미국인 한 사람이 먹을거리를 365파운드씩이나 내버린 셈이다.[2]

한쪽에서는 먹을거리가 과잉 생산돼 마구 버려지고, 다른한쪽에서는 굶주림이 계속되고 있는 모순된 이 두 현실은 추상적이지도, 철학적이지도 않은 방법을 통해 연계점을 찾게된다. 미국의 공공 · 민간 식품 부조 사업이 폐기해야 할 식품

들을 처분할 방도를 찾기 위해 비롯됐다는 점에서 이 사실을
알 수 있다. 허버트 후버 대통령 재임 당시(미국 제31대 대통령,
1929-33년 재임 — 옮긴이) 연방 농업위원회 창고에 쌓여 있던 재
고 밀이 나중에 적십자사를 통해 실업자들에게 배급된 일이나
뉴딜 정책 시기(1933-39년 — 옮긴이)의 농업 구조조정으로 인한
새끼 돼지 도살(연방 잉여 생산물 분배 정책 수립을 촉발시킨 원
인이 됨), 레이건 대통령 재임 당시 치솟는 치즈 저장 비용에
대한 비난을 무마하려고 빈곤층에 치즈를 제공했던 것 등이
대표적인 사례이다. 경제적 고통과 박탈감이 팽배한 시기마다
공공 부문에서 대량으로 비축해 둔 식료품 덕택에 굶주림에
시달리는 계층에게 잉여 식량을 공급하는 각종 정책들이 수립
되기도 했다. 민간 부문도 마찬가지다. 오늘날 무료 급식소와
식품 저장소에 공급되는 식료품 중 상당량은 자칫하면 폐기될
뻔한 것들이다. 실수로 잘못된 상표가 붙었거나 과잉 생산으
로 처리가 곤란해진 가공 식품들은 푸드뱅크에 기증되고, 농
장과 과수원의 잉여 농산물은 상업적인 수확이 끝난 후 자원
봉사자들의 도움을 받아 수확된다. 병원, 학교, 정부, 기업 등
의 구내식당과 일반 음식점 등에서도 남는 음식들이 상당량
생긴다. 이런 음식들은 앨 고어 부통령과 댄 글릭먼 농무부 장
관이 1997년 '식품 재생 및 수집 국가회의'에서 촉구한 대로
재활용되고 있다. "세계에서 농산물이 가장 풍성한 국가에서
굶주림이 있다는 것은 용납할 수 없다"는 글릭먼 장관의 말에
따라 2000년까지 식품 재생률을 33%로 끌어올려 매일 45만
명의 국민에게 먹을거리를 제공하겠다는 계획이 수립됐다.[3]

어릴 적부터 음식 접시를 "싹싹 비워야"하며, 자신이 남긴 음식 때문에 다른 사람들이 굶주리게 된다고 교육받아 온 많은 미국인들은 이러한 운동에 크게 공감했다. 이런 운동들은 주변에서 굶주리는 사람들과 마주치거나 과다한 소비로 점철돼 있는 미국인들의 삶을 돌아볼 때 느끼는 양심의 가책을 일부나마 덜어 준다. 또한 가치가 뒤바뀌고 윤리적 불확실성이 높아가는 현실 속에서 전통적이며 절대적인 도덕률을 제시해 주는 역할까지 한다. 연구 과정 중에 인터뷰했던 수많은 자원 봉사자들은 자신들이 무료 급식소나 식품 저장소에서 일하는 것이야말로 자신의 삶에 있어 참으로 선한 경험이며, 매주 그 순간만큼은 자신들이 천사가 된 것 같은 확신을 받는다고들 말했다. 더 나아가 자원 봉사자들은 이미 농산물 생산이 풍부한 만큼, 명확하고 의미있는 조치만 내려진다면 굶주림은 얼마든지 해결할 수 있는 문제라고 생각한다. "굶주림은 치유할 수 있다"는 전미 푸드뱅크 네트워크인 '두 번째 수확Second Harvest' 홍보부가 만들어 낸 표어처럼, 미국의 기아 문제는 공공 부문과 개인들의 행동을 이끌어내는 엄청난 잠재력을 지니고 있다. 막대한 후원금과 식품 지원은 물론이고, 참여 시간을 모두 합하면 수백만 시간에 달하는 자원 봉사자들의 도움 속에 연방 정부가 운영하는 14가지 식품 부조 사업은 물론이고, 각 주와 무수한 지역·개인 단위의 자선 급식 사업이 펼쳐지고 있다. 1990년대에 실시된 한 설문에서 응답자의 5분의 4 이상이 개인적으로 그 전년도에 자기가 살고 있는 지역 사회 주민들의 굶주림을 덜어 주는 활동을 해본 적이 있다고 응답

하기도 했다.[4]

굶주림이 주는 유혹

이러다 보니 진보주의자들은 굶주림이라는 문제를 절대로 그
냥 지나칠 수가 없다. 사람들이 기아 퇴치라는 성전聖戰에 참
여하는 데는 몇 가지 이유가 있다. 우선 미국에 굶주림이 존재
한다는 사실 자체가 식품 분배 체계와 인간의 기본 욕구를 충
족시키기 위한 자본주의적 방식의 모순을 명백히 드러내기 때
문이다. 빈곤층은 이 나라에서 넘쳐날 정도로 생산되는 물건
은 물론이고, 창고와 가게 선반에서 먼지를 뒤집어쓰고 있는
상품조차 갖지 못할 때가 다반사이다. 그럼에도 자전거나 개
인용 컴퓨터처럼 대중이 갖길 원하는 상품들은 쉽게 파손되지
도 않는데다, 눈앞에서 대중의 뱃속 사정을 무시하면서 썩어
가는 일조차 없다. 농산물 과잉 속에서도 굶주림이 만연하는
끔찍한 모순이 명백히 드러난 1930년대의 대공황에서, 사람들
은 이 공황의 바탕에 경제적 광기가 흐르고 있음을 깨닫게 되
었다. 제임스 크라우더는 "무릎까지 밀이 푹푹 빠지는 현실에
서도 빵 배급 줄이 여전한 것은 얼간이 같은 자들 때문"이라
고 꼬집었다.[5] 모든 것을 무턱대고 시장에 맡겨놓을 경우 발
생하는 근본적인 약점을 강력히 폭로하는 수단이란 점에서 굶
주림은 진보주의자들의 관심을 자극한다.

　두 번째로, 진보주의자들은 감정적인 격앙과 동정을 불러
일으켜 행동을 이끌어내는 능력 때문에 기아 문제에 이끌린

다. 일찍이 조지 맥거번 의원이 '빈곤의 최선봉'이라고 지적했던 대로, 굶주림은 우선 머릿속에서 가장 쉽게 연상되는데다, 사람들을 가장 신속하게 곤경에 빠뜨리며, 폐해 또한 너무나 오랫동안 지속되는 고통privation 중 하나이다.[6] 맥거번 의원은 미국 상원 소위원회에서 열린, 1960년대 미시시피 주의 빈곤 퇴치 운동에 관한 청문회를 통해 미시시피 강 삼각주 지역 주민들의 텅 빈 찬장과 영양실조 어린이들의 모습으로 상징되는 냉혹한 경제적·정치적 박탈을 접했고, 그 후 미국에 아직도 굶주림이 존재한다는 기막힌 사실을 담은 글을 남겼다. 이를 통해 기아 문제가 언론에 회자되기 시작했고, 언론인 닉 코츠(1968년 퓰리처상 수상자 — 옮긴이)는 민권 운동가들과 기아 퇴치 운동가들이 연대해 기아 문제를 이슈화시키는 훌륭한 결단을 내렸다는 사실을 보도했다. 그들은 굶주림을 "대중이 나서야 할 문제이며, 다른 빈곤 문제보다도 도덕적으로 시급히 해결되어야 한다"고 판단했다.[7] 이들의 "기아 로비"로부터 시작된 기아 퇴치 운동은 의회로 하여금 식품 부조 사업을 중점적으로 확대하고, 미국 최초로 일정 수준의 소득을 보장해주는 제도로 볼 수 있는 푸드스탬프를 통한 점진적인 식품 수급권 부여를 지원하는 법안을 통과시키도록 하는 데 성공했다.

기아 문제가 폭넓은 호소력과 행동을 촉발하는 능력을 갖고 있다는 사실은 최근 확산된 긴급 식량 사업을 통해서도 확인된다. "먹는 것은 인간에게 있어 가장 기본적인 것이기 때문에, 모든 사람이 굶주림과 연관을 맺고 있지요. 여러분들도 바빠서 점심을 굶게 된다면, 굶주림을 느낄 수 있을 겁니다. 어떤 면에서 본다면 모든 사람들이 일생의 어느 시점에 굶주림을 경험한 적이 있는 셈이지요." 식품 연구와 운동 센터Food Research and Action Center에서 긴급 식량 제공자와 기아 퇴치 정책의 옹호자들과 일하는 엘런 텔러Ellen Teller 변호사는 그 이유를 이렇게 설명했다. 필자가 인터뷰했던 각종 식품 부조 사업의 상근 직원들과 자원 봉사자들은 자신이 스스로 원해 일시적으로 경험하는 굶주림과 외부의 압력으로 예측할 수 없는 기간 동안 끼니를 걸러야 하는 굶주림에는 차이가 있지만, 어쨌든 두 가지 경우 모두가 같은 고통을 준다는 사실을 알고 있었다. 굶주림은 절대로 낯설거나 상상할 수 없는 일이 아니다. 우리 모두가 공유하는 기본적이고 불가피한 욕구가 충족되지 못했을 때 생겨나는 현상이기 때문이다.

더 나아가, 굶주림을 근절하지 못하면 엄청난 결과가 빚어진다. 영양과 지능 향상과의 관계를 연구한 결과가 말해 주듯, 임산부와 어린이들에게 적절한 영양소 공급을 보장하지 못했을 때 치러야 하는 사회적 손실은 너무나 극명하다. 또한 이 때문에 엘런 텔러 변호사가 언급했던 것처럼 굶주림에 대한 '광범위한' 시각이 생겨나게 된다. 모든 사람에게 있어 굶주림이 주는 의미는 다를 것이다. 미래 사회 노동력의 생산성을 염려하는 이들은 인적 자원에 대한 신중한 투자라는 차원에서, 온정적인 이들은 고통을 예방한다는 차원에서, 기아 퇴치 운동을 꿈꾸는 이들은 대중의 결속력을 높이는 화제라는 차원에서, 사회 구조를 비판하는 이들은 아직도 버젓이 존재하는 불평등이라는 차원에서 기아 문제를 바라보게 될 것이다. "인간에게 굶주림은 빈곤, 무력함, 왜곡된 공적 가치 같은 광범위한 문제들을 깨닫게 하는 관문"이라는 '세계를 위한 식량 협회Bread for the World Institute'의 신념[8]에서 엿볼 수 있는 것처럼, 미국의 기아 현상이 미국의 사회 구조에서 비롯됐다는 비판 의식을 지닌 많은 기아 운동 단체들은 무료 급식소, 식품 저장소 등을 통한 "급식 운동"에 참여하고 있다. 보다 많은 미국인들과 공감대를 형성하고자 하는 진보주의자들에게 있어 굶주림은 다양한 정치적 견해를 가진 사람들에게서 공감을 끌어낼 수 있는 매력적인 정치 문제이다.

세 번째로, 진보주의자들은 굶주림에 저항하기 위해 기아 로비hunger lobby에 동참했고, 정부의 식품 수급권 자금 삭감이 미친 영향을 기록으로 남기기 위해 노력을 아끼지 않았다. 그나마 빈곤층을 위한 사회 안전망으로 남아 있던 각종 수급권 사업마저 레이건 대통령이 1980년대 초에 축소하려고 하자, 모든 진보주의자들은 나날이 늘어나는 무료 급식 대기 행렬이야말로 소득 지원, 주택 보조금, 식품 부조를 비롯한 공공사업 자금이 삭감되면 빈곤층도, 사회도 이를 감당할 수 없다는 사실을 드러내는 증거라고 지적했다. 이러한 삭감은 쓸데없이 커진 사업 중에서 불필요하고 비대한 부분을 잘라내는 것에 불과하다는 레이건 행정부의 주장에 대해 좌파 논객들은 복지 국가가 붕괴되면서 유발되는 고통에 대한 증거를 제시하기 위해 긴급 식량 사업이 증가하는 현장을 추적했다. 이러한 모습은 경제가 호황을 누리는 오늘날에도 되풀이되고 있다. 무료 급식소와 식품 저장소의 등록자 수는 우리가 알고 있던

"복지의 종말"이 불러온 결과를 증언해 준다.

끝으로, 진보주의자들은 빈민층과의 연대라는 측면에서 기아 문제에 이끌린다. 많은 사람들은 일단 빈곤층에 대한 염려와 이들이 덜 고통 받는 공정한 사회를 만들겠다는 바람 때문에 진보적으로 된다. 굶주리는 사람들에게 공정한 미래를 만들어 주기 위해 일하는 이들 중에서 '굶주리는 자들에게 도움을 주느니 그대로 두자'는 말을 가만히 듣고 있을 사람은 아무도 없을 것이다. "인간은 결국 아무것도 먹지 않게 된다"고 말했던 프랭클린 루스벨트(미국 제32대 대통령, 1932-45년 재임 — 옮긴이)의 정신적 지주였던 해리 홉킨스(루스벨트 대통령의 보좌역 — 옮긴이)조차도 "인간은 매일 먹으면서 살아간다"는 말을 했다고 한다.[9] 내가 긴급 식량에 대한 연구 과정 중에 만났던 운동가들과 진보주의자들도 이와 비슷한 의견을 피력했다. 1980년대에 워싱턴에서 결정한 지원 삭감에 대응하기 위해 캘리포니아 주 남부의 교회와 지역 모임에서 무료 급식소와 식품 저장소 설립을 도왔던 한 여성은 "우리 생각에는 워싱턴에 계신 나으리들은 마치 손에 피를 묻히고 있는 것만 같아 걱정스러웠어요. 하지만, 저는 그대로 멈춰 서서 사람들이 정치적인 목표에 희생되는 것을 바라볼 수는 없었습니다"라고 곤경에 처해 있던 당시를 회고했다. 산타크루즈 지역에서 오랫동안 좌파 운동가로 활동했던 여성 운동가는 지역 푸드뱅크 위원으로 어떤 일을 하느냐는 질문에 이렇게 대답했다. "푸드뱅크의 중요성을 인식하신 분들 중에는 저의 급진적인 생각에 깊이 동감하시는 경우가 많습니다. 먹을 것이 필요한 빈곤층

근로자들을 비롯해 오갈 곳 없는 가난한 이들이 계속 늘어나고 있는 게 현실입니다. 그러다 보니, 먹을거리는 갈수록 더 필요해지고 음식물을 공급받을 곳은 부족합니다. 만약 푸드뱅크가 없다면, 많은 사람들이 굶주려야 할 겁니다."

이들의 말은 진보주의자들이 왜 기아 퇴치 운동에 대거 참여했으며, 민간 자선 활동이 야기하는 문제에도 불구하고 무료 급식소와 식품 저장소, 푸드뱅크 등에 관심을 기울였는지 쉽게 이해할 수 있게 해준다. 필자는 개인적으로 미국인들이 1960년대에 굶주림의 의미를 재발견하였을 당시부터 필자 자신을 기아 퇴치 운동가로 생각해 왔다. 그럼에도 30년 동안의 "기아 로비"와 10년간 무료 급식소, 식품 저장소, 푸드뱅크, 식품 재활용 사업 등을 관찰하고 인터뷰한 결과, 굶주림을 핵심적인 사회 문제로 정의내리는 데에는 신중해야 한다고 본다.

굶주림에 대한 항거

굶주림에 대한 사람들의 감정적인 반응은 사람들의 단결을 쉽게 이끌어낸다. 이 점은 어마어마한 먹을거리가 버려지는 현실에서도 기아에 시달리는 사람들이 있다는 뼛속 깊은 모순과 맞물려, 그 속에 숨어 있는 구조적 문제는 건드리지조차 않는 대증요법 같은 요식적인 해법을 쉽게 내놓도록 만든다. 뉴딜 정책 중 잉여 농산물 배급 사업은 생계에 위협을 받던 빈농들로부터 잉여 농산물을 사들여 이미 공적 부조를 받고 있던 실업자들에게 나눠 주는 방식을 취했고, 이 방식은 이후 실시 된 연방 식품 부조 사업들의 정치적·행정적 바탕이 되었다. 월터 리프먼이 "풍요 속의 결핍은 충격적이며 참을 수 없는 모순"이라고 꼬집었듯, 그것은 빈곤층이 먹을거리를 구할 수 있는 기본 체계는 건드리지 않은 채 이들 빈곤층 중 일부를 돕 기 위해 남아도는 농산물의 일부를 전용하는 것에 불과했다.[10] 노먼 토머스도 1936년에 "잠재적인 풍요 가운데에서도 아직 까지 기아 위기에 처한 국민들을 위해 생산을 재조정하거나 소득을 재분배해 본 적이 없다"면서 "우리가 후버 행정부 하 에서 '산지에는 무릎까지 빠질 정도로 밀이 남아도는 데도 빵 배급 줄이 없어지지 않는' 사태가 사라지는 것을 목격하게 된 다면, 이는 굶주림을 퇴치했기 때문이 아니라 밀 생산량을 줄 이거나 빵 껍질의 두께를 조정했기 때문일 것"이라고 힐난했 다.[11]

그러나 일반 대중에게 있어 잉여 농산물 배급 사업은 그 저 상식 수준의 일로서, 이미 잘 먹고 잘 사는 사람들을 보다 기분 좋게 해주는 정도의 일이었다. 잉여 농산물 중 얼마나 되 는 부분이 굶주리는 사람들에게 배분되는지, 이들의 굶주림이 얼마나 경감됐는지에 대해 대중이 관심을 두는 경우는 거의 없었다. 『뉴욕 타임즈』는 이 사업을 환영하는 사설을 통해 "풍 요 속에 굶주림이 존재한다는 짜증나는 모순을 잊게 해줄 것" 이라고 전망했다.[12] 이런 도덕적 압력이 줄어들면서 기아 퇴 치에 관한 의식도 희미해져 가고, 그러는 사이 근본적인 문제 해결을 위한 기회까지 소멸돼 버렸다. 따라서 이런 요식적인 사업들은 내부적 현상을 그대로 내버려둘 뿐이었다.

긴급 식량 사업에 필요한 식량을 충당하기 위해 1980년대 초반부터 발전·확대된 민간 식품 구호, 이삭줍기gleaning를 비롯한 여타 잉여 농산물 전달 사업 등에서도 이와 매우 비슷한 일이 일어나고 있다. 꾸준한 기금과 식료품 수집 활동은 이들 사업을 대중의 눈에 항상 띄게 해준다. 그러나 과연 이들 사업이 실제 필요한 긴급 식량 중 얼마만큼을 조달하고 있는지에 대해 묻는 사람들은 거의 없다. 가을에는 보이스카우트, 봄철에는 우편 집배원들이 식량 수집에 참여하고, 식료품 가게들은 입구에 둔 식료품 수집함과 더불어, 계산대에 "굶주림의 값을 치를check out hunger"(계산대에 놓아둔 모금함에 쓰여 있는 말 — 옮긴이) 수 있는 기회까지 마련해 두고 있다. "미국의 맛Taste of the Nation"(미국 최대의 음식 회수 단체 — 옮긴이)을 비롯한 기타 기아 관련 단체들이 기금을 모으고 있는데다, 부통령과 농무부 장관까지 식품 회수 사업을 통해 많은 사람들을 먹이는 동시에 남는 음식물도 줄이겠다고 약속하고 있다. 게다가 이런 활동들이 모두 다 눈에 너무나 잘 띄는 것이다 보니 이 사업이 잘 진행되고 있다는 인상을 받는다. 이러한 행동에는 거슬리는 것이 두 가지 있는데, 굶주리는 사람들을 먹여서 음식 쓰레기를 줄인다는 도덕적인 흥정은 사람들에게 기쁨만을 줘 더욱 근본적인 행동을 취할 동기를 부여하는 양심의 가책까지 줄여 버린다. 또한 굶주림을 너무나 일상적인 것으로 만들어 버리는 이 같은 감정적 돌출 행동은 요식 행위를 통해 우리의 불편한 마음을 너무나 쉽게 가라앉게 해준다.

현대 사회에서 이러한 요식 행위는 훨씬 더 심각한 위험을 지니고 있다. 낭비와 결핍이라는 모순을 근본적으로 바꿀 잠재적인 역량보다 중요한 것들을 위기에 처하게 하기 때문이다. 대중의 소득을 지원해 주고, 수급권을 부여해 주는 데 기여하는 소소한 참여 활동까지 위기를 맞고 있다. 식품 구호 사업은 잘 먹고 잘 사는 이들의 마음을 편하게 해주는 동시에, 설령 정부가 복지 사업을 폐지하고 푸드스탬프 같은 사회 안전망 사업의 자금을 삭감해도 아무도 굶지 않을 것이라는 확신을 심어준다. 기금 조성 편지나 행사, 통조림 모으기, 통조림 한 캔으로 입장료 혹은 참가비를 대신하는 자선 걷기 운동, 달리기, 자전거 경주, 수영, 골프 마라톤golf-a-thon, 콘서트나 영화 상영 혹은 연극 상연 등으로 달궈 놓은 분위기를 통해 거대하고, 중심 세력 없는 자선 사업의 이미지가 창출되고 있다. 이를 통해, 우리는 우파로 하여금 복지 국가로서 지녀야 할 미약한 사회 안전망조차 파괴시키고 뉴딜 정책 시절로 되돌아가게 만드는 구실을 주고 있다. 역설적으로, 이러한 대중에 대한 호소 활동은 심지어 기부하지 않은 이들에게도 기부한 이들과 같은 확신을 심어주기까지 한다.

굶주림을 공적 문제로 격상시킨다고 해서, 반드시 개인적이고 자발적인 접근에 대한 지원까지 포함해야 할 필요는 없다. 사회 민주주의자들과 기타 진보주의자들은 긴급 식량 공급 행사를 늘리는 것보다 식품 수급권 지원을 확대해야 한다고 확신하고 있다. 그러나 불행히도 많은 대중은 공적 지원과 민간 지원의 차이를 별로 못 느낀다. 우리가 굶주림에 대한 문제를 제기하더라도, 사람들이 내리는 결정까지 통제할 수는 없다. 푸드뱅크, 식품 구호 단체, 식품 저장소와 무료 급식소 등이 늘어나면서 사람들이 일상에서 굶주림의 현장을 접할 기회가 많아지고, 봉사에 참여하는 경우 또한 증가하고 있다.

많은 민간 식품 자선 단체들은 자신들이 공적 식품 부조와 수급권 부여를 대신하지 않는다고 역설한다. 필자가 인터뷰한 거의 모든 푸드뱅크 대표들과 식품 저장소 관리자들은 비슷한 의견을 피력했고, 관련 국가 기관과 두 번째 수확, 푸드체인, 가톨릭 자선 단체, 심지어는 구세군까지도 공적 식품 부조 삭감에 반대하면서 자신들의 역할은 부차적인 것에 불과하다고 강조했다. 그러나 교회 지하실에 있는 자그마한 식품 저장소로부터 막강한 자금 모집 컨설턴트나 부서를 둔 국가 기관까지도 기금을 모을 때에는 민영화의 이데올로기를 강화시키는 방향으로 공공 사업과 자신들을 비교한다. 사람들이 바친 시간을 이용해 기부 받은 먹을거리를 나눠 주는 사업의 예산이 미미하며, 비용 대비 효과가 적고 효율성도 낮다는 점을 강조하더라도 결국은 대부분의 공공사업과 더불어 특히 식품 수급권을 비난하는 우파들에게 힘을 실어주는 꼴이 돼 버린다. 이들은 기금을 모집할 때도 심지어 공적 부조가 파괴되더라도 굶주리는 사람들이 없을 것임을 대중에게 재확인시키면서, 많은 사람들에게 공적인 식품 수급권을 부여하는 대신 자선 식량 사업을 펼치는 것이 낫다고 믿게 만든다.

더 나아가, 이러한 단체들은 이동식 냉동·냉장차, 난방 기구와 사무집기 등의 시설이나, 직원들의 연금과 건강 보험

료 같은 내부 운영비에도 이러한 기금을 사용한다. 단체들의
역량을 지속적으로 키우는 데 있어 이러한 자금의 역할이 큰
것은 사실이지만, 이 때문에 지속적으로 자금을 모아야 하고
굶주림을 영속적인 문제로 만들어야 할 필요까지 발생한다.
많은 푸드뱅크 운동가들과 식품 회수 요원들은 이 사회가 굶
주림을 퇴치하더라도 자신이 속해 있는 단체에는 임무가 계속
있을 것이라고 주장한다. 또한 이들은 자신들이 거둔 성과가
노인 센터의 급식 개선이나 낮 간호나 재활 치료 비용 절감 등
으로까지 확대될 것이라는 전망을 내놓으면서도, 기금을 걷기
위해서는 굶주림을 문제로 삼을 필요가 있다는 점을 명백히
인식하고 있다. 이들은 비용 대비 효과는 물론이고, 능률적인
서비스 제공, 심지어는 낭비를 줄이는 일에서조차도 기부금을
끌어오는 것만큼의 능력을 발휘하지 못하고 있다. 굶주림은
결국 그들의 생계수단이다. 그 결과, 필자에게는 종종 '기아의
상품화'로 느껴질 정도로 사람들의 주의를 끄는 요란한 행사
가 벌어진다. 로라 드린드가 「미시건 주의 굶주림을 찬양하
며」라는 제목으로 쓴 글에서도 지적했듯, 기아 산업은 주요 기
업의 관심을 끌어내는 데는 쓸모가 많지만, 이러한 홍보 행사
혹은 기업들의 먹을거리와 성금 기부가 없다면 굶주림은 성금
모집책들로 하여금 일종의 '사회 문제 시장'에서 성공적으로
기금을 얻어내도록 경쟁하게 만드는 "상품"에 불과하다는 것
이다.[13] 기아 운동은 에이즈 환자 같은 혐오 계층을 필요로 하
지 않는다. 게다가 암처럼 해결 방법이 어렵고, 모호하며, 상상
하기 어려운 것도 아니다. 굶주림은 앞에서 언급했듯 사람들

의 격앙된 감정을 이끌어내고, 여러 분야에 있는 사람들을 무료 급식소, 식품 저장소, 음식물 재활용 사업 등에 투입시키면서 기금 조성 산업의 선두주자 노릇을 하고 있다. 또한, 기아 운동은 고등학교의 지역 봉사 프로그램과 기업 홍보실, 시나고그(유대교의 교회)와 교회, 보이스카우트와 우편집배원, 로터리클럽 회원과 여자 청년연맹Junior League의 봉사 활동을 못 이기는 척하고 받아줄 창구로 활용되고 있다. 한마디로 사람들을 굶주림에 길들이게 하는 것이다.

이러한 반응을 제도화하고 확대시키게 되면, 그 밑에 깔려 있는 문제의 개념 또한 제도화되고 강화된다. 사회학자들은 오랫동안 '정의 단계definitional stage'는 사회 문제의 발달 과정에서 결정적인 시점이라는 주장을 펼쳐왔다. 경쟁하는 정의 개념들은 사회 구성원들의 관심을 끌기 위한 경쟁을 거치고, 여기에서 승리한 개념이 문제의 해답을 제시하고 이를 위한 자원을 축적하게 한다는 것이다. 따라서 "굶주림"을 둘러싸고 있는 여러 경쟁적인 개념들이 어떤 상황에서 나온 것인지 알아야 한다. 대중의 시각과, 우리 스스로의 양심에서 봤을 때 굶주림을 끝장내도록 하는 데 있어 어떤 의견이 패했는가? 한마디로, 굶주림으로 문제를 한정하게 되면 그 속에 도사린 빈곤과 불평등의 개념은 불분명해진다. 사실 많은 빈곤층들이 굶주리고 있다. 그러나 굶주림은 노숙 생활 혹은 여러 다른 문제들과 마찬가지로 빈곤으로 인해 빚어지는 현상이지 빈곤을 일으키는 이유는 아니다. 반면, 우리처럼 풍요로운 사회에서의 빈곤은 불평등이 낳은 산물이다.

굶주림만으로 문제를 한정시키면 빈곤층에게 중요한 다른 요구들은 묵살된다. 가난한 이들에게는 먹을 것도 필요하겠지만, 살 집과 교통수단, 옷가지, 의료 혜택은 물론이고, 의미 있는 직업, 정치적 참여 기회, 여가 활동 등도 필요하다. 문제의 초점을 굶주림에만 맞추게 된다면, 빈곤층은 이렇게 복잡한 욕구는 무시당한 채 먹을거리 문제만 해결하게 되거나, 가구당 전체 비용 중에서 식비만 면제 혹은 보조받게 되는 상황이 벌어질 수도 있다. 빠듯한 돈만 갖고 살아본 사람들은 모든 부분에 돈을 나눠 쓸 수가 없다고들 말한다. 빈곤 계층은 대개 몇 가지 급박한 필요에 따라 부족한 자원을 배분하느라 안간힘을 쓴다. "난방비냐, 식비냐"를 놓고 고민해야 하는 겨울철의 긴박한 상황이나, 먹을 것과 병원 치료 사이에서 계속 고민해야 하는 많은 노인들의 문제가 바로 이러한 사실을 보여 준다.

이러한 상황에서, 집세나 난방비 보조 같은 다른 형태의 지원에 비해 식품 부조를 받기가 더욱 쉽다면, 사람들은 다른 필요를 충족시키기 위해 식품 부조를 여러 가지 목적에 전용할 것이다. 푸드스탬프를 현금으로 바꾸는 일은 별로 어렵지 않다. 인근 가게에서 이웃집에서 필요로 하는 몇 가지 물건을 푸드스탬프로 구입해 준 뒤, 이웃집에서 돈을 받으면 된다. 몇몇 집주인들은 푸드스탬프를 액면가보다 싼 값에 쳐서 집세로 받은 뒤, 식료품점을 운영하는 친구나 친지들에게 이를 넘겨 돈으로 바꾼다. 마약상들도 액면가보다 훨씬 낮은 가격에 푸드스탬프를 받기 때문에, 구입한 마약을 되팔면 현찰을 챙길

수 있다. 이뿐만이 아니다. 무료 급식소의 식사를 돈으로 바꾸
는 일은 거의 불가능하지만, 식품 저장소에서 나눠 준 배급 봉
지 속에는 되팔 수 있는 물건들이 들어 있다. 무료 급식소에서
끼니를 때우거나 배급 봉지를 받는 일 모두가 집세를 내거나
아이의 생일 선물을 사주거나, 새 구두를 사는 등 다른 용도로
쓸 수 있는 돈을 늘려 주는 구실을 한다. 빈곤층에게 먹을거리
만을 제공하면서 다른 긴급한 목적에 쓸 자금 지원을 거부하
게 되면, 빈곤층의 대부분이 식품 부조로 얻은 먹을거리를 모
두 현금으로 바꿔야만 하는 상황에 직면할 수도 있다.

　그렇게 된다면, 보수적인 논객들은 식품 수급권 부여를 놓
고 "빈곤층들은 실제로 굶주리지 않는다"는 주장을 펼치기 위
해 앞에서 언급한 행동을 싸잡아 비난할 것이다. 만약 그들이
진짜로 굶주린다면, 배급 봉지에 있는 물건들을 다시 팔거나
푸드스탬프를 돈으로 바꾸지 말아야 한다고 목소리를 높일 것
이다. 이러한 행동 증거는 빈곤층을 위한 사업들이 너무 부풀
려져 있으며, 빈곤층에 너무나 관대한데다 부정과 방만으로
얼룩져 있다는 전적으로 이데올로기에 경도된 선입관과 들어
맞는다. 이러한 선입관은 "진정으로 궁핍한" 이들만을 위한
사회 안전망을 유지해야 한다고 역설하는 보수주의자들로 하
여금 사업 예산을 삭감토록 만드는 빌미를 준다. 그러는 사이
진보주의자들은 그러한 빈곤층들이 "진짜로 굶주리고 있다"
는 방어적인 자세만을 취하게 되고, 굶주림을 박멸하는 것이
적절한 목표라는 생각에 암묵적으로만 동의하게 만든다. 그러
나 미국처럼 부유한 사회에서 굶주림을 없애는 것만이 목표라

면 이는 너무 저급하다. 우리는 사람들이 심각한 굶주림에 시달리지 않을 뿐만 아니라 영양 부족 때문에 교육과 근로 기회를 잃지 않는 사회를 원한다. 우리는 사람들이 빈곤 때문에 소외되지 않고, 아이들에게 최소한의 생활수준을 보장하면서 행복을 추구할 수 있게 하는 사회를 원한다. 문제를 단지 "굶주림"으로만 정의한다면, 우리 스스로가 기준을 너무 낮게 잡고 있는 것이다.

앞으로의 방향은?

앞으로 기아 퇴치 운동 단체들이 지향해야 할 문제들은 굶주림의 밑바닥에 도사리고 있는 불평등의 문제와 복잡하게 얽혀 있다. 절대치보다 얼마간 나은 식품과 잠자리가 충족된 다음에 발생하는 욕구는 완벽하게 상대적인 현상이다. 풍요로운 사회에서는, 일정한 수준의 소득으로 누릴 수 있는 삶의 질은 소득 수준이 사회 주류층과 비교할 때 얼마나 차이가 나는가와 사회 구성원들에게 "보통" 수준으로 인식되는 소득이 얼마인가에 따라 달라진다. 아이들이 보통 맨발로 다니는 열대 지역의 경우라면, 어머니들은 아이들 신발을 사주기 위해 먹을 것을 현금으로 바꿀 필요도 없고, 자존심을 굽히면서까지 자선 단체를 찾아 다닐 필요도 없을 것이다. 반면 미국에서는 매일 아이들이 하루에도 몇 시간씩 텔레비전 광고 세례를 받고 있는데다, 의류업체들은 옷이 아닌 "쿨함"(근사해 보임)을 팔고 있다. 이 경우, 어머니들은 아이들에게 신발 한 켤레를 사주기 위해서가 아니라 아이들이 학교에서 사회적으로 인정받을 수 있을 만한 특정 상표의 신발을 사주기 위해 자존심을 죽여 가며 식품 저장소에서 남들이 주는 음식에 의존해 살아가게도 된다.

이런 맥락에서는 '생존이 가능할 정도로 재산을 가지고 있는가' 보다는 빈곤층의 생활수준이 사회 중간치 혹은 사회 주류층과 얼마나 큰 차이가 나는가 하는 것이 더욱 큰 문제로 떠오른다. 바로 우리 사회가 얼마나 불평등해지고 있는가를 보여 주는 모습이기 때문이다. 미국의 불평등은 1970년대 초반부터 사회의 모든 측면에서 심화돼 왔다. 최상위 소수 계층은 총 매매 가치marketable worth를 꾸준히 긁어 모으고 있는 반면, 최하위층은 갈수록 빈곤해져 가고 있다. 바로 이런 불평등이 늘어나고 있기 때문에, 정점에 다다른 경기 상승세를 반영하듯 높은 고용률을 자랑하는 시기에도 무료 급식소와 푸드뱅크 확대를 요구하는 절규가 높아져만 가는 것이다. '굶주림' 같은 개념은 정의 내리기엔 모호한 면이 있지만, 불평등 같은 추상적인 개념보다 훨씬 이해하기 쉽다. 더욱이 미국인들은 불평등이라는 단어는커녕 이를 계량화하는 방법조차 모르는 경우가 태반이다. 이들은 단지 시장성이 있는 순자산 중에 자신의 몫이 얼마나 되는지만을 알아차리도록 배웠을 뿐이기 때문이다. 따라서 굶주림에 대한 접근 방식도, 통계 수치가 언론에 보도돼 국민들의 시선을 끌고, 대중들이 구체적인 행동을 펼치도록 동정적인 반응을 이끌어낸 다음, 진정으로 무엇이 문제인지를 알리고 실천하게 하는 과정을 거쳐야 한다.

일단 이러한 일이 시작돼 굶주리는 이들에게 먹을거리를 전달하고 사람들이 풍족감을 느끼도록 하는 실용주의적 노력에 관심을 빼앗긴다면, 불평등이라는 큰 문제에 대한 시야를 잃게 될 것이다. 또한 "굶주린 자들에게 먹을 것을 주는" 일에 내재하는 만족감은 사람들로 하여금 문제를 굶주림 하나만으로 한정시킬 우려도 있다. 문제의 정의가 '쉽게 실천 가능하며, 눈에 띄는 결과가 나오는 반응이 있는가'를 따지는 이중 나선형 잣대(배배 꼬인 두 가지 잣대)에 따라 오도되고 있는 것이다.

많은 기아 퇴치 운동가들이 계속 확대되고 있는 긴급 식량 시스템의 수요에 의견을 달리하고 있는 사이에, 우위를 점하고 있는 보수주의자들은 미약하게나마 남아 있는 소득 보호 대책마저 마음대로 뒤흔들면서, 과거보다 최상위층에 더 많은 자본을 집중시키도록 조세 체계를 바꾸고 있다. 더 많은 불평등을 원하는 이들에게는 자신들이 바라던 대로 세상이 변해가고 있겠지만, 의식 있는 사람들은 더 많은 배급 주머니를 나눠 주고, 더 많은 수프 그릇을 닦아 가며 이러한 불평등으로 발생한 박탈에 대응하고 있다. 이제는 담론의 주제도 영양 부족 문제를 불공정으로, 굶주림의 문제를 불평등으로 바꿔야만 한다.

(번역: 류수연)

주

1. 인터뷰에서 인용한 부분에만 따옴표를 사용했다. 이 부분은 필자의 긴급 식량과 관련된 연구의 일부분이다. 더 자세한 정보는 Janet Poppendieck, *Sweet Charity? Emergency Food and the End of Entitlement* (New York: Viking, 1998) 참조.

2. Foodchain, the National Food Rescue Network, *Feedback* (Fall, 1997), 2-3.

3. Ibid.

4. Vincent Breglio, *Hunger in America: The Voter's Perspective* (Lanham, MD: Research/Strategy/Management Inc., 1992년), 14-16.

5. '풍요 속의 빈곤'이라 불리던 대공황 시대의 모순은 Janet Poppendieck의 *Breadlines in Knee Deep in Wheat: Food Assistance in the Great Depression* (New Brunswick, NJ: Rutgers University Press, 1986)을 참조할 것.

6. George McGovern, "Foreword," in Nick Kotz, *Let Them Eat Promise: The Politics of Hunger in America* (Englewood Cliffs, NJ: Prentice-Hall, 1969), viii.

7. Nick Kotz, "The Politics of Hunger," *The New Republic* (April 30, 1984), 22.

8. Bread for the World Institute, *Hunger 1994: Transforming the Politics of Hunger.* Fourth Annual Report on the State of World Hunger (Silver Spring, MD, 1993), 19.

9. Edward Robb Ellis, *A Nation in Torment: The Great American Depression, 1929-1939* (New York: Capricorn Books, 1971), 506에

304 · 이윤에 굶주린 자들

10. Walter Lippmann, "Poverty and Plenty," Proceedings of the National Conference of Social Work, 59th Session, 1932 (Chicago: University of Chicago Press, 1932), 234-35.

11. Norman Thomas, *After the New Deal, What?* (New York: Macmillan, 1936), 33.

12. "Plenty and Want," editorial, *New York Times*, September 23, 1933.

13. Laura B. DeLind, "Celebrating Hunger in Michigan: A Critique of an emergency Food Program and an Alternative for the Future," *Agriculture and Human Values* (Fall, 1994), 58-68.

11장

쿠바 :

지속 가능한 농업의 성공 사례

피터 M. 로셋

Peter M. Rosset

전 지구적 식품 체계는 생태적, 경제적, 사회적 측면에
서 총체적 위기에 처해 있다. 이런 위기를 헤쳐 나가
기 위해서는 다양한 대안적 방법을 만들어 낼 정치적 · 사회적
변화가 절실하다.

오늘날 식품 체계의 높은 생산성은 지난 35년간 세계 인
구 1인당 식량 생산량이 15%나 증가했다는 사실만으로도 증
명된다. 그러나 식량 생산이 소수의 손에 의해 지배되고, 경제
적 · 생태학적 비용 부담이 증가하면서, 지속 가능한 식량 생
산은 물론이고 단기적으로 기아 문제를 풀고 빈곤층의 식품
접근 기회를 늘릴 해법마저 찾기 어렵게 만들고 있다. 최근 20
년 동안 중국을 제외한 세계의 기아 인구는 6,000만 명이나 증
가했다(대조적으로 중국의 기아 인구는 급격히 감소했다).

농업의 공업화는 생태학적인 측면에서 과다한 농약과 비
료를 사용하게 함으로써 지표수를 오염시키고, 단작 체계를
확산시키며, 기초 유전자원을 줄어들게 함으로써 생물 다양성
을 파괴시킨다. 더 나아가 미래의 농업 생산력을 좌우할 농업
생태계agroecosystem의 능력까지 축소시키면서 생태계 전반
에 충격을 주고 있다.

경제적 측면에서 보면, 값비싼 농기계와 농업용 화학제품
을 사용하게 되면서 농민들이 부담해야 하는 생산 비용은 갈

수록 상승하는 반면, 농산물 가격은 수십 년간 하락세를 거듭
하고 있다. 이러한 비용-가격 착취cost-price squeeze로 인해
전 세계에서 매년 수천만 명에 달하는 농민들이 파산 위기에
내몰리고 있다. 사회적 측면에서는, 낮은 농산물 가격 때문에
소규모 영농으로는 수지를 맞출 수 없게 되면서(소형 농장의
생산성이 더 높음에도 불구하고) 농지 소유가 소수의 농민에게
집중되고 있다. 동시에 농업 관련 기업들은 기초 농자재 생산
과 소비에까지 지배력을 행사하고 있다.

　기업 중심으로 꾸려지고 있는 식품 체계는 인간이나 생태
계의 욕구를 제대로 충족시켜 줄 수 없다는 점이 명백히 드러
났다. 그럼에도 대안적인 해법을 확산시키려면 상당한 장애가
따른다. 기업과 정치 권력의 밀착으로 말미암은 각종 특혜가
가장 큰 걸림돌이겠지만, "과연 유기 농업(혹은 생태학적 농업
기술, 지역 내 자급자족, 소규모 농장, 무농약 농업)만으로 국민
전체를 먹여 살릴 수 있느냐?"라는 질문이 끊임없이 제기될
정도로 대안적인 방법을 별 효과가 없는 것으로 단정짓는 심
리적 요인도 무시할 수 없다.

　이런 점에서 자급자족과 소농, 생태학적 농업 기술을 통해
식량 위기를 극복한 쿠바의 최근 사례는 대안적 방법만으로도
국가 전체를 부양할 수 있다는 사실을 증명해 준다. 뿐만 아니
라 거듭되는 논쟁을 종식시키기 위해서도 필수적으로 연구해
야 할 본보기이기도 하다.

쿠바의 간략한 역사

쿠바의 경제 발전은 1959년 쿠바 혁명과 1989-90년 소련 체제 붕괴 사이에 일어난 두 가지 외적 영향을 통해 이뤄졌다. 쿠바를 경제적 · 정치적으로 고립시키려 했던 미국의 경제 봉쇄 조치와 쿠바가 소련의 경제 체제에 편입됨으로써 누렸던 상대적으로 유리한 교역 조건이 바로 그것이다. 미국의 교역 봉쇄 조치로 인해 쿠바는 소련 편으로 확실히 기울게 됐으며, 소련이 제공한 교역 혜택에 힘입어 쿠바는 여타 중남미 국가들에 비해 빠른 경제 성장을 달성할 수 있는 기회를 얻었다.

이러한 덕택에 쿠바는 대부분의 개발도상국들보다 신속하고도 철저하게 근대화를 이뤄낼 수 있었다. 1980년대 쿠바는 지역 국가들 중에서 공업이 경제 발전에서 가장 큰 비중을 차지했으며, 농업 기계화 또한 다른 남미 국가들에 비해 앞서 갔다. 그럼에도 의존적인 경제 발전 모델에 의해 성장해 온 한계 때문에 쿠바 역시 제3세계 국가들에서 나타나는 근대화 과정의 모순을 함께 안고 있었다. 그 당시의 농업 체계는 수출용 농산물 생산을 위한 대단위 단일 작물 재배와 수입 농약과 비료, 교배종 종자, 농기계와 석유화학제품에 심하게 의존하고 있었다. 공업 또한 지역의 다른 국가들에 비해 상당히 발전해 있었지만, 농업과 마찬가지로 수입 자재에 의존하고 있었다.

따라서 쿠바 경제는 상대적인 근대성에도 불구하고 소련 경제 블록에서 보면 노동력과 원료 농산물 및 광물 공급기지이자 공산품과 가공 식품의 순수 수입국이란 모순된 특징을 안고 있었다. 대부분의 제3세계 국가들이 처해 있던 현실과는 대조적으로, 쿠바 국민들은 이러한 국제적 분업으로 상당한 혜택을 누릴 수 있었다. 소련이 붕괴하기 전까지만 해도 쿠바는 국민 1인당 GNP, 영양 공급량, 평균 수명, 여성 교육 수준에서 상위권에 있었으며, 국민당 의사 수, 낮은 영아 사망률, 주택 보급률, 중등학교 등록률, 국민의 문화 행사 참여 횟수 부문에서는 라틴아메리카 국가 중 1위를 차지했다.

이러한 쿠바의 근대화와 산업화는 사회적 평등을 추구하는 정부의 정책과 함께 다른 개발도상국들에 비해 훨씬 유리한 수출품의 교역 조건에 힘입은 것이었다. 1980년대 쿠바의 소련 수출용 설탕 가격은 세계 가격보다 5.4배나 높았다. 설탕 수출의 대가로 쿠바는 소련의 석유를 지급받았는데, 쿠바는 이 중 일부를 재수출해 현금으로 교환하기도 했다. 설탕의 교역 조건이 이만큼 유리했기 때문에 쿠바의 설탕 생산량은 총 식량 생산량을 능가했다. 사탕수수 재배 면적이 식량 작물 생산 면적의 3배나 됐고, 국민들이 소비했던 총 열량 중 57%에 달하는 식량이 해외에서 수입됐던 1989년의 통계 수치만 봐도 쿠바의 의존적인 식량 수급 체계를 엿볼 수 있다.

혁명 정부는 재배 밀도가 매우 높은 농지에서 수출 작물을 생산해 내는 데 중점을 두었던 과거의 농업 방식을 그대로 이어받았다. 1959년의 농지 개혁을 통해 대부분의 대규모 목장과 사탕수수 농장이 국영 농장으로 변모했다. 1962년의 2차 농지 개혁에서는 전체 경작지의 63%가 정부 관할 아래에 놓이게 됐다.

혁명이 발생하기 훨씬 전부터도 쿠바에서 개별 농민 생산자individual peasant producer들이 농업 부문에서 차지하는 비중은 극히 미미했다. 농촌 경제는 대규모 수출 농장planta-tion에 의해 지배됐고, 쿠바의 인구 대부분은 도시화됐다. 이런 경향은 혁명 이후에 더욱 강해져서, 1980년 후반에는 전체 인구의 69%가 도시 지역에서 거주하게 됐다. 1994년까지도 국가 농지의 약 80%는 대형 국영 농장이었고, 대부분은 혁명 이전의 대농장주들에게서 몰수한 것이었다. 농지의 20%만이 소농들의 차지로서 거의 대부분은 개인 소유자와 협동조합들이 균등하게 나눠 갖고 있었다. 그러나 이 20%의 농지에서 국내 생산량의 40% 이상에 달하는 농산물이 생산됐다. 국영 농장과 협동조합들이 차지하던 농지의 상당 부분은 근대화가 고도로 진척돼 농기계와 비료, 농약 사용과 대규모 관개 사업을 바탕으로 한 단작이 행해지고 있었다. 자본주의 선진국들의 농법을 차용한 소련의 농법을 그대로 들여온 쿠바 농업은 수입된 농기계, 원유, 화학 물질에 심하게 의존할 수밖에 없었다. 소련과의 교역 관계가 붕괴되면서, 쿠바가 의존하고 있던 단작 체계 농업의 많은 약점이 드러났다.

위기 발발

1989년 후반~90년에 소련과의 교역 관계가 와해되면서, 쿠바 경제는 절박한 상황에 처하게 됐다. 1991년, 쿠바 정부는 국가 전체를 전시 상황과 같이 긴축 체제로 꾸려 가는 "평화 중 비상 시기령Special Period in Peacetime"을 선포했다. 원유 수입량 중 53%에 달하는 소련산 원유 공급이 끊겨 버리면서 쿠바 경제는 연료 수급에 타격을 입었고, 해외 시장에 원유를 재수출해 얻던 수입마저 잃게 되었다. 식용 밀과 기타 곡물 수입량이 50% 이상 감소했고, 다른 식료품의 경우는 이보다 더욱 심각했다. 쿠바 농업 부문은 비료와 농약 공급량이 80% 이상 감소하고, 연료와 석유에서 생산되는 기타 에너지원의 공급량이 50%나 줄어드는 상황에 직면하게 됐다.

미국의 캘리포니아 주와 비교해 봐도 큰 차이가 없던 농업 기술을 영위하던 쿠바는 한순간에 화학 자재의 공급이 끊기고, 연료 공급과 관개 사업마저 급감한데다 식량 수입 체계까지 붕괴되는 위기에 봉착했다. 1990년대 초반 쿠바 국민들의 1일 칼로리 소비량은 1980년대의 30% 이하로 추정될 정도였다. 다행히도, 쿠바 정부는 1989년 이후 몰아닥친 이 위기에 대한 준비를 갖추고 있었다. 이미 수년간에 걸쳐 인력 자원 개발에 힘을 쏟은 쿠바 정부는 혁신적인 아이디어를 개발할 과학자와 연구자 집단을 육성해 두었다. 쿠바 인구는 라틴아메리카 전체 인구의 2%에 불과하지만, 과학자 비율은 11%에 육박한다.

대안 기술 개발

이러한 식량 위기를 극복하기 위해 쿠바 정부는 고투입 농업 체계를 자급자족이 가능한 저투입 농업으로 개편하는 대대적

312 · 이윤에 굶주린 자들

인 사업에 착수했다. 농경지에 투입 가능한 화학 물질의 양이
극심하게 줄어들자, 정부는 생물학적 방법으로 지역에서 생산
할 수 있는 대체 물질을 생산하는 방안 마련을 서둘렀다. 농약
대신으로는 생물 농약(미생물 농약), 곤충·미생물 천적, 내성
품종의 재배, 돌려짓기(윤작), 피복 작물 재배 등이 제시됐다.
화학 비료는 생물 비료, 지렁이, 퇴비 및 기타 유기질 비료, 천
연 인산, 녹비綠肥와 가축 분뇨 등으로 대체됐다. 석유와 타이
어, 부품을 조달할 방법이 없는 트랙터 대신 가축을 사용하는
경우가 급격히 증가했다.

소농들의 위기 대응

1989-90년의 교역 체계 붕괴로 농자재 부족이 심화됨에 따라
쿠바 전역의 농산물 수확량이 급감했다. 농약, 비료, 트랙터 없
이 농사를 짓는 일이 최우선 과제로 떠올랐다. 트랙터를 대용
할 축력을 제공하기 위해 국영 수소 사육장이 점차 늘어났으
며, 생물 농약과 생물 비료 생산이 빠르게 증가했다. 마침내,
지렁이의 분변을 이용한 퇴비 생산vermicomposting과 녹비 사
업이 확산됐다. 그러나 이러한 농법 개발이 가져온 효과는 부
문별로 하늘과 땅만큼 놀라운 차이를 보였다. 공장식으로 운
영되는 수천 헥타르 규모의 국영 농장들에서는 수확량이 예전
으로 회복되기는커녕, 위기 전 수출용으로 생산하던 농산물의
수확량 이하 수준에 머물고 있었다. 반면 소농들이 직접 꾸리
는 소규모 농장(전체 농경지의 20%)들은 재빨리 위기 이전 수

준을 뛰어넘는 수량을 내는 성과를 거두었다. 과연 이러한 차이를 어떻게 설명해야 할까?

소농들은 국영 농장보다 농자재 투입량을 줄이면서도 더 많은 수확량을 쉽게 올릴 수 있었다. 오늘날의 소농 역시도 오랜 세월 동안 저투입 농업의 전통을 가정과 공동체 내에서 익혀온 과거 소농들의 후손이기 때문이다. 소농들은 기본적으로 두 가지 일을 했다. 이들은 우선 사이짓기intercropping와 거름 만들기처럼 그들의 부모와 조부모들이 화학 물질을 도입하기 이전에 사용했던 옛 농법을 되살렸으며, 새롭게 개발된 생물 농약과 생물 비료를 생산 과정에 함께 사용했다.

대안적 기술과 양립하지 못하는 국영 농장

한편, 쿠바의 국영 농업 부문은 비상 시기 이전까지 거슬러 올라가는 노동자들의 낮은 생산성, 거대하고 기술 집약적 경영 조직을 저투입 농법에 완전히 적응시키지 못하는 문제를 함께 안고 있었다. 농업 생산성 문제의 측면에서, 정책 입안자들은 수년 전부터 국영 농장이 농민과 농지의 관계를 심각하게 멀어지게 하는 체계임을 인식하기 시작했다. 수천 헥타르 규모의 대형 농장의 노동자들은 한쪽에서 흙을 고른 뒤, 다른 쪽 농경지로 넘어가 작물을 심고, 또 다른 쪽으로 넘어가 김을 매고, 또 다른 쪽에서 농작물을 수확하는 여러 팀들로 나눠져 있다. 한마디로 어느 노동자도 작물을 심은 뒤 같은 지역에서 경작을 할 수 없는 구조로 돼 있는 것이다. 그렇기 때문에 어느 누구도 자신의 과오에 대한 책임 혹은 노력에 대한 보람을 느낄 수가 없었다.

농장 노동자들이 농토와 보다 친밀한 관계를 갖고, 금전적 보상을 통한 생산성 향상을 이루도록 하기 위해 쿠바 정부는 소규모 농작업 팀이 특정 농지에서 모든 생산 과정에 책임을 지며, 생산성이 즉각 임금에 반영되게 하는 "농민-농지 연계 linking people with the land" 사업을 실시했다. 이 사업은 비상 시기 이전에도 몇몇 국영 농장에서 실시되면서 막대한 수확량 증가를 가져왔는데도, 당시까지 널리 시행되지 않고 있었다.

기술적 관점에서, 외부 투입재의 사용량을 축소시킨 기술이 가져온 규모 효과scale effect 또한 관행 농업의 화학 물질 투여 방식과는 매우 달랐다. 관행 농업에서는, 기술자 한 명이 "처방"에 따라 수천 헥타르에 달하는 농장 전역에 특정 농약이나 비료를 살포하는 농기계로 투여하기만 하면 됐다. 이런 방법은 농업 생태학적 농법agroecological farming과는 거리가 멀다. 농장을 관리하려면 농경지 구획마다 다른 생태학적 차이에 익숙해져야 한다. 따라서 농민들은 어느 부분에 유기물을 더 넣어야 한다거나, 해충과 천적의 출입 경로가 어디인지 등을 반드시 알아야 한다. 이런 점을 무시한 것도 대체자재의 사용에도 불구하고 국영 농장에서 생산량이 증가하지 못한 요인 중 하나이기도 하다. 이 문제도 생산성 문제와 같이 농민들과 토지를 '재연계' 시키면서 해결할 수 있게 됐다.

1993년 중반까지 정부는 복잡한 현실에 직면했다. 수입 농자재의 대부분을 입수할 수 없었음에도, 소농 부문은 높은 효율을 내며 저투입 농업에 적응해 갔다(되레 생산된 농산물이 암시장 등으로 빠져 나가는 이차적 문제가 발생했다). 반면, 국영 부문은 이런 격변의 시기에 적응하지 못한 채 "무용지물"이 되어 가고 있었다. 그러나 과거 시범적으로 실시했던 "연계" 프로그램과 자작농 부문의 성공이 활로를 제시해 주었다. 1993년 9월, 쿠바 정부는 효과적 유기농에 필수적인 소규모 경영 단위를 조직하기 위해 농업 생산 체계를 근본적으로 개편했다. 이러한 개편은 문제가 되어 왔던 국영 부문의 민영화와 협동조합에 중점을 둔 것이었다.

이렇게 쿠바 정부가 국영 농장을 폐지하면서 이를 노동자들이 소유한 기업 또는 협동조합으로 풀이되는 '협동생산 기초조직UBPC'으로 개편하겠다는 정책을 발표한 것에 힘입어 '농민-농지 연계' 사업도 1993년에 절정을 이뤘다. 사탕수수 수출 농장을 포함해 한때 전 농토의 80%에 달했던 국영 농장은 이제 농장 노동자들에게 실질적으로 넘어갔다.

UBPC는 농민 집단에 정부의 농지를 영구적으로 무상 임대해 준다. UBPC의 회원들은 업무를 분담하고, 어떤 작물을 어떤 위치에 심어야 하며, 농자재를 구입하는 데 소요될 자금 등을 결정하는 경영 팀을 선출한다. 정부가 농장의 소유권을 갖고는 있지만, UBPC의 경우는 정부에 의무적으로 주작목 중 일정량을 납부하기만 하면 나머지 농산물은 농민들의 몫이었다. 추측컨대, 농민들이 초과 생산을 달성했던 가장 큰 이유는 바로 농민 시장의 재개장이라고 봐야 할 것이다. 1994년에 시

행된 최종 개혁안은 농민들이 암시장보다 합법적인 경로를 통
해 농산물을 판매하도록 장려금을 지급하는 것은 물론이고 새
로운 농업 기술을 보다 효율적으로 사용할 수 있게 했다.

UBPC의 합병 속도는 초기부터 매우 큰 차이를 보이고 있
다. 옛 지배인이 이제 고용 노동자로 돌아간 것이 유일한 변화
인 곳이 있는가 하면, 농민들이 집단으로 농장을 경영하는 경
우도 있고, 농장 노동자들이 몇몇 친구들과 일하려고 농장을
쪼개서 운영하는 경우도 있다. 대개의 경우 효율적 농장 경영
면적은 급격히 줄어들고 있다. 앞으로 UBPC의 구조가 어떻게
변모할지 예단하기는 어렵다. 그러나 과거에 소외돼 왔던 농
장 노동자들을 자영농으로 완벽히 전환시키려면 시간이 걸릴
것으로 보이며, 이를 위해 많은 UBPC들이 고군분투하고 있다.
장려금은 상당히 성가신 문제다. 대부분의 UBPC들은 사탕수
수와 감귤류 과실 같은 수출 작목에 대해 정부와 생산 계약을
맺고 있다. 이 계약은 아직도 바뀌지 않아 정부의 농산물 판매
부서에는 식량 작물을 재배해 벌 수 있는 돈에 비해 너무나 적
은 돈을 지급한다. 대개의 UBPC들에서 수출 작목의 수확량은
적으면서도 노는 땅이나 과실 혹은 사탕수수를 심은 밭의 사
이사이에 돈이 되는 식량 작물을 생산하는 부업을 갖고 있는
사실이 대수롭지 않을 정도가 되어 버렸다.

식량 부족을 극복하다

1995년 중엽부터 식량 부족 극복에 성공함으로써, 쿠바 국민

대다수는 기본 식량 공급량이 급격히 떨어지는 위기에 직면하는 사태를 피할 수 있게 됐다. 1996-97년 쿠바는 국민들이 필요로 하는 13개 기초 식량 작물 중 10종류에서 최다 생산을 달성하는 개가를 올렸다. 이러한 생산량 증가는 소규모 농장을 통해 이뤄졌으며, 달걀과 돼지고기 증산 역시 뒷마당 사육 급증으로 얻은 결과였다. 신선 농산물을 생산하는 도시 지역의 농민들이 쿠바의 식량 증산에 매우 중요한 부분으로 떠올랐다. 식량 부족을 겪으면서 식량 가격이 폭등하게 되자 도시 농업은 쿠바인들에게 있어 매우 수익 높은 사업으로 떠올랐다. 또한 쿠바 정부가 도시에 채소밭 만들기 사업을 전폭적으로 지원하기 시작하자, 도시 인구 비중과 걸맞은 정도로 많은 채소밭이 생겨나게 됐다. 쿠바의 도시 지역에 있던 공터들과 뒤뜰은 이제 식량 작물과 가축들로 가득해졌고, 도시 전역에 농민 시장보다 상당히 저렴한 가격에 신선 농산물을 생산해 직접 판매하는 사설 판매대들이 생겨났다. 유기 농업에 거의 의존하고 있는 도시 농업이 최근 2-3년간 쿠바의 식량 안보를 보장하는 데 중요한 역할을 해오고 있다는 것은 의심의 여지가 없다.

대안적 패러다임?

이러한 쿠바의 예는 대안적 식품 체계의 윤곽을 보여 주는 본보기일까? 아니면 다른 나라에서 일반적으로 활용할 수 없는 특수한 경우에 불과할까? 우선 쿠바가 전통적 상식을 바꿔 놓았다는 사실부터 지적해야 할 것이다. 많은 사람들은, 작은 국가들은 식량을 자급할 능력이 없기 때문에 지역 농업으로 해결할 수 없는 부족분을 수입으로 충당해야 한다고 믿고 있다. 그러나 쿠바는 주요 무역 관계가 단절된 이후 식량 자급으로 가는 대담한 시도를 펼쳤다. 화학 비료와 농약 없이 국민들을 먹여 살릴 수 있는 국가가 없다는 상식을 깨고, 쿠바는 이런 화학 물질 없이도 식량을 자급하고 있다. 충분한 식량을 생산해 내려면 대형 기업 농장이나 국영 농장 같은 효율성이 필요하다는 속설도 소형 농장이나 정원에서 땀 흘린 쿠바 농민들 앞에서 무너진다. 실제로, 보조금으로 구입한 농기계나 수입 농약 없이도 소규모 농장들은 대규모 생산 조직보다 더 효율적이다. 쿠바는 지역 내 생산을 통해 국제적 식량 원조만이 식량 부족 문제를 해결할 수 있다는 뿌리 깊은 통념에 반기를 들고 있다.

쿠바의 경험에서 볼 때, 대안적인 농업 패러다임은 다음과 같다.

1) 화학 물질을 대신한 생태학적 농업 기술: 사이짓기, 지역에서 생산해 낸 생물 농약, 퇴비와 기타 물질들로 화학 비료와 농약을 대신했다.

2) 농민에게 공정한 대가 지불: 쿠바 농민들은 농산물 가격 인상에 따라 생산량을 점차 늘려 갔다. 일반적으로 볼 때, 농산물 가격이 인위적으로 낮게 책정되면, 농민들의 생산 의지는 떨어진다. 그러나 장려금을 지급하게 되면, 생산 환경이 어떻든 간에 농민들은 증산을 실현해 낸다.

3) **토지 재분배**: 소농과 채소 경작자gardener들은 쿠바의
저투입 농업에서 가장 높은 생산성을 낸다. 사실, 세계 전역의
소규모 농장들은 대형 농장보다 단위당 생산량이 더 많다. 쿠
바에서는 이미 토지 개혁이 이뤄져, 더 이상의 개혁을 반대할
지주 계급이 없어 토지 재분배가 쉬웠다.

4) **지역 내 농산물 생산에 중점**: 쿠바인들은 세계 경제 상황
으로 인한 농산물값 변동과 장거리 수송, 거대 권력의 '호의'
와 상관없이 다음 끼니를 먹는 데 걱정이 없게 됐다. 국지적·
지역적으로 생산되는 먹을거리는 안전성 문제를 해결해 주는
것은 물론이고, 지역 경제를 향상시키는 시너지 효과까지 준
다. 도시 지역의 농업을 장려함으로써, 도시와 근교 지역은 사
실상 먹을거리를 자급하게 됐고, 환경도 미화됐을 뿐 아니라
고용 기회 또한 증대됐다. 쿠바는 우리에게 착취를 줄이면서
도 도시에서 농업이 가능할 수 있다는 전망을 제시한다.

비상 시기의 쿠바는 농장에서 동력 기계를 가동시킬 수
없어 축력을 이용해야 하는 등 특수한 상황에 처해 있었다. 그
러나 다른 국가들이 이 정도까지 기계화를 포기하고도 이런
상황에서 쿠바 같은 농업 발전을 이뤄낼 수 있을지는 미지수
다. 어쨌든 쿠바는 발전을 이뤄내고자 하는 국가들에게 교훈
을 주고 있다. 축력을 이용하고 있는 소규모 농장들도 기술 지
원만 확실하다면, 높은 토지 생산성을 올릴 수 있다는 점이다.
또한, 집약적 대형 농장에서는 생태적으로 건전한 농업이 거
의 불가능하다. 물론, 공업을 발전시키고 동시에 대부분의 식
량을 자급하려는 국가들에게 있어 부분적인 기계화는 피할 수

없겠지만, 쿠바의 예에서 이미 보았듯이, 크지 않은 농기계를 사용하는 단출한 가족 농장과 협동 농장에서 생태적으로 가장 건전하며 노동 생산성이 높은 농사를 지을 수 있다는 점을 인식하는 것도 중요하다.

쿠바의 경험은 생태학적 농업 기술에 바탕을 둔 중·소형 농장들로 국가 전체의 국민들을 먹여 살릴 수 있으며, 그렇게 됨으로써 보다 자급적인 먹을거리 생산이 가능해진다는 점을 시사한다. 농민들은 자신이 생산한 농산물에 대해 높은 대가를 받아야만 하고, 그렇게 되어야만 생산 의욕도 높아진다. 대부분 불필요한 자본 집약적 화학 물질을 농사에 이용하는 일도 줄어들어야만 한다. 생태학적 농업 기술, 공정한 농산물 가격, 농지 개혁, 지역 내 생산과 도시 농업 등 쿠바 농업이 주는 중요한 교훈은 앞으로 어디에나 적용될 수 있을 것이다.

(번역: 류수연)

보 론

기업의 유전자 지배와

농업 지배

박민선

1. 서론

농업 생명 공학은 과거 어떤 기술과 비교해 보아도 농식품 체계에 미치는 영향이 막대할 것으로 평가되고 있다. 농업은 다른 산업과는 달리 살아 있는 생명체를 돌보고 키우는 생산 과정을 포함하고 있다. 또한 유기체의 생명은 유한하기 때문에 유기체의 생명을 이어가기 위해서는 후세대를 재생산하는 것이 중요한 농업 과정의 일부이다. 그리고 이것이 농업이 다른 산업과 달리 자본에 의해 전일적으로 지배되기 어려운 중요한 이유의 하나였다. 농업 생명 공학은 유기체의 이러한 재생산 과정을 기술적으로 통제할 수 있는 수단을 제공해 줄 수 있다는 점에서 자본이 농업을 지배할 수 있는 새로운 가능성을 제공하게 된다.

인류는 오랫동안 자연에 개입함으로써 자연을 변형해 왔는데, 농업의 출발이 되는 종자와 종축의 개량 역시 그러한 과정의 하나이다. 그러나 이러한 종의 개량 과정은 자연의 범위, 즉 종의 한계를 벗어날 수도 없었을 뿐만 아니라 환경과의 상호 작용을 거치는 오랜 개량의 과정이었다. 그러나 유전자 수준의 조작을 가능하게 하는 생명 공학은 종의 범위를 넘어서 생명체의 특성을 조작할 수 있는 가능성을 가질 뿐만 아니라 세대를 이어서 조작된 특징을 보유할 수 있다는 특징을 가진다.

유전자 수준의 조작이 가능하게 되었다는 것은 기업으로 하여금 농업 지배의 새로운 가능성을 열어 주었다는 것을 의미한다. 한랭과 한서 같은 자연의 한계를 극복할 수 있도록 하거나 높은 유지 함량을 가진 작물의 개발이나 비타민 A를 함유한 쌀의 개발 같은 농산물의 성분을 변형시킬 수 있는 기술은 농업이 가진 자연 제약성과 지역 제약성을 극복할 수 있는 가능성을 제공한다. 또한 생물학적 재생산 과정을 거치면서 생산이 이루어짐에 따라 최종 산물의 특성을 적절하게 통제하기 어려운 농업의 한계를 극복하고 원하는 특성을 세대를 이어가면서 유지할 수 있는 수단이 된다. 따라서 농업 생명 공학은 자연의 한계를 넘어 농업 지배를 가능하게 하는 기술적 조건을 제공한다. 이러한 이유 때문에 농업 생명 공학의 발달을 계기로 농식품 관련 기업들의 이 분야에 대한 진출이 활발해졌을 뿐만 아니라 농식품 관련 기업들이 새로운 기술을 자신들의 부가가치를 높일 수 있는 방향으로 적용함으로써 농식품 체계를 통제하고 높은 수익을 창출하고자 한다.

이 글에서는 농업 생명 공학의 현황을 유전자 조작 농산물의 보급 현황과 특성을 중심으로 살펴보고, 유전자 조작 종자 개발을 계기로 나타나고 있는 거대 다국적 농업 관련 기업들의 농식품 체계에 대한 지배 양상을 살펴보기로 한다.

2. 농업 생명 공학의 현황: 유전자 조작 농산물 재배 현황

현재 농식품에 활용되고 있는 농업 생명 공학은 첫째, 가공 식
품 분야로 유전자 변형 미생물을 가공 식품에 적극 활용하는
경우가 대표적이다. 둘째, 동물 분야의 농업 생명 공학으로 의
학용 단백질 생산이나 이식용 장기 생산을 위한 연구가 이루
어지고 있다. 우유 생산을 늘리기 위한 소의 성장 호르몬이 가
장 대표적인 상업적 제품으로 활용되고 있다. 셋째, 식물 분야
로 유전자 조작 종자의 개발이 대표적이며, 초기의 예상과 달
리 동물 분야보다 앞서 상업화에 성공하고 있고, 현재까지 농
업 생명 공학에 대한 논의는 이 식물 분야에 논의의 초점이 맞
추어지고 있다고 보아도 과언이 아니다.

　유전자 조작 농산물이 최초로 상업화된 1996년 이래로
2004년에 이르기까지 유전자 조작 농산물의 생산은 빠르게 확
산되고 있다. 유전자 조작 기술의 보급을 위해 설립된 ISAAA
(International Service for the Acquisition of Agri-Biotech Application)
의 추정 자료에 따르면(ISAAA, 2005),[1] 2004년 유전자 조작 종
자의 식부 면적은 8,100만 헥타르로 1996년 170만 헥타르에
비해 47배나 성장한 것으로 나타나고 있다. 이는 전 세계 경작
지의 5퍼센트에 해당하는 것으로 추정된다. 현재 17개국 825
만 농민이 경작하고 있는데, 그중 90퍼센트가 개도국 농민이
다. 유전자 조작 농산물의 재배 현황을 살펴보면 몇 가지 특징
을 가지고 있다. 첫째, 국가별로 보면 미국(전체 유전자 조작 농
산물 재배 면적의 59퍼센트), 아르헨티나(20퍼센트), 캐나다(6

퍼센트), 브라질(6퍼센트) 순으로 나타나고 있어 기존의 농산물 수출국이 유전자 조작 농산물의 주요 생산국임을 보여 준다. 이 가운데 브라질은 2003년 유전자 조작 농산물의 재배를 허용한 이래 재배 면적이 급격하게 늘었다. 유전자 조작 대두에 대해 강하게 저항하던 브라질의 변화가 주목된다.

아시아 국가 가운데 중국과 인도의 재배 면적이 각각 370만 헥타르(5%퍼센트), 50만 헥타르로, 아시아의 대규모 농업 국가에서의 유전자 조작 농산물의 증가도 주목된다. 아직까지 이 두 나라의 유전자 조작 농산물 재배는 면화 생산이 대부분이지만, 가까운 장래에 중국에서 유전자 조작 쌀 재배가 허용될 것이라는 예측이 우세한 가운데, 세계의 가장 많은 인구가 주식으로 삼고 있는 쌀의 유전자 조작 허용 여부가 앞으로 미칠 파급 효과, 특히 아시아 지역에서의 파급 효과는 막대할 것으로 예상된다.

둘째, 작물별로는 4개 작물에 집중되어 있는데, 대두가 가장 많아서 전체 유전자 조작 농산물의 60퍼센트이며, 이어서 옥수수(23퍼센트), 면화(11퍼센트), 그리고 유지 작물인 카놀라(6퍼센트) 순이다. 현재 유전자 조작 농산물은 이 4개 작물이 거의 전부라고 해도 과언이 아닐 것이다. 대두의 경우에는 유전자 조작 농산물의 식부 면적이 전 세계 대두 식부 면적 중 56퍼센트(2003년 55퍼센트)에 이르며, 면화는 28퍼센트(2003년 21퍼센트), 카놀라는 19퍼센트(2003년 16퍼센트), 옥수수는 14퍼센트(2003년 11퍼센트)에 이른다. 이 4개 작물은 사료용이나 가공용으로 대량 유통되고 있는 작물이다. 가장 중요한 식량 작물인 밀과 쌀의 유전자 조작 농산물의 상업화가 아직 허용되지 않은 상태에서 가장 중요한 상업적 작물이라고 볼 수 있는 이들 4개 작물에 대한 유전자 조작은 이들 작물의 세계 시장 규모로 보면 당연한 결과인지도 모른다.

셋째, 특성별로 보면 제초제 내성 작물이 72퍼센트를 차지하고 해충 내성을 가진 Bt 작물이 19퍼센트, 제초제 내성과 해충 내성 두 가지 특성을 모두 가진 작물이 9퍼센트를 차지하고 있어, 현재 생산되는 거의 모든 유전자 조작 농산물은 이 두 가지 특성을 가지고 있다. 이러한 농산물은 최종 특성은 변형하지 않은 채 제초제 내성이나 병충해 내성 같이 생산 과정을 통제하기 위한 공급자 위주의 소위 1세대 농업 생명 공학 제품으로, 아직까지 이러한 특성이 압도적으로 크다는 것을 보여 준다. 특히 제초제 내성 작물의 비중이 81퍼센트에 달하고 있는 점으로 볼 때, 종자와 제초제를 결합하여 판매하는 것이 농업 생명 공학 기업의 주요 수익 모델이며, 따라서 종자 기업과 화학 기업의 결합에 의해 농업 생명 공학의 발전 방향이 결정되고 있음을 알 수 있다.[2]

넷째, 몬산토라는 단일 기업이 유전자 조작 농산물 종자 시장의 88%를 차지하고 있다(ETC, 2005b). 이는 유전자 조작 농산물의 성패가 아직까지 몬산토에 의존하고 있음을 말해 준다. 그러나 벼에 대한 유전자 해독을 마치고 비타민 A가 함유된 골든 쌀을 개발하는 등 벼에 대한 지배력을 보유한 신젠타 Syngenta(ETC, 2005a), 유럽에서 큰 영향력을 행사하고 있는 바이에르Bayer 역시 유전자 조작 분야에서 영향력을 행사할 수 있는 잠재력을 보유한 것으로 평가되고 있다. 또한 2004년까지 종자 시장에서 가장 높은 시장 점유율을 보였던 듀폰(파이오니아) 역시 유전자 조작 종자가 종자 수입의 50%를 차지할 만큼 유전자 조작 종자의 비중을 높이고 있다(ETC, 2005b). 앞으로 유전자 조작 농산물의 특허와 상업화에 대한 국제 사회와 각국의 결정에 따라 유전자 조작 농산물에 대한 기업의 연구 개발 방향이 결정될 것으로 보인다.

3. 유전자 지배와 농업 지배

가. 종자의 상품화와 사유화: 녹색 혁명과 농업 생명 공학

농업의 재생산이 종자를 매개로 하여 이루어진다는 점에서 종자와 종자의 핵심인 유전자에 대한 지배는 농식품에 결정적인 변혁을 가져오는 계기가 되며, 다른 상품의 사유화와 달리 그 사회적 영향은 인간의 생존 자체에 영향을 미친다고 해도 과언이 아닐 것이다. 종자의 사유화와 상품화는 종자가 가진 생명체로서의 특성 때문에 기술적이고 제도적인 수단 없이는 불가능하다. 따라서 종자의 사유화와 상품화 과정은 바로 이를 가능하게 한 기술적이고 제도적인 수단들을 만들어 가는 과정의 역사라고 볼 수 있을 것이다. 따라서 종자의 사유화와 상품화 과정을 이해하는 것은 종자를 둘러싼 이해관계 집단의 성격을 이해하고 종자와 유전자를 둘러싼 기업의 농업 지배 양상을 파악하는 데 도움이 될 것이라고 판단된다.

산업 사회에서의 상품은 균일한 품질의 대량 생산을 조건으로 성립된다. 물론 포스트포디즘의 단계에서는 다품종 소량 생산을 통해 특별한 소비층을 겨냥한 상품이 더 많은 부가가 치를 생산하는 것으로 평가받지만 이것 역시 제품의 최종 특징을 통제할 수 있는 생산자의 능력을 전제로 한 것이다. 이에 비해 종자는 그것이 가진 독특한 성격으로 인해 상품화가 매우 어렵다. 종자가 생기기 위해서는 감수 분열, 개화 및 수정 과정을 거쳐야 하는데, 이 과정에서 유전자의 이동, 염색체의 재조합 및 교차 등이 일어나는 유전적 변이가 나타나게 된다. 유전적 변이는 균일한 제품의 대량 생산과 판매라는 산업적 논리와 모순되는 성격을 가지고 있다. 그러나 유전적 변이는 종의 다양성을 보장함으로써 인류가 자연과의 오랜 상호 작용을 통해 생존을 지속할 수 있는 조건을 제공하기도 하였다. 종의 다양성은 갑작스런 기후 변화와 병해충을 이겨낼 수 있도록 해주는 안전판과 같은 역할을 하였다. 그러나 제품의 최종 특성을 생산자가 목적에 맞도록 설계할 수 없다는 사실, 즉 종자는 자연의 영역에 속한다는 점이 종자의 상업화를 어렵게 하는 이유이다.

종자의 상품화를 어렵게 하는 또 하나의 요인은 종자가 스스로 재생산될 수 있다는 점이다. 다른 제품과 달리 종자는 일단 판매된 후에 다시 구입하는 것이 아니라 스스로 재생산되어 종자의 형태로 농민의 손에 남아 있게 된다. 자본의 입장에서 보면, 이는 기업 투자로 만든 유전적 정보가 종자를 통해 농민의 소유로 넘어가게 되는 것이다. 그런 점에서 클로펜버그는 종자를 "생산물이면서 동시에 생산 수단"(Kloppenberg,

1998)이라고 부른다. 생산 수단을 보유한 소생산자가 전일적으로 자본의 지배를 받지 않는 것처럼 생산 수단인 종자를 보유한 농민은 그것을 경작할 땅을 구할 수 있으면 소생산자로서의 지위를 확보할 수 있다. 이런 점에서 종자는 자본의 지배로부터 농민을 자유롭게 하는 매체이기도 하다. 다시 말하면, 끊임없이 스스로 재생산되는 종자를 보유하는 한 농민은 소생산자로서의 독립성을 유지할 수 있게 된다.

종자의 상품화를 어렵게 하는 이러한 요인들을 극복하기 위해서는 종자의 최종 특성을 종자 개량자가 통제할 수 있고, 최종 산물인 종자를 농민의 손에서 떼어 놓을 수 있어야 한다. 이러한 종자의 상품화를 가능하게 한 계기가 바로 녹색 혁명과 유전자 공학이었다. 인류에 의해 오랜 기간 동안 종자 개량의 역사가 이어져 온 것은 사실이지만, 종자 개량은 사적 영역보다는 주로 공적 영역에서 이루어졌다. 녹색 혁명 이전에는 미국에서도 종자는 주로 주립 대학Landgrant University에 의해 개발되었으며, 주립 대학의 지도Extention 체계를 중심으로 종자가 보급되었다. 이러한 이유 때문에 종자 기업은 소규모의 지방 기업 수준을 벗어날 수 없었으며, 이들은 주로 주립 대학 등에서 개발한 종자를 지역의 자연 조건에 적합하도록 적응시키는 역할을 맡았다. 종자 산업이 지역 산업으로서의 성격을 띠고 있었던 것은 지역의 자연 조건에 적합한 종자를 생산해야 하는 필요성 때문이었다.

그러나 녹색 혁명은 종자의 개발과 보급에 사기업이 진출할 수 있는 계기를 마련해 주었다. 교배종 종자의 경우, F2 세대에는 F1 세대가 가지고 있던 우수한 특성을 보전할 수 없다. F2 세대는 F1 세대와 유전적으로 동일하지 않기 때문이다. 대체로 F2 세대는 생산량이 떨어지고 변이가 많이 발생하기 때문에 교배종 종자를 재배하는 농민들은 매년 종자 시장에서 종자를 구입하게 되었다. 교배종 종자의 이러한 성격이 종자의 상업화를 가능케 하는 조건이 되었다. 종자의 상업화를 가능케 한 교배종 종자를 상품으로 유통시키기 위해서는 공공 기관이 종자의 직접 생산자가 되지 않아야 했다. 종자업계는, 대학 같은 공공 기관은 유전학 같은 기초 과학에 대한 연구를 맡고 제품(즉, 종자)의 생산과 보급은 사기업이 맡는 소위 산학 협력의 분업 관계가 이루어져야 한다는 목소리를 내기에 이르렀다. 이러한 종자업계의 청원에 따라, 기초 과학 연구는 대학이 담당하고 제품 개발은 기업이 담당하는 종자 생산의 분업 관계가 시간이 흐르면서 정착하게 되었다. 비단 미국만이 아니라 영국을 비롯한 유럽에서도 이러한 주장이 제기되었고, 그 결과 유럽에서도 역시 이러한 새로운 분업 관계가 정착되었다(Goodman & Redclift, 1991).

이러한 녹색 혁명의 전례는 유전 공학의 경우에도 유사한 전철을 밟는다. 녹색 혁명은 교배종 옥수수의 신화를 만들어냈지만, 그것은 매우 제한된 성공이었다. 사실 교배종 종자의 개발은 매우 제한된 작물에서만 성공하였다. 밀·콩 같은 주요 작물에서는 이 기술을 활용할 수 없었으며, 더구나 유전 공학과 비교하면 녹색 혁명은 '종'의 경계를 벗어날 수 없었던 것이다. 교배종 다수확 종자의 개발은 주로 생산량 증대를 위한 반응성을 높이는 데 초점이 맞추어졌지만, 유전자 조작 기술은 이론적으로 어떤 작물에도 적용 가능할 뿐만 아니라 생명체로부터 어떤 유전자든 추출하여 주입할 수 있는 기술이다. 생명체가 가지고 있는 모든 유전자를 종자 개발의 원료로 사용할 수 있으며, 어떤 생물체도 유전자 조작을 통해 변형 가능하다. 또한 교배종 종자는 상품으로 종자를 생산하기 위해 직접 농사를 지어 채종採種해야 하는데 반해, 유전 공학은 조직 배양이나 복제의 방법을 통해 영농 없이 실험실에서 대량 생산이 가능해졌다.

종자의 상업화와 유전자 조작을 통한 종자의 조작은 농업에서 종자가 가지는 중요성 때문에 농업의 성격을 바꾸는 데 큰 영향을 미쳤다. 종자의 생물학적 본성을 통제하는 것은 농업 생산의 전 과정을 통제하는 결정적 요소이다. 종자는 종자 제공자가 다른 투입재의 성격을 결정하는 독특한 위치를 차지하도록 만든다. 사실상 비료나 농약 같은 농업 투입재(농업 자재)는 종자가 가지고 있는 유전적 특징을 발현하도록 촉진하는 것이 중요한 역할의 하나이다. 농민들로 하여금 질소 비료를 대량으로 사용하게 한 것은 대량으로 투입한 질소를 옥수수 수확량으로 바꿀 수 있는 식물 육종, 즉 교배종 옥수수의 개발이었다. 또한 토마토 수확기가 성공적으로 보급될 수 있었던 것은 기계 설계자가 식물 육종자와 긴밀하게 협력하였기 때문이다. 부드러운 가지를 가지고 과실이 순차적으로 서서히 익는 토마토를, 딱딱한 가지를 가지고 과실이 한꺼번에 익는 크리스마스트리 같은 토마토 종자로 개량하지 않았다면, 토마토 수확의 기계화는 불가능하였을 것이다(Lewontin, 1998). 농자재 산업뿐만 아니라 농산물의 최종 특징을 결정하는 종자의 특성 때문에 종자는 영농 이후의 유통 · 가공 · 저장의 방향을 결정하는 독특한 위치를 점하게 된다. 따라서 종자를 지배하는 것은 농자재 산업은 물론 영농 후의 가공 · 유통을 장악하는 기반이 된다.

유전 공학이 확산되면서 몬산토와 듀폰 같은 세계적인 농화학 기업들이 종자 회사를 인수하고 카길이나 콘아그라 같은 곡물 기업이나 식품 가공 기업들이 종자 기업을 직접 인수하거나 이들 기업과의 전략적 제휴를 적극적으로 도모하는 것은 바로 이러한 이유 때문이다. 몬산토가 개발한 제초제 내성 종자가 몬산토의 라운드업 레디 제초제에 내성을 가지도록 유전자를 조작한 것은 기업들이 종자를 매개로 종자와 함께 농화학 제품을 패키지로 판매하는 것을 목표로 하고 있다는 것을 보여 주는 전형적인 예이다. 위에서 살펴본 바와 같이 제초제 내성 작물이 전체 유전자 조작 작물 식부 면적에서 차지하는 비중은 81%에 이를 정도로 압도적이다. 농화학 기업에서 출발한 몬산토는 2004년 유전자 조작 종자의 판매 수입이 농화학 제품의 판매 수입을 능가하는 실적을 보인 것(ETC, 2005b)에서 알 수 있듯 농화학 기업에서 농업 생명 공학 기업으로의 변화를 꾀하고 있다.

유지 성분을 줄인 담백한 감자 칩 생산을 위해 유전자를 조작한 감자를 개발하거나 토마토케첩 생산을 위해 수분이 적은 토마토를 개발하는 것 등은 농식품 가공 회사가 유전자 조작을 통해 큰 이윤을 남길 수 있다는 것을 보여 준다. 따라서 식품 가공 기업 역시 종자를 조작하기 위해 종자 기업을 인수하거나 전략적 제휴를 통해 종자를 지배하기를 원한다. 세계적 곡물 기업이자 사료와 곡물 가공 기업인 카길과 몬산토, 미국 제일의 식품 가공 기업인 콘아그라와 듀폰, 세계 제일의 농화학 기업이며 종자 기업인 신젠타와 거대 곡물 기업이며 곡물 가공 업체인 ADM이 서로 제휴하는 것은 바로 이러한 이유 때문이다(Heffernan etc, 1999).

생명 공학 기업들은 종자의 산업화를 보장하기 위한 수단으로서 기술적 · 제도적 장치를 활용한다. 유전자 조작 종자에 대한 특허는 유전자와 종자를 사적 소유물로 인정하는 것으로서, 농가 간의 상호 교환이나 판매를 금하는 것은 물론 자가 채종을 통해 종자를 다시 사용할 수 없도록 금지하고 있다. 이는 매년 농민을 종자 시장으로 불러들이기 위한 방법으로, 스스로 재생산되는 종자를 농민으로부터 떼어내기 위한 제도적 수단이다. 사적 재산으로 특허를 받은 종자를 지키기 위해 종자 기업은 현지에 감시원을 두고 농장을 순회하거나 농민들로 하여금 이웃 농가를 감시하도록 부추기고 있다.

그러나 특허 제도는 종자의 상품화를 보장하기 위해 끊임없이 시간과 비용을 들이도록 요구한다. 이러한 한계를 극복하기 위해 기업들은 기술적 조작을 통해 종자를 지배하려고 시도하고 있는데, 소위 터미네이터terminator 기술이나 트레이터traitor 기술로 알려진 유전자 활성 통제 기술(Genetic Use Restriction Technologies: GURTs)이 바로 그것이다.[3] F2 세대

의 발아를 통제하는 터미네이터 기술이나 특정 기업의 화학제
품과 같이 특정 조건 하에서 유전자가 발현되도록 통제하는
트레이터 기술 모두, 유전자를 조작함으로써 종자가 가진 유
전자원을 기업의 통제 하에 둘 수 있는 기술이다. 터미네이터
기술을 지금까지 개발된 유전자 조작 기술 가운데 가장 가공
할 기술로 평가하고 있는 ETC(Action Group on Erosion, Tech-
nology and Concentration)는 GURTs를 특허나 변호사 없이 기
간에 구애받지 않고 영원히 식물 유전자원을 독점하는 도구라
고 지칭하고 있다(ETC, 2005a).

유전자 조작에 반대하는 시민 단체들과 제3세계 정부와
농민들의 반대로 이러한 기술이 실질적인 모라토리엄 상태에
있음에도 불구하고, 미국 농무부는 이 기술의 일부 특허권자
일 뿐 아니라 캐나다 정부는 국제 사회에서 터미네이터 기술
승인을 위해 적극적인 외교 활동을 시도하고 있다. 또한 이 기
술에 대한 특허를 가지고 있는 몬산토를 비롯해, 신젠타 같은
기업들은 계속 특허 출연을 시도하고 있다. 기업 측에서는 터
미네이터 기술을 유전자 오염을 막을 수 있는 유용한 기술이
라고 주장하는 한편, 수확 후 고온 다습한 조건 하에서 종자에
서 싹이 나는 것을 방지함으로써 수확량 감소와 품질 저하를
방지하는 등의 유리한 점을 가지고 있다고 주장하다. 그러나
만일 터미네이터 종자를 승인할 경우 종자 기업들은 자신들이
판매하는 모든 유전자 조작 종자에 이 기술을 적용하게 될 가
능성이 매우 높다. 이러한 방법이 가장 싼 비용으로 농민을 매
년 시장에 불러들이는 확실한 수단이기 때문이다. 그러나 이

러한 기술이 도입되어 주변 근친종과의 교배를 통해 불임 유
전자가 자연 속에서 확산될 경우 재앙에 가까운 결과를 초래
할 수 있다는 우려가 강하게 제기되고 있다. 이러한 반대에도
불구하고 기업들이 실질적인 모라토리엄 상태에 있는 유전자
활성 통제 기술에 대한 특허를 계속 시도하는 것은, 종자의 상
품화를 위해 가장 좋은 방법이 바로 종자의 자기 재생산 능력
을 통제하는 것이기 때문이다. 특허가 제한된 기간 동안 종자
를 사유화하는 수단이라면, 이러한 기술은 영구히 종자를 사
유화하는 수단이라고 보아도 과언이 아니다.

나. 유전자원을 지배하는 기업들

앞에서 살펴본 것처럼 종자는 농자재 산업과 농식품 가공 · 판
매 체계를 연계하는 매개체이다. 교배종 종자 개발이 종자의
상품화를 가능케 하고 촉진시켰다면, 유전자 조작 기술은 농
자재 산업과 농업 생산 후의 전 과정, 다시 말하면 농식품 체
계 전체를 종자를 통해 지배할 수 있는 계기가 된다는 점에서
그 영향은 더욱 막대하다. 바로 이러한 이유 때문에 현재 종자
를 지배하는 기업들은 단순한 종자 기업이 아니라 농식품 체
계를 지배하는 거대한 초국적 기업이며, 종자와 유전자를 지
배함으로써 그 지배력의 위상을 더욱 확고히 하려고 시도하고
있다.

농식품 체계를 지배하는 기업들에는 과거 농업 관련 산업
agribusiness에 속한 기업들뿐만 아니라 제약 · 수의학 기업과
소위 생명 공학 부문의 기업들이 두루 포함된다. 앞으로 식품

과 의약품의 경계가 사라질 것으로 예상됨에 따라 이들 기업
들은 유전자 조작을 통해 영양 의학 제품nutriceuticals이나 기
능성 식품 같은 소위 3세대 농업 생명 공학 제품을 개발함으
로써 높은 부가가치를 획득하고자 한다. 기술적으로도 유전
공학은 업종 간의 경계를 무너뜨리고 상당한 시너지 효과를
누릴 수 있을 것으로 기대되기 때문이다.

　종자에 대한 거대 농식품 기업의 지배는 종자 기업을 농
화학 기업이 인수하기 시작한 1990년대 중반 이후에 시작되었
다. 몬산토를 비롯한 초국적 농화학 기업들이 종자 기업을 적
극적으로 인수하였으며, 2000년대에 들어서면서 다시 제약 기
업들이 농업 생명 공학 기업들을 인수하거나 합병하면서 농업
생명 공학·농화학·종자·제약은 업종의 경계를 넘어 단일
기업군에 의해 통합돼 가는 현상을 보이고 있다. 농업 생명 공
학에 진출하고 있는 기업을 중심으로 보면, 신젠타·몬산토·
듀폰을 비롯한 거대 생명 공학 기업이 종자 기업을 장악하고
있고, 이들 기업은 제약 기업과도 연계를 강화하고 있다. 신젠
타와 몬산토가 이러한 경향을 보여 주는 대표적인 사례인데,
신젠타는 노바티스와 아스트라제네카가 공동 투자하여 만든
기업으로 세계 농화학 제품 매출 1위, 종자 매출 3위, 의약품
으로는 노바티스와 아스트라제네카가 각각 8위와 4위를 차지
하고 있다. 반면 몬산토는 농화학 매출 3위, 종자 매출 1위를
기록하고 있다. 몬산토는 미국의 제약 기업인 파마시아에 인
수되었다가 그 후 다시 분리spin off되었다. 2005년에는 몬산
토가 세계에서 가장 큰 채소 종자 기업인 세미니스Seminis를

	농화학	종자	식음료 (가공)	제약	Biotech & Genomics	동물 제약	식품 소매업
1997	85%	32%	16%	85%			
2000	84%	30%		84%			
2002	80%*	1/3	37%**	53%***	54%	62%	57%****
시장 규모 (달러)	278억	233억	2조		420억		

주: * 상위 6개 기업 시장 점유율: 70%
    ** 100대 기업 시장 점유율의 37% (20대 기업: 53%)
    *** 118개 제약 회사 중 시장 점유율
    **** 30개 주도적 식품 소매업 중 10대의 기업 시장 점유율
자료: ETC(2002, 2003)에서 작성함.

표 1. 농식품 관련 기업의 시장 점유율(상위 10대 기업의 세계 시장 점유율)

인수함으로써 세계에서 가장 큰 종자 기업의 위치를 차지했다.[4] 한편 세계 2위의 종자 기업인 파이오니아의 경우는 듀폰이 주식의 20%를 투자하고 이사회의 일부를 차지하는 조건으로 지배하고 있는데, 듀폰은 농화학 분야에서 세계 5-6위를 차지하고 있다. 이들 기업들은 농화학 · 종자 · 제약 분야에서 높은 시장 점유율을 차지하고 있을 뿐만 아니라 업종 간의 결합을 통해 농식품 체계의 전 과정을 수직적으로 통합함으로써 그 지배력을 높이려고 시도하고 있다. 표 1에서 볼 수 있는 것처럼 초국적 농업 관련 기업들은 각 부문에서 높은 집중도를 보이고 있을 뿐만 아니라, 표 2에서 볼 수 있는 것처럼 농화학, 종자, 제약 기업 간의 연계를 강화하고 있다.

농업 생명 공학 기업 Gene Giant	농화학 매출		종자 매출5)			의약품 매출	
	2000년	2003년	2000년	2003년	2004년	2000년	2003년
신젠타*	1	1	3	3	3	4***** 7*****	4***** 8******
몬산토 (세미니스)**	2	3	2	2	1	8	1*******
아벤티스***	3	농업 부문 매각	10			5	6
BASF	4	4				제약 사업 매각	
듀폰 (파이오니아)	5	6	1	1	2	제약 사업 매각	
바이에르	6	2		10****	8	18	
다 우	7	3	7				

주: 2000년 기준 농업 생명 공학 7대 기업(2000년 매출 순위)을 중심으로 표를 작성함.

 * 2000년 노바티스+아스트라제네카가 출자하여 만든 농업 관련 기업

 ** 2005년 몬산토가 세미니스를 인수함. 이로써 몬산토(+세미니스)는 듀폰을 젖히고 종자업계의 1위를 차지함.

 *** 바이에르가 아벤티스(롱프랑+헥스트) 크롭사이언스를 인수

 **** 바이에르 크롭사이언스

 ***** 아스트라제네카, ****** 노바티스

 ******* 화이자와 파마시아가 2003년 4월 합병(12%의 시장 점유율)하였다 가 파마시아가 다시 몬산토에서 지분을 회수함.

자료: 매출 순위는 ETC(2000, 2003, 2005b)를 참고로 작성.

표 2. 농업 생명 공학 기업의 관련 산업에서의 순위

초국적 기업의 종자 기업 인수는 종자 기업이 가지고 있던 유전자원과 육종 능력, 그리고 농민에 대한 접근성을 확보할 수 있는 통로가 되었다. 이에 비해 종자 기업은 유전 공학에 투자해야 할 막대한 연구 개발비와 포장시험 등의 안전성 규제를 견뎌내기 어렵고 특허 출연을 위해 투자해야 할 막대한 시간과 자금을 감당하기도 어려웠으므로 자본력이 우세한 기업과의 합병을 받아들였다. 사실상 유전 공학에 접근할 수 없었던 종자 기업은 경쟁이 불가능하다고 판단하여 농업 생명 공학 기업과의 합병을 원했던 것이다. 아울러 유전자 조작 종자에 대한 재파종 금지가 보편화되면서 종자 시장이 크게 확대된 것도 종자 기업이 합병을 받아들인 이유의 하나가 되었다.

현재 세계 종자 시장의 규모는 300억 달러(ISF, 2005)에 이르는 것으로 추정되고 있는데, ETC의 추정에 따르면 세계 10대 종자 기업이 세계 시장의 3분의 1을 차지하고 있다. 이는 농화학 기업이나 식음료 · 제약 · 수의약 · 식품 소매업의 시장 집중도에 비해 낮은 수준이긴 하지만, 종자가 자연 제약적 성격을 가진 산업이란 점을 감안하면 이들 초국적 기업들의 지배력은 매우 위력적이라고 할 수 있다. 그리고 위에서 살펴본 바와 같이 생명 공학의 발달이 종자업계의 판도를 바꾸고 있으므로, 따라서 유전자 조작 농산물에 대한 세계의 반응에 따라 종자업계의 대응도 달라질 것으로 보인다. 그러나 이들 기업들은 유전 공학이란 강력한 도구를 관철하기 위한 제도적 · 기술적 시도를 쉽게 포기하지는 않을 것으로 예상된다.

농식품 기업의 수평적 · 수직적 통합이 심화되면서 소위

'유전자에서 슈퍼마켓까지' 지배하는 거대 농식품 기업군이 형성되고 있다. 이러한 현상의 이면에는 농업 생명 공학의 대두와 농업 생명 공학에 접근하려는 농식품 기업들의 움직임이 그 중요한 동인이 되고 있다. 이러한 거대 농식품 기업군의 동향을 추적하고 있는 헤퍼난Heffernan 등은 몬산토-카길, 신젠타-ADM, 콘아그라 기업군corporate clusters을 제시하고 있는데, EU에서는 듀폰까지 4개 기업군을 제시하고 있다. 그리고 콘아그라와 듀폰의 제휴 움직임도 파악되고 있다(Heffernan, 1999a, 1999b; Heffernan & Hendrickson, 2002; Hendrickson, 2001; EU, 2000; ETC, 2003).[6] 몬산토-카길, 신젠타-ADM은 농화학 기업이자 종자 기업인 몬산토와 신젠타가 각각 다국적 거대 곡물 기업(1차 가공을 포함)인 카길 및 ADM과 결합하고 있음을 보여 주는 것이며, 거대 농식품 가공 기업인 콘아그라는 농화학 기업이며 종자 기업인 듀폰과 제휴하고 있다.

가장 큰 종자 기업인 몬산토와 가장 큰 곡물 기업인 카길의 결합은 유전자로부터 농산물 가공과 판매에 이르는 수직적 통합의 예로 볼 수 있다. 콘티넨탈 그룹의 곡물 사업 부문을 인수한 카길은 세계 곡물 거래의 50% 이상을 지배하는 것으로 추정되는데,[7] 카길은 곡물 저장 시설을 더 많이 확보함으로써 고부가가치를 보장할 수 있는 원형 유지 작물identity-preserved products 취급자로서의 위치를 확보하고 농업 지역의 핵심부에서 주변 지역의 농민들과 생산 계약을 맺을 수 있는 위치를 차지했다고 평가되고 있다. 1998년 생명 공학 분야에 접근하지 못했던 카길은 국제 종자 사업 부문을 몬산토에 판매하고 몬산토와 제휴를 강화하였다. 카길은 몬산토에 종자 기업을 매각하기 전까지는 종자 기업을 공격적으로 인수하였던 것으로 알려지고 있는데(Kneen, 2002), 카길 같은 자본력을 가진 기업 역시 농업 생명 공학에 대한 진입이 쉽지 않았고, 이 때문에 카길이 종자 사업을 포기한 것으로 알려져 있다. 그후 카길은 미국 내 종자 부문도 매각하였다.

카길과 몬산토는 식품 체계의 각 단계에서 각각 최고의 입지를 가졌던 기업으로 농식품 체계를 지배하기 위해 필요한 파트너로서 쉽게 결합할 수 있었다. 이 두 기업은 카길의 곡물과 유지 작물 가공 및 전 세계 판매를 종자 단계에서 연계하는 합작 투자를 하고 있다. 이 기업들 간의 연계로 (종자의 배후에 있는) 유전자에서부터 곡물의 생산, 가공, 사료 생산, 농민과의 계약 재배를 통한 육류 생산과 가공에 이르는 일련의 농식품 체계의 단계들을 수직적으로 통합하는 체계를 가지게 되었다. 최근에는 카길이 미국 식품 소매 분야에서 가장 시장 점유율이 높은 크로거Kroger Co.와 쇠고기 장기 납품 계약을 맺고 있는 것으로 추적되고 있다(Heffernan & Hendrickson, 2002). 즉, 몬산토와 카길, 그리고 크로거로 이어지는 기업 연계를 통해, "유전자에서 슈퍼마켓"에 이르는 기업 연계가 형성되어 가고 있다.

카길과 몬산토의 결합은 유전자 조작 종자와 농자재를 함께 공급할 수 있는 몬산토와 곡물 · 식품 가공 기업인 카길이 수직 통합 관계로 맺어진 기업 연합 형태이다. 이러한 수직 통합의 한 단계를 농민이 맡고 있는데, 농민은 기업과 계약 관계를 맺고 농지와 노동력을 제공하여 식물의 생육 과정을 돌보

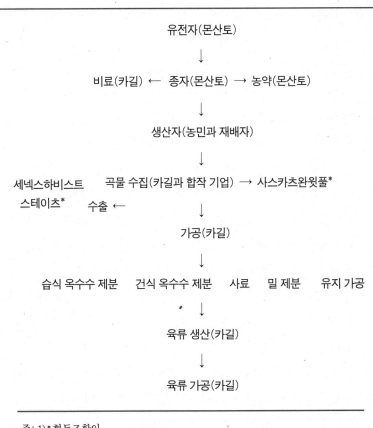

주: 1)* 협동조합임.

　　2) 협동조합 부분의 표시는 필자가 함.

자료: Heffernan(1999a)에서 작성함.

그림 1. 몬산토와 카길의 제휴에 의한 수직적 통합의 예

는 역할을 하는 것으로 전락하게 된다. 농민은 전체 농식품 생산 과정에서 기후나 질병 같은 통제하기 어려운 자연 조건과 생명체의 생물학적 시간에 종속되어 노동해야 하는 가장 통제하기 어려운 과정, 따라서 자본은 기꺼이 담당하려고 하지 않는 과정을 맡는다. 기업과의 계약 과정에서 농민은 노동 과정을 스스로 통제하고 노동의 산물인 농산물 판매를 독자적으로 결정하는 권한을 점차 상실해 가고 있다.

　개별 농민뿐만 아니라 농민의 시장 교섭력을 높이기 위해 조직된 농업협동조합조차도 점차 거대 농식품 기업군의 수직적 통합 과정에 포섭되고 있다. 대규모 곡물 협동조합은 곡물 수집 및 유통 단계에서 초국적 거대 농업 관련 기업들과 연계를 강화하고 있는 것으로 나타나고 있는데, 파트너 관계를 유지하거나 합작 사업 투자, 나아가서는 거대 기업이 협동조합의 비의결권 주식을 보유하는 형태로 제휴가 이루어지고 있다 (Heffernan, 1999a, 박민선 2004). 수직적 통합이 심화되고 농식품 체계가 세계화되면서 기업은 농민에 대한 접근성을 높이기 위해 협동조합과 연계하고, 대규모 협동조합은 변화하는 환경 속에서 생존하기 위한 전략으로 세계적 판매망을 가진 다국적 기업과 제휴를 받아들이고 있다.

4. 기업의 유전자 지배와 농업의 위기

지금까지 살펴본 것처럼 농업 생명 공학은 농식품 체계를 지배하기 위한 기업들의 제도적 · 기술적 노력을 통해 발전되어

왔다. 농업 관련 기업들이 장악하고 있는 농업 생명 공학 분야
는 자본이 가장 진출하기 어려운 농업에서 그동안 자연의 영
역이었으며 공동 소유의 영역이었던 생명체와 유전자를 사유
화하여 기업의 지배하에 두려는 방향으로 발전되어 왔다. 농
업 생명 공학은 농식품 체계 내에서 새로운 기술을 매개할 수
있는 수단으로서 종자의 가치를 획기적으로 높였다는 점에서
비단 종자업계뿐만 아니라 농식품 체계 전반에 획기적인 변화
를 가져오고 있다. 종자 산업에서의 기업의 집중과 거대 다국
적 농식품 기업의 수직적 통합의 진전은 세계적으로 식량의
공급이 몇 개 기업의 시장 지배 전략에 의해 좌우될 수 있음을
보여 준다.

　앞으로 유전자 조작 농산물이 보급되면 그동안 자가 채종
에 의존하던 농민들 가운데 더 많은 농민들이 종자 시장에서
종자를 구입하는 형태로 변화하게 될 것이다. 종자의 상품화
는 다른 모든 상품과 마찬가지로 동질적 제품의 대량 생산과
대량 판매를 전제로 성립되는 것이다. 이는 균일한 대량 농산
물을 전 세계적으로 유통시키는 농업 생산 방식, 즉 농업의 세
계화와 단작화, 그리고 이로 인해 필연적으로 초래될 유전자
원의 단일화 경향을 촉진하게 될 것이다.

　따라서 종자의 상품화는 사실상 농업의 세계화가 초래할
폐해와 유전자 조작 농산물이 낳을 폐해와 따로 분리하여 생
각하기 어렵다. 즉, 환경 문제, 종 다양성 상실 문제, 농민 생존
권 문제, 기업에 의한 식량 지배 문제 등 관련된 문제들이 모
두 기업의 유전자원에 대한 지배와 관련을 가지고 있다고 보

인다. 여기서는 이와 관련된 농업의 위기 가운데 두 가지 측면
만을 지적하고자 한다.

첫째, 농업의 지속 가능성을 위협할 가능성이 높다. 기업
에 의한 유전자의 지배와 종자의 상품화는 필연적으로 종자의
유전적 다양성을 축소하게 되며, 지역의 다양한 환경 조건에
적응하면서 진화되어 온 유전자원을 대체함으로써 인류의 공
동 유산인 유전자원을 상실할 우려가 있다는 것이다. 밀 생산
이 거의 중단되면서 토종 밀 종자가 거의 사라질 뻔했던 우리
의 경험은 이를 잘 보여 준다. 또한 인도를 비롯한 아시아 국
가들이 다수확 품종을 재배하면서 전통 토종 종자의 상당수가
사라지고 있다. 획일적 유전자를 가진 상업적 종자가 종의 다
양성을 대체할 경우 급격한 기후 변화와 병해충 발생에 매우
취약할 수 있으며, 이것이 식량 기근이라는 대재앙에 이를 수
있다는 것은 아일랜드의 감자 대기근 같은 역사적 사건들이
잘 보여 주고 있다. 다양성을 대체하는 획일성이 그동안 인류
역사를 지탱해 온 식량 생산의 안정성을 위협할 가능성을 배
제할 수 없다.

둘째, 종자의 상품화로 전 세계의 더 많은 농민이 생계유
지를 위한 농업으로부터 상업적 농업으로 내몰리게 될 것이
다. 상업적 종자는 자가 채종이나 농가 간의 자유로운 종자 교
환을 금하기 때문에 농민들은 매년 종자를 구입하는 데 돈을
지불해야 하며, 종자와 패키지로 이루어지는 농자재 구입으로
많은 가난한 농민들이 농업으로부터 추방되는 결과를 초래하
게 될 것이다. 현재 약 14억 명에 이르는 농민이 자가 채종한

종자를 사용하고 있으며, 이들 중 다수가 생계유지를 위한 농업에 종사하고 있다. 종자의 상품화는 보다 많은 자본을 투여하고 이를 위해 생산 규모를 늘리도록 유도함으로써 다수의 소규모 생계유지형 농민들을 몰아내는 결과를 가져오게 될 것이다. 제3세계의 도시 빈민 문제는 농업에 대한 자본의 지배가 진행되면서 생존 수단을 상실한 농민이 도시로 이주하면서 나타난 것으로 결국 농민 문제의 또 다른 형태이다(Araghi, 2000).

주

1) 이 단체의 성격이 농업 생명 공학의 보급을 목적으로 한다는 점에서 이 단체가 발표한 추정치는 실제보다 과장되었을 가능성이 있다. 그러나 종자의 자유로운 교환이나 재파종 관행을 고려해 보면 정확히 파악되지 않은 채 식부되는 종자도 상당히 있을 것으로 추정된다

2) 작물별, 특성별 특징을 보면, 제초제 내성 대두가 유전자 조작 농산물의 60퍼센트, Bt 옥수수가 14%를 차지한다.

3) 유전자 활성 통제 기술GURTs은 두 가지 차원에서 유전자에 대한 통제가 이루어진다는 점에 근거하여, 변종 수준variety level에서의 통제 기술인 V-GURTs와 특성trait 발현을 통제하는 기술인 T-GURTs 기술로 구분된다(ISF, 2003). 흔히 터미네이터 기술로 알려진 기술은 V-GURTs 기술이라고 볼 수 있으며 트레이터 기술은 T-GURTs 기술이다. 종자를 기준으로 본다면, V-GURTs는 F2 세대의 유전자 통제 기술이라고 볼 수 있고, V-GURTs는 F1 세대의 유전자 통제 기술이라고

볼 수 있다.

4) 이들 기업의 순위는 기업들 간의 활발한 인수 합병 등을 거치면서 역동적인 변화 양상을 보인다. 업계의 시장 점유율 순위 역시 매년 변화를 보인다.

5) 세계 10대 종자 기업은 매출 순위대로 몬산토, 듀폰, 신젠타, 그룹 리마그레인, 랜드오레이크, 사카타, 바이에르크롭사이언스, 테키이(일본), DLF-트리폴리움, 델타 앤드 파인랜드이다.

6) 이러한 협력 관계를 ETC는 비합병적 기업 연합non merger corporate alliance으로서 반독점 규제를 벗어나기 위한 기업의 새로운 전략이라고 보고 있다(ETC, 2003).

7) 콘티넨탈 인수를 계기로 카길은 미국 옥수수 수출의 40% 이상, 콩 수출의 1/3, 밀 수출의 20%를 통제할 것으로 추정된다. 이는 1990년대 초반 가장 큰 두 개의 초국적 곡물 거래 기업이 하나가 되었다는 것을 의미한다. 콘티넨탈의 곡물 사업 부문 매각은 곡물 가공 사업과 생명 공학 사업 같은 고이윤 사업을 보유하지 못한 콘티넨탈이 1980년 미국의 농업 위기에 따른 곡물 가격 하락 같은 위기에 카길이나 ADM과 같이 적극적으로 대응하기 어렵다고 판단한 것이 그 이유로 지적되고 있다. 식품 체계의 재구조화에 농업 생명 공학이 중요한 한 요인이 되고 있음을 이 사례에서도 확인할 수 있다. 반면 카길의 콘티넨탈 인수는 합작과 인수를 통해 곡물 저장 능력을 늘리는 ADM의 뒤를 따른 것으로 평가된다. ADM이 전 세계적으로 5억 부셸의 곡물을 저장할 수 있다고 추정되는데, 카길은 콘티넨탈의 인수로 이를 능가할 것으로 보인다.

참고 문헌

박민선(2004),「초국적 농식품기업군의 형성과 시장지배전략」,『농협경제
연구』, 제33집.

Araghi Earshad(200), "The Great Enclosure of Our Times: Peasants And
The Agrarian Question at The End of The Twentieth Century,"
Hungry For Profit, Monthly Review Press.

ETC(2000), "Biotech generation 3" Issue 67, www.rafi.org/publications.

ETC(2003), "Oligopoly, Inc.;Concentration in Corporate Power: 2003,"
www.etcgroup.org/documents/comm82oligopNovDec03.pdf.

ETC(2005a), "Syngenta: The Genome Giant," www.etcgroup/publica-
tions.

ETC(2005b), "Global Seed Industry Concentration-2005," Communique,
Issue#90, www.etcgroup.org/documents, Comm90Globalsed.pdf.

EU(2003), Economic Impacts of Genetically Modified Crops on the Agri-
Food Sector, working document Rev. 2, http://europa.eu.int/comm
/agriculture/publi/gmo/.

Goodman, David & Michael Redclift(1991), Refashioning Nature: Food,
Ecology and Culture, Routledge, London.

Heffernan, Williams(1999a), "Consolidation in the Food and Agriculture
System," www.foodcircles.missouri.edu /whstudy.pdf.

Heffernan, Williams(1999b), "The Influence of Big Three - ADM, Cargill,
and Conagra," www.foodcircles.missouri.edu/ whstudy.pdf.

Heffernan, Williams & Mary K. Hendrickson(2002), "Multi-National
Concentrated Food Processing and Marketing Systems and The Farm

Crisis," paper pre sented at the American Association for the Advancement of Science, Symposium on Science and Sustainability, "The Farm Crisis: How the Heck Did We Get Here?," Hendrickson Mary et al., "Consolidation in Food Retailing and Dairy: Im plications for Farmers and consumers in a global food system," Report to National Farmers Union, 2001.

ISAAA(2005), "Preview: Global status of Commercialized Biotech/GM Crops: 2004" ISAAA Brief no. 34.

ISF(2003), "Position on Genetic Use Restriction Technologies," www.worldseed.org/positionpapers/pos_Gurts.htm.

Kloppenburg, J. Jr. (1988), *First the Seed: The Political Economy of Plant Biotechnology*, New York: Cambridge University Press

Kneen, Brewster, *Invisible Giants: Cargill and its Transnational Strategies*, 2nd ed., London: Pluto, 2002.

Lewontin R. C. (1988), "The Maturing of Capitalist Agriculture: Farmer as Proletarian," *Monthly Review* vol. 50. no. 3 (Special Issue: "Hungry for profit: Agriculture, Food and Ecology")

글쓴이 소개

미구엘 알티에리 Miguel A. Altieri: University of California(Berkley) 교수 (농업 생태학). *Agroecology: The Science of Sustainable Agriculture* (Westview, 1995)의 저자.

파샤드 애라기 Farshad Araghi: Florida Atlantic University 교수(사회학). *International Journal of Sociology of Agriculture and Food*의 공동 편집자.

프레드릭 버텔 Frederick H. Buttel: University of Wisconsin(Madison) 교수(농촌 사회 및 환경 연구). *Environment and Modernity* (London: Sage, 1999)의 저자.

존 포스터 John Bellamy Foster: University of Oregon 교수(사회학). *Marx's Ecology: Materialism and Nature* (Monthly Review, 2000) 의 저자.

윌리엄 헤퍼난 William D. Heffernan: University of Missouri(Columbia) 교수(사회학).

엘리자베스 헨더슨 Elizabeth Henderson: 농민 겸 저술가. 뉴욕 주의 Northeast Organic Farming Association과 여러 단체에서 활동하고 있다.

르원틴R. C. Lewontin: Harvard University 교수(동물학). *Biology as Ideology*와 *The Genetic Basis of Evolutionary Change*의 저자.

프레드 맥도프Fred Magdoff: University of Vermont 교수(식물 · 토양 과학). *Building Soils for Better Crops* (University of Nebraska Press, 1993)의 저자.

린다 마즈카Linda C. Majka: University of Dayton 교수(사회학). *Farm Workers, Agribusiness, and the State* (Temple University Press, 1982)의 공동 저자.

테오 마즈카Theo J. Majka: University of Dayton 교수(사회학). *Farmers' and Farm Workers' Movements: Social Protest in American Agriculture* (Twayne,1995)의 공동 저자.

필립맥마이클Philip McMichael: Cornell University 교수 겸 International Political Economy Program 책임자(농촌 사회학).

재닛 포펜딕Janet Poppendieck: CUNY의 Hunter College 교수(사회학). *Sweet Charity: Emergency Food and the End of Entitlement* (Viking Press, 1998)의 저자

피터 로셋Peter M. Rosset: Institute for Food and Development Policy/ Food First 소장.

엘런 우드Ellen Meiksins Wood: York University(Toronto). 교수 역임 (정치학) *The Origin of Capitalism(Monthly Review* (Monthly Review Press, 1999)의 저자.

찾아 보기

8 · 이윤에 굶주린 자들

259, 308-9, 334, 346; 제3세계
와 농업 관련 산업182-5; 제3
세계와 세계은행 66, 223-5
제국주의 63-4, 66, 70, 72-3, 88,
174, 177, 200
제초제 내성 작물 36, 135, 137,
326, 332
조합 행동주의 234
존스틴James F. W. Johnston 74
종자 회사 158-9, 165, 198, 332
중금속 87
지구 온난화 133, 274
지대 76-7, 93
지속 가능한 농업 18, 35-7, 70-1,
76, 78, 91, 134, 143-4, 260,
262-3, 268, 271, 274-9; 쿠바에
서 지속 가능한 농업 317-20;
지속 가능한 농업과 마르크스
76-81, 91
지속 가능한 농업 운동 277-8
지속가능한 농업연합 275
지속가능한 농업을 위한 국민운동
260, 261, 264, 269
지속가능한 저투입 농업 사업LISA
275
지역사회식량보장연합 268-70
지역 사회 지원 농업 32, 266-8
지적 재산권 197-8

지주 42, 46-51, 53-8, 72, 77, 226,
263, 290, 319
진보적 농촌 운동 273
질소 70-1, 73, 83, 86, 124, 132-3,
140, 157, 159, 161, 262, 331;
질소 고정 140

차별 169, 221
차지농 49-50, 53-4, 58-9, 77
철도 100-1, 110
초국적 기업 27, 101, 108, 114-8,
143, 184-5, 188, 190-1, 193,
195, 199-200, 213, 230, 335,
339
축산업 109, 183
치퀴타Chiquita 108

카길Cargill 4, 5, 6, 108, 109, 114,
119, 182, 187, 188, 191, 192,
203, 278
카우츠키Karl Kautsky 70, 80, 217
칼젠Calgene 169,
케리Henry Carey 74, 75, 76, 79
케언스 그룹 186, 191, 202
코츠Nick Kotz 287
코치Koch Industries 116,
콘아그라ConAgra(농업 관련 기업)
103, 106, 108, 110, 112, 114,